더 브레인

The Brain : The Story of You
by David Eagleman

THE BRAIN

더 브레인 : 삶에서 뇌는 얼마나 중요한가?

데이비드 이글먼 지음, 전대호 옮김

해나무

차례

T H E B R A I N

머리말

뇌과학은 빠르게 변화하는 분야다. 그래서 뇌과학 분야의 지형을 돌이켜보고, 우리의 연구들이 삶에 대해서 갖는 의미를 성찰하고, 생물학적 존재로 산다는 것의 의미를 단순명쾌하게 논하는 경우는 드물다. 이 책은 바로 그런 논의를 담고자 한다.

뇌과학은 중요하다. 뇌는 우리 두개골 속에 있으며 계산 능력을 지닌 이상한 물질로 우리가 세계를 파악할 때 의지하는 지각 장치이자, 우리의 결정들이 발생하는 장소, 상상이 제작되는 바탕이다. 우리의 꿈과 깨어 있는 삶은 무수한 뇌세포들의 날랜 활동에서 비롯된다. 뇌를 더 잘 이해하면, 우리가 개인적 관계들에서 진실로 간주하는 것과 사회생활에서 필수적이라고 여기는 것에 관한 통찰을 얻을 수 있다. 우리가 어떻게 싸우는지, 왜 사랑하는지, 무엇을 진실로 받아들이는지, 어떻게 교육해야 하는지, 사회생활의 솜씨를 어떻게 향상할 수 있는지, 먼 미래를 위해 우리의 몸을 어떻게 설계할지에 대한 통찰 말이다. 현미경으로나 보일 정도로 작은 뇌의 회로 안에 우리 종의 역사와 미래가 새겨져 있다.

삶에서 뇌가 얼마나 중요한지 감안할 때, 나는 왜 우리 사회가 뇌에 대해서 이야기하는 경우가 이토록 드물고 대신에 공공의 전파를 유명인의 사생활과 리얼리티 쇼로 채우는지 의문을 품곤 했다. 그러나 지금 나는 뇌에 대한 관심 부족을 결함이 아니라 실마리로 간주할 수 있다고 생각한다. 우리는 우리의 현실 내부에 완전히 갇혀 있지만, 우리가 무언가의 내부에 갇혀 있음을 깨닫기는 대단히 어렵다. 언뜻 생각하면, 이야기할 거리가 없는 듯하다. 당연히 색깔들은 외부 세계에 존재한다. 당연히 우리의 기억은 비디오카메라와 같다. 당연히 나는 내 믿음의 진짜 이유를 안다.

이 책은 우리가 당연시하는 모든 전제들을 면밀히 검토할 것이다. 책을 쓰면서 나는 더 깊은 수준의 탐구에 초점을 맞추기 위해 교과서투의 서술을 피하고자 했다. 우리가 어떻게 결정을 내리는지, 어떻게 실재를 지각하는지, 우리는 누구인지, 우리의 삶이 어떻게 조종되는지, 왜 우리는 타인들을 필요로 하는지, 이제 막 스스로의 고삐를 잡기 시작한 인류는 어디로 나아가는지에 초점을 맞추고 싶었다. 이 책이 시도하는 바는 뇌의 소유자로서 우리가 꾸려가는 삶과 학술 문헌 사이의 간극을 메우는 것이다. 여기에서 나의 접근법은 내가 과학 저널에 게재할 논문을 쓸 때의 태도와 다르다. 다른 신경과학 책을 쓸 때와도 다르다. 이 책은 다른 유형의 독자들을 위한 기획이다. 어떤 전문지식도 전제하지 않으며, 다만 호기심과 자발적인 탐구욕만 있으면 된다. 이제 내면의 우주로 떠나는 간략한 여행을 위해 신발 끈을 조이자. 무수한 뇌세포들과 그것들이 이룬 더 많은 연결들의 무한히 조밀한 얽힘 속에서 당신이 아마도 거기에서 보리라고 예상하지 못한 것을 포착하고 알아보기를 바란다. 바로 당신 자신을.

THE BRAIN 1

나는 누구일까?

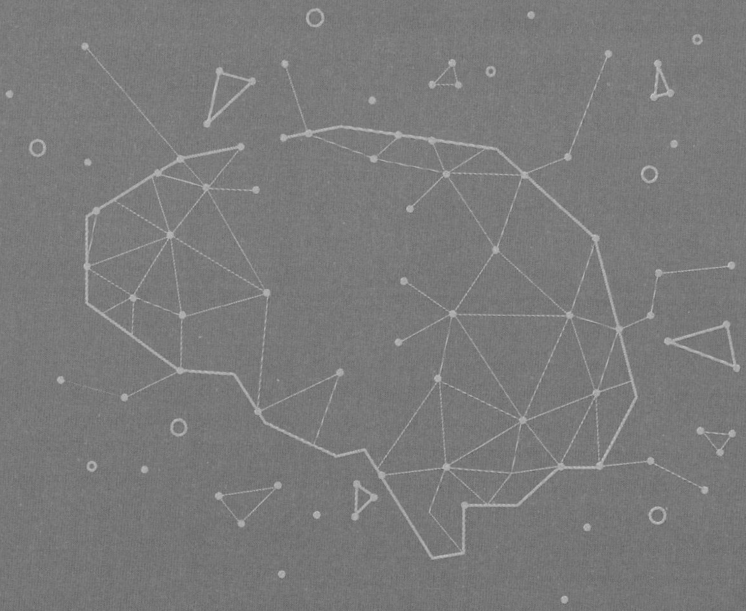

여러 상대와 나누는 대화부터 당신이 속한 문화까지, 삶의 모든 경험들은 당신 뇌의 미시적인 세부구조를 변화시킨다. 신경학적으로 말하면, 당신이 누구인가는 당신이 어떤 곳들을 거쳤는가에 달려 있다. 당신의 뇌는 끊임없이 자신의 회로를 다시 작성함으로써 변신한다. 그리고 당신의 경험들은 유일무이하므로, 당신의 신경 연결망의 광역적 · 세부적 패턴들도 유일무이하다. 그 패턴들은 평생 동안 변화를 멈추지 않으므로, 당신의 정체성은 움직이는 표적과도 같다. 당신의 정체성은 절대로 종착점에 이르지 않는다.

신경과학은 내가 매일 하는 예사로운 일이지만, 지금도 나는 인간의 뇌를 손에 받쳐들 때마다 경외감에 빠진다. 뇌의 상당한 무게(성인의 경우 1.4킬로그램), 기이한 균질성(꼭 탄탄한 젤리 덩어리 같다), 쭈글쭈글한 겉모습(둥그스름한 전체에 깊은 골들이 패여 있다)을 살펴보고 나면, 뇌가 순전히 물리적인 대상이라는 점이 충격적으로 다가온다. 이 보잘것없는 물질 덩어리와 그것이 산출하는 정신적 과정들은 너무나 어울리지 않게 느껴진다.

우리의 생각과 꿈, 기억과 경험이 모두 이 이상한 신경물질에서 발생한다. 뇌의 전기화학적 펄스들의 복잡한 점화 패턴 속에 우리가 누구인지가 들어 있다. 그 점화 활동이 종결되면, 당신도 종결된다. 부상이나 약물로 그 활동의 특징이 변화하면, 정확히 그 변화에 맞춰 당신의 성격도 바뀐다. 몸의 다른 부위와 달리, 당신이 뇌의 작은 부분에 손상을 입으면, 당신이 누구인지가 극적으로 바뀌기 십상이다. 어떻게 그럴 수 있는지

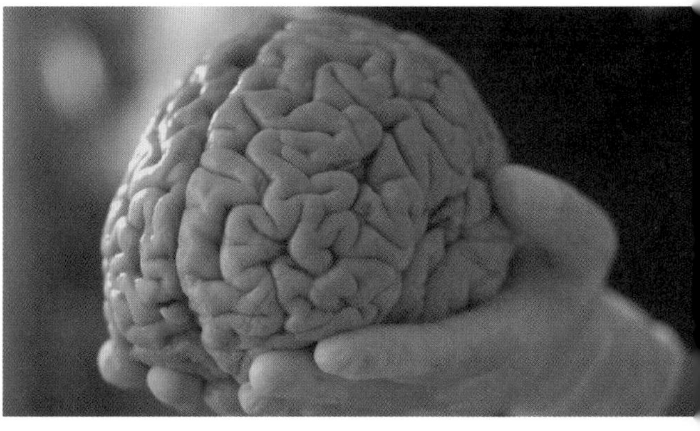

온갖 고뇌와 희열로 얼룩진 한 사람의 다채로운 삶 전체가 이 1.4킬로그램짜리 덩어리 속에서 일어났다.

이해하기 위해, 맨 처음부터 출발하자.

미완성으로 태어나다

태어날 때 인간은 무력하다. 우리는 걷지 못하는 상태로 약 1년, 자기 생각을 말로 충분히 표현할 수 있게 되기까지 또 2년, 스스로 살아갈 수 있게 되기까지 또 여러 해를 보낸다. 우리는 생존을 위해 주위 사람들에게 철저히 의존한다. 다른 많은 포유동물들과 비교해보라. 예컨대 돌고래는 태어나면서 헤엄친다. 기린은 몇 시간 만에 일어서는 법을 배운다. 새끼 얼룩말은 생후 45분 안에 달릴 수 있다. 동물계를 두루 살펴보면, 우리의 친척들은 태어난 후 얼마 지나지 않았을 때부터 놀랄 만큼 독립적이다.

언뜻 보면 이것은 그 동물들의 커다란 장점인 듯하지만 실은 한계다. 새끼 동물들이 빨리 발달하는 것은 녀석들의 뇌가 주로 미리 정해진 절차에 따라 회로를 형성하기 때문이다. 그렇게 준비가 갖춰져 있다는 것은 융통성이 없음을 의미한다. 어떤 가련한 코뿔소가 북극권의 툰드라나 히말라야 산맥의 어느 봉우리, 또는 도쿄 시내에 떨어진다고 상상해보라. 녀석은 적응할 능력이 없을 것이다(이것이 언급한 장소들에 코뿔소가 없는 이유다). 코뿔소처럼 미리 마련된 뇌를 가지고 태어나는 전략은 생태계의 특정한 보금자리 안에서는 유효하지만, 그런 동물이 그 보금자리 바깥에 놓일 경우에는 번성의 가능성을 저해한다.

대조적으로 인간은 얼어붙은 툰드라부터 고산지대와 번잡한 도심까지 온갖 다양한 환경에서 번성할 수 있다. 이것은 인간의 뇌가 상당히 미완성된 상태로 태어나기 때문에 가능한 일이다. 모든 회로가 배선된 상태로('고정 배선' 상태로) 태어나는 대신에, 인간의 뇌는 세부적인 삶의 경험에 의해 변화할 수 있다. 그래서 어린 뇌는 서서히 환경에 적합한 모습을 갖추기까지 오랫동안 무력한 상태에 머문다. 인간의 뇌는 '생후 배선'된다livewired.

유년기의 가지치기: 대리석 속의 조각상을 꺼내기

어린 뇌가 발휘하는 융통성의 배후에 어떤 비밀이 숨어 있을까? 그 융통성은 새로운 세포들의 성장과 무관하다. 실제로 뇌세포의 개수는 아이나 어른이나 똑같다. 오히려 비밀은 뇌세포들의 연결 방식에 있다.

갓 태어난 아기의 뉴런들은 서로 이질적이며 연결되어 있지 않다. 그러나 아기가 생후 2년 동안 감각 정보를 받아들이는 과정에서 뉴런들이 엄청나게 빠르게 연결되기 시작한다.

아기의 뇌에서는 매초 무려 200만 개의 새로운 연결, 곧 시냅스가 형성된다. 두 살이 된 아기는 100조 개가 넘는 시냅스를 지녔다. 이 개수는 성인이 가진 시냅스의 두 배다.

이제 아기의 시냅스 개수는 최대치에 도달했으며, 그 개수는 앞으로 아기에게 필요한 개수보다 훨씬 더 많다. 이 시점에서 새로운 연결들의 만발 대신에 신경학적 '가지치기'가 새로운 전략으로 채택된다. 당신이 성숙하는 동안, 당신이 가진 시냅스들의 50퍼센트가 감축된다.

어떤 시냅스들이 제거되고, 어떤 시냅스들이 남을까? 회로에 성공적으로 참여하는 시냅스는 강화된다. 반대로 불필요한 시냅스는 약화되고 결국 제거된다. 숲속의 오솔길들과 마찬가지로, 사용되지 않는 연결들은 소멸한다.

어떤 의미에서, 당신이 지금의 당신으로 되는 과정은 이미 있었던 가능성들을 쳐내는 과정이다. 당신이 지금의 당신으로 된 것은 당신의 뇌 속에서 무언가가 성장했기 때문이 아니라 무언가가 제거되었기 때문이다.

유년기 내내 우리의 국소적 환경이 우리의 뇌를 다듬는다. 가능성들의 밀림이었던 뇌를 환경에 적합한 모습으로 되돌린다. 결과적으로 우리의 뇌 속 연결들은 더 적어지고 더 강해진다.

한 예로 당신이 유아기에 접한 언어(이를테면 영어나 일본어)는 거기에 포함된 특정한 소리들을 듣는 능력을 향상시키고 다른 언어들에 포함된 소리들을 듣는 능력을 약화시킨다. 일본에서

생후 배선

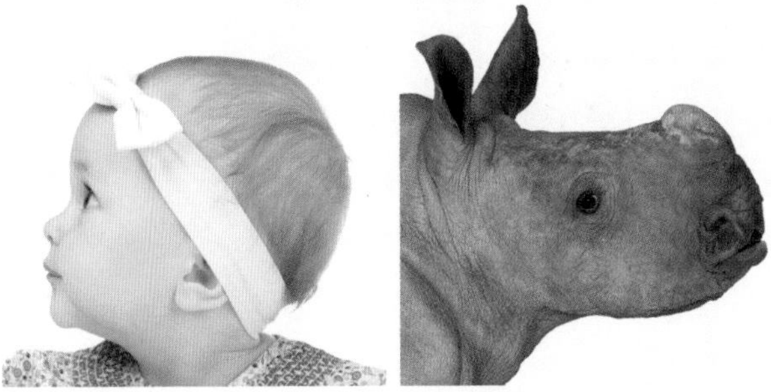

많은 동물들은 유전적으로 미리 프로그래밍된 상태로, 곧 특정 본능과 행동을 위해 '고정 배선된' 상태로 태어난다. 녀석들의 몸과 뇌는 유전자들의 지휘 아래 특정한 방식으로 제작되고, 그 방식이 미래에 녀석들이 무엇이 되고 어떻게 행동할지를 결정한다. 그림자가 다가올 때 파리가 보이는 도피 반사, 울새가 겨울에 남쪽으로 날아가는 미리 프로그래밍된 본능, 곰의 동면 욕망, 개가 주인을 보호하려는 욕구, 이 모두는 고정 배선된 본능과 행동의 예들이다. 고정 배선은 이 생물들이 태어날 때부터 부모와 마찬가지로 행동할 수 있게 해주며 일부 경우에는 스스로 먹이를 찾고 독립적으로 생존하게 해준다.

인간은 사정이 다르다. 인간의 뇌는 어느 정도 유전적으로 고정 배선된 상태로 태어난다(예컨대 숨쉬기, 울기, 빨기, 타인들의 얼굴에 주의를 집중하기, 모어(母語)의 세부 사항을 학습할 능력을 위한 고정 배선). 그러나 나머지 동물계와 비교하면, 인간의 뇌는 태어날 때 이례적으로 불완전하다. 인간 뇌의 세부적인 배선도는 미리 정해지지 않는다. 대신에 유전자들은 신경 연결망 설계도의 매우 개략적인 방향들만 제시하고, 세계 안에서의 경험이 배선의 나머지 측면들을 미세 조정한다. 덕분에 인간 뇌의 배선은 국지적 조건들에 적응할 수 있다.

태어난 장소에 자신을 맞추는 인간 뇌의 능력은 인류가 지구 상의 모든 생태계를 장악하고 태양계로 진출하기 시작하는 것을 가능하게 했다.

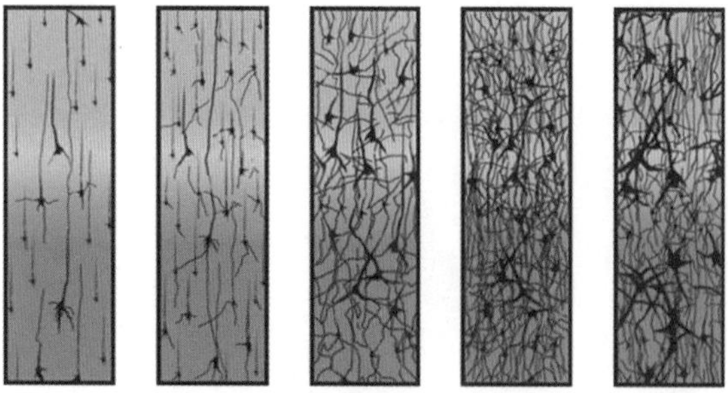

갓 태어난 뇌에서 뉴런들은 비교적 연결되어 있지 않은 편이다. 생후 2~3년 동안 가지들이 성장하고 세포들의 연결이 증가한다. 그후 일부 연결들을 제거하는 가지치기가 일어나, 성인의 뇌는 개수가 더 적고 강도가 더 강한 연결들을 갖게 된다.

태어난 아기와 미국에서 태어난 아기는 양쪽 언어에 포함된 모든 소리들을 듣고 반응할 수 있다. 그러나 시간이 흐름에 따라, 일본에서 양육되는 아기는 예컨대 R 발음과 L 발음을 구별하는 능력을 상실할 것이다. 일본어는 그 두 발음을 구별하지 않으니까 말이다. 우리가 우연히 속하게 된 세계가 조각상을 깎듯이 우리를 다듬는다.

자연의 도박

긴 유년기 내내 뇌는 연결들을 꾸준히 감축하면서 자신을 특수한 환경에 맞춘다. 이것은 뇌와 환경을 조화시키는 영리한 전략이다. 그러나 위험 요소들도 동반한다.

발달하는 뇌가 적절한, 곧 '예상된' 환경(음식과 보살핌이 주어지는 환경)을 제공받지 못하면, 뇌는 정상적인 발달을 하기 위해 힘겨운 싸움을 벌이게 될 것이다. 위스콘신 주에 사는 젠슨 가족은 이 사실을 직접 경험했다. 캐럴 젠슨과 빌 젠슨 부부는 톰, 존, 빅토리아를 네 살 때 입양했다. 세 아이들은 입양 당시까지 루마니아의 국영 고아원에서 끔찍한 삶을 견뎌온 고아였다. 그 삶은 아이들의 뇌 발달에 영향을 미쳤다.

젠슨 부부가 아이들을 인계받아 택시를 타고 루마니아를 벗어났을 때, 캐럴 젠슨은 운전사에게 아이들이 하는 말을 통역해달라고 부탁했다. 운전사는 아이들이 횡설수설한다고 설명했다. 그것은 우리가 아는 어떤 언어도 아니었다. 정상적인 상호작용에 굶주린 상태에서 아이들은 이상한 잡종 언어를 개발했던 것이다. 성장한 뒤에도 그 아이들은 학습 장애에 시달려야 했다. 그것은 그들이 유년기에 겪은 결핍의 흉터였다.

톰, 존, 빅토리아는 루마니아에서 보낸 세월을 조금밖에 기억하지 못한다. 반면에 보스턴 아동병원의 소아과 교수 찰스 넬슨Charles Nelson 박사는 그곳의 고아원들을 생생하게 기억한다. 그는 1999년에 루마니아의 고아원들을 처음 방문했다. 마치 공포영화를 보는 것 같았다. 어린 아이들이 어떤 감각 자극도 받지 못하는 채 일종의 우리 속에 갇혀 있었다. 단 한 명의 보모가 아동 15명을 담당했고, 보모들은 아이가 울더라도 안아주거나 어떤 식으로든 애정을 표현하지 말라는 지시를 받았다. 애정을 표현하면 아이들이 더 많은 것을 요구하게 될 테고, 그러면 인원이 한정된 보모들이 아이들을 감당할 수 없게 되리라는 우려에서 나온 지시였다. 같은 맥락에서, 최대한의 획일화가 실시되었다. 아이들은 줄지어 플라스틱 요강 위에 앉아 용변을 보았다. 성별과 상관없이 모든 아이의 헤어스타일이 동일했다. 다들 비슷한 옷을 입고, 일정에 맞춰 식사를 했다. 모든 것이 기계화되었다.

울어도 소용이 없자, 아이들은 곧 울지 않는 법을 배웠다. 아무도 아이들을 안아주지 않았고, 아무도 함께 놀아주지 않았다. 아이들의 기본 욕구들은 충족되었지만(아이들을 먹이고, 씻기고, 옷을 입히기는 했다) 감정적 돌봄과 지원은 물론, 어떤 유형의 자극도 없었다. 그 결과, 아이들은 '무차별적 호의'를 발달시켰다. 넬슨에 따르면, 그가 방 안으로 들어가자 그를 처음 본 어린아이들이 그를 둘러쌌다. 아이들은 뛰어올라 그의 품에 안기고 그의 무릎 위에 앉거나 그의 손을 잡거나 그를 데리고 어딘가로 가려 했다. 이런 무차별적 행동은 얼핏 보면 귀여운 듯하지만 실은 무시당하는 아이들의 대응 전략이며 장기적인 애착 문제와 결부된다. 그것은 고아원에서 자란 아이들의 특징적인 행동이다.

눈앞에 펼쳐진 상황에 충격을 받은 넬슨과 그의 팀은 '부쿠레슈티 조기 특수교육 프로그램'에 착수했다. 그들은 날 때부터 고아원에서 살아온 생후 6개월부터 3세까지의 아동 136명을 평가했다. 그 결과로 첫째, 아동들의 지능지수가 평균 100에 한

루마니아의 고아원들

1966년, 루마니아 대통령 니콜라에 차우셰스쿠Nicolae Ceaușescu는 인구와 노동력을 증가시킬 목적으로 피임과 낙태를 금지했다. '월경 경찰menstrual police'로 불린 국가 소속 산부인과 의사들은 자식을 충분히 많이 낳게 하려고 가임 연령의 여성들을 검사했다. 자식이 네 명 이하인 가정에는 '독신세celibacy tax'가 부과되었다. 출산율은 치솟았다.

대다수 가난한 가정들은 자식들을 감당할 수 없어서 국영 고아원에 넘겼다. 국가도 치솟는 수요에 부응하여 더 많은 고아원을 설립했다. 차우셰스쿠가 축출된 1989년에 고아원에 사는 유기 아동의 수는 17만 명에 달했다.

과학자들은 고아원 양육이 뇌 발달에 미치는 영향을 곧 밝혀냈다. 그 연구들은 정부 정책에 영향을 미쳤다. 여러 해에 걸쳐서 대다수의 루마니아 고아들은 친부모에게 돌아가거나 정부 주도로 위탁가정에 보내졌다. 2005년경에 루마니아는 2세 미만의 아동을 고아원에 보내는 것을 불법화했다(심각한 장애아는 예외).

지금도 전 세계에서 수백만 명의 고아들이 국영 고아원에서 산다. 유아의 뇌 발달에 양육 환경이 필수적임을 감안할 때, 적절한 뇌 발달을 돕는 환경을 아동들에게 제공할 길을 찾아내는 것은 정부의 중대한 의무 중 하나다.

참 못 미치는 60에서 80 사이라는 것이 명백히 드러났다. 아동들은 뇌 발달 저하 징후들을 보였고 언어 습득이 매우 더뎠다. 넬슨이 뇌전도(EEG) 측정법으로 아동들의 뇌에서 일어나는 전기 활동을 검사해보니, 뇌의 신경 활동이 극적으로 감소한 상태였다.

감정적 돌봄과 인지적 자극을 제공하는 환경이 없으면, 인간의 뇌는 정상적으로 발달할 수 없다.

고무적이게도, 넬슨의 연구는 중요한 뒷면도 밝혀냈다. 아동을 안전하고 우호적인 환경으로 옮기고 나면, 흔히 뇌는 다양한 정도로 회복될 수 있다. 더 어린 아이일수록 더 잘 회복된다. 2세 이전에 위탁가정으로 옮겨진 아이들은 대개 잘 회복되었다. 2세 이후의 아이들도 상태가 개선되었다. 그러나 고아원을 벗어날 때의 나이에 따라서 다양한 수준의 발달 문제들이 남았다.

넬슨의 연구는 사랑이 충만한 양육 환경이 아동의 뇌 발달에 결정적인 역할을 한다는 사실을 인상적으로 보여준다. 또한 우리 주변의 환경이 우리가 어떤 사람이 되느냐 하는 것에 근본적으로 중요하다는 사실을 예증한다. 우리는 환경에 대단히 민감하다. 인간 뇌의 생후 배선 전략 때문에, 우리가 지금까지 어디에 있었느냐는 우리가 현재 누구인가에 중대한 영향을 미친다.

10대 시절

20년 전까지만 해도, 뇌 발달은 유년기에 거의 다 완료된다는 것이 정설이었다. 그러나 오늘날 우리는 인간 뇌의 형성 과정이 25세까지 계속된다는 것을 안다. 우리가 우리 자신을 누구로 자각하는가에 극적인 영향을 미치는 중요한 신경학적 재조직화와 변화는 10대 시절에 이뤄진다. 우리 몸속에서 돌아다니는 호르몬들이 명백한 신체적 변화들을 일으킴에 따라 우리의 외모는 어른을 닮아간다. 그러나 눈에 보이지 않는 뇌도 그에 못지않게 큰 변화들을 겪는다. 이 변화들은 우리가 행동하고 주변 세계에 반응하는 방식에 깊은 영향을 미친다.

한 가지 변화는 자아감의 발생(또한 그와 연계된 자기의식)과 관련이 있다.

10대의 뇌를 이해하기 위해서 우리는 간단한 실험을 해보았다. 내가 지도하는 대학원생 리키 사뱌니의 도움으로 우리는 자발적인 피험자들에게 한 상점의 진열창 안에 놓인 걸상에 앉으라고 요청했다. 그런 다음에 우리는 커튼을 젖혀서 피험자가 외부에 노출되어 행인들의 구경거리가 되게 했다.

이 어색한 사회적 상황에 피험자를 밀어넣기에 앞서, 우리는 피험자의 감정적 반응을 측정할 준비를 갖췄다. 즉, 불안의 지표로 유용한 피부 전도도 반응(GSR) 측정 장치에 피험자 각각을 연결했다. 땀샘이 많이 열릴수록, 피부 전도도는 더 높아진

자원한 피험자들이 진열창 안에 앉아서 행인들에게 구경당했다. 피험자로 참가한 10대 청소년들은 어른들보다 더 큰 사회적 불안을 나타냈다. 이 결과는 사춘기에 일어나는 뇌 발달의 세부 사항들을 반영한다.

다(여담이지만, 거짓말 탐지기도 GSR 측정 기술을 이용한다).

실험에 참여한 피험자들 중에는 10대 청소년도 있었고 어른도 있었다. 낯선 사람들에게 구경당하는 어른들의 경우 스트레스 반응이 정확히 예상대로 나왔다. 반면에 10대 청소년들에서는 똑같은 경험이 과도한 사회적 감정을 일으켰다. 그들은 훨씬 더 큰 불안을 느꼈다. 행인들의 구경거리가 되는 동안 일부 10대 청소년들은 몸을 떨기까지 했다.

왜 어른과 10대 청소년이 다르게 반응하는 것일까? 대답은 '안쪽 앞이마엽 피질medial prefrontal cortex, mPFC'이라는 뇌 구역과 관련이 있다. 이 구역은 당신이 당신 자신에 대해서(특히 어떤 상황이 당신 자신에 대해서 갖는 감정적 의미를) 생각할 때 활성화한다. 하버드 대학교의 리 서머빌Leah Somerville 박사와 동료들은 사람이 아동에서 청소년으로 성장할 때 사회적 상황들에서 안쪽 앞이마엽 피질의 활동이 점점 더 많아져 15세 무렵에 정점에 이른다는 것을 발견했다.

이 시기의 청소년에게 사회적 상황들은 감정적 무게가 크기 때문에 강렬한 자기의식적 스트레스 반응을 일으킨다. 바꿔 말해 청소년기에 자아에 대한 생각(이른바 '자기 평가')은 매우 절박한 사안이다. 대조적으로, 성인의 뇌는, 발이 새 신발에 익숙해지듯이, 한 자아감에 익숙해진 상태다. 따라서 성인은 진열창 안에 앉아 있는 일을 대수롭지 않게 여긴다.

사회적 어색함과 감정적 과민성 외에도 10대 청소년의 뇌는 위험을 감수하는 특징이 있다. 과속 운전이건 나체 사진을 인터넷에 올리는 행동이건, 위험한 행동은 성인의 뇌보다 10대의 뇌를 더 강하게 유혹한다. 이 차이의 큰 부분은 우리가 보상과 장려책에 반응하는 방식과 관련이 있다. 아동에서 청소년으로 이행하는 동안, 뇌는 쾌락 추구와 관련된 구역들(예컨대 중격측좌핵nucleus accumbens)에서 보상에 점점 더 강하게 반응한다. 그 구역들의 활동은 청소년기에도 성인기에 못지않게 활발하다. 그러나 청소년과 성인을 가르는 중요한 사실이 있다. 안와이마엽 피질orbitofrontal cortex(실행 결정, 주의 집중, 미래 결과 상상을 담당함)은 10대 시절에도 유년기와 거의 다를 바 없다. 성숙한 쾌락 추구 시스템과 미성숙한 안와이마엽 피질의 조합은 10대 청소년이 감정적으로 과민할뿐더러 감정 통제 능력이 성인보다 더 약함을 의미한다.

더 나아가 서머빌과 그녀의 팀은 10대 청소년이 또래들의 압

청소년기 뇌의 가지치기

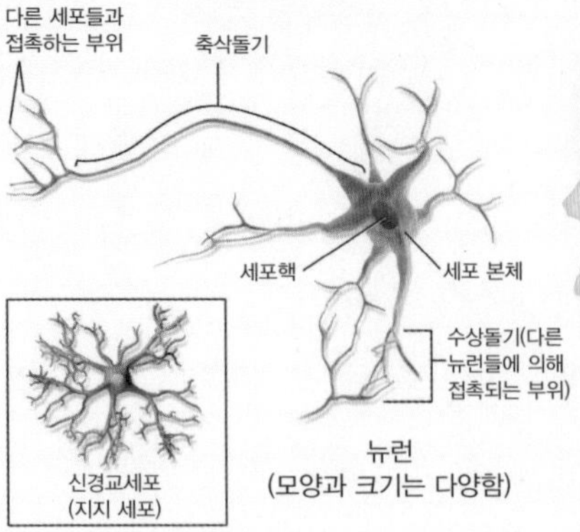

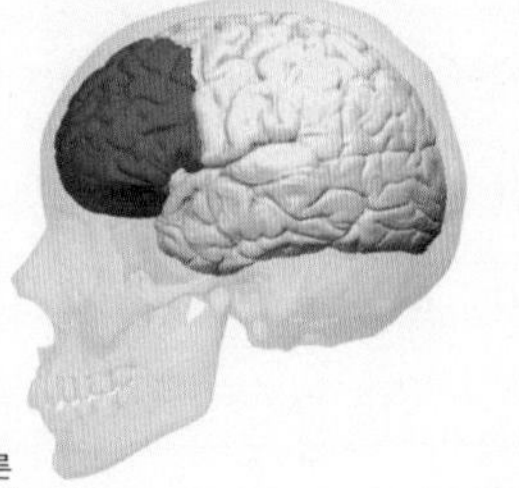

신경 조직

유년기가 끝나고 사춘기가 시작되기 직전에 다시 한 번 과잉 생산의 시기가 찾아온다. 앞이마엽 피질에서 새로운 세포들과 연결(시냅스)들이 형성되고 새로운 경로들이 생겨난다. 이 과잉 생산에 이어 약 10년 동안 가지치기가 진행된다. 10대 시절 내내, 비교적 약한 연결들은 제거되고 비교적 강한 연결들은 재강화된다. 이 솎아내기의 결과로 10대 시절 동안 앞이마엽 피질의 부피는 매년 약 1퍼센트 감소한다. 10대 시절에 이루어지는 뇌 회로들의 형성은 우리가 성인으로 되는 과정에서 배우는 교훈들의 기반이다.

수준 높은 추론과 충동 조절에 필요한 뇌 구역들에서 이런 큰 변화들이 일어나기 때문에 청소년기는 급격한 인지적 변화의 시기다. 충동 조절을 위해 중요한 등쪽 가쪽 앞이마엽 피질은 가장 늦게 성숙하는 구역들 중 하나로 20대 초반까지도 완전히 성숙하지 못한다. 신경과학자들이 이런 세부 사항들을 알아내기 훨씬 전에 자동차 보험회사들은 불완전한 뇌 성숙의 귀결들을 알아챘다. 보험회사는 성인보다 10대 청소년 운전자에게 더 많은 보험료를 부과한다. 사법 시스템도 오래전부터 청소년 뇌의 미성숙을 직관적으로 간파했다. 그래서 청소년 범죄자는 성인 범죄자와 다른 처분을 받는다.

보상, 계획, 동기 부여에 관여하는 많은 뇌 구역들에서 일어나는 변화 때문에 우리의 자아감은 10대 시절에 큰 변화를 겪는다.

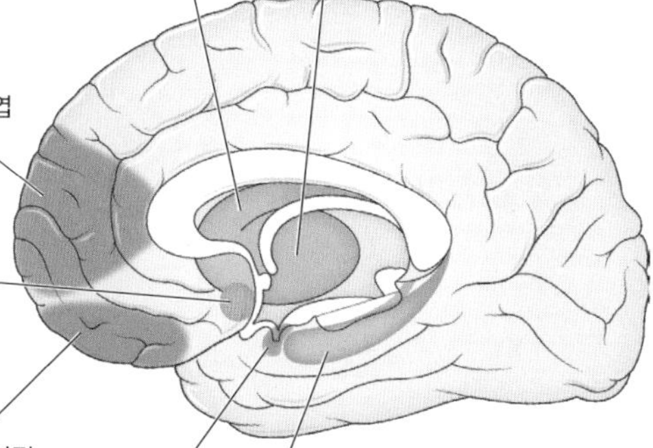

력에 크게 휘둘리는 이유에 대해서도 견해를 내놓았다. 그들의 뇌에서는 사회적 고려를 담당하는 구역들(예컨대 안쪽 앞이마엽 피질)이 동기를 행동으로 표출하는 것에 관여하는 구역들(선조체와 관련된 연결망)과 더 강하게 연결되어 있다는 것이다. 10대 청소년은 친구들이 곁에 있을 때 위험을 감수할 개연성이 더 높은데, 그 이유가 그 강한 연결 때문일 가능성이 있다고 그들은 주장한다.

10대 시절에 우리가 세상을 보는 방식은 예정대로 그 시절에 일어나는 뇌 변화와 관련이 깊다. 그 변화는 우리를 자기의식이 더 강하고 위험 감수 성향이 더 강하며 또래 압력에 휘둘려 행동하는 성향이 더 강한 사람으로 만든다. 전 세계의 고뇌에 찬 부모들에게 전할 메시지가 있다. 10대 청소년들의 성품은 단순히 선택이나 마음가짐의 결과가 아니다. 그 성품은 강렬하고 불가피한 신경학적 변화의 기간이 만들어내는 산물이다.

성인기의 가소성

우리가 25세 정도가 되면, 유년기와 청소년기의 뇌 형성이 마침내 완료된다. 정체성과 성격에 관한 구조적 변화들은 이미 끝났고, 우리의 뇌는 완전히 발달한 것처럼 보인다. 이제 성인이 되었으니 우리가 누구인지는 움직일 수 없게 고정되었다고 여길 만도 하다. 그러나 사실은 그렇지 않다. 성인기에도 우리의 뇌는 계속 변화한다. 어떤 대상이 다른 모양으로 바뀔 수 있을 때(또한 그 모양을 유지할 수 있을 때) 우리는 그 대상이 가소성을 가진다고 말한다. 뇌는 그런 가소성을 성년기에도 가진다. 경험은 뇌를 변화시키고, 뇌는 그 변화를 보존한다.

이 물리적 변화가 얼마나 인상적일 수 있는지 실감하기 위해서, 런던에서 특정한 직업, 곧 택시 운전에 종사하는 사람들의 뇌를 살펴보자. 그들은 '런던 지식Knowledge of London' 시험에 통과하기 위해 4년 동안 고된 훈련을 받는데, 이 시험은 영국 사회에서 가장 어려운 기억력 시험들 중 하나다. 런던 지식 시험은 택시 운전사 지망생들에게 런던의 수많은 도로를 온갖 조합과 순열로 기억할 것을 요구한다. 이것은 엄청나게 어려운 과제다. 시내를 관통하는 경로 320개, 개별 거리 2만 5000개, 주

런던 택시 운전사들은
경이로운 기억력을 발휘하여
그 도시의 지형을 암기한다.
훈련을 마치면 그들은
런던 시내에서 임의의
두 지점을 연결하는
최단(또한 합법적인!) 경로를
지도에 의지하지 않고
명확하게 댈 수 있다.
그 훈련의 결과로 뇌에서
눈에 띄는 변화가 일어난다.

요 지형지물과 목적지(호텔, 극장, 식당, 대사관, 경찰서, 스포츠 시설, 기타 승객이 가자고 할 만한 모든 곳) 2만 곳을 외워야 하니까 말이다. 런던 지식 시험을 준비하는 사람들은 대개 매일 서너 시간씩 가상의 경로들을 암송한다.

런던 지식 시험이 유난히 어려운 정신적 과제라는 사실은 런던 유니버시티 칼리지의 신경과학자들로 구성된 연구 팀의 관심을 사로잡았다. 그들은 택시 운전사 여러 명의 뇌를 스캔했다. 과학자들은 특히 '해마'라는 작은 뇌 구역에 관심을 기울였다. 해마는 기억, 특히 공간 기억에 필수적인 뇌 구역이다.

과학자들은 택시 운전사들의 뇌에서 눈에 띄는 차이를 발견했다. 대조군에 비해 운전사들의 뇌에서는 해마의 뒷부분이 더 커져 있었다. 추측하건대 해마의 크기가 커진 만큼 공간 기억이 증가한 듯했다. 또한 운전사 경력이 길수록, 해마의 변화가 더 크다는 것도 발견되었다. 이 발견은 관찰된 크기 차이가 단

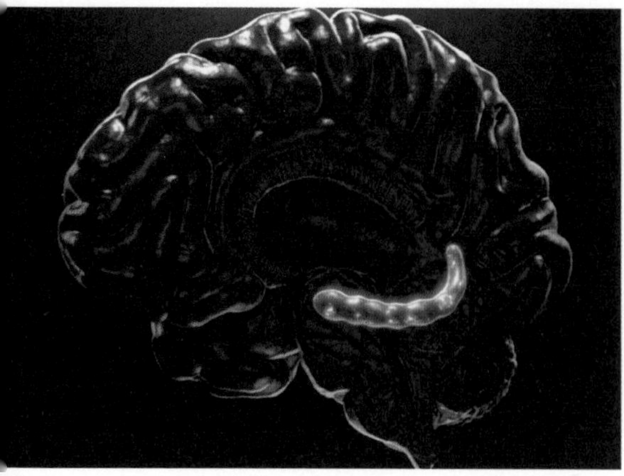

런던 지식 시험을 위한 학습은 런던 택시 운전사들의 해마에서 눈에 띌 정도의 모양 변화가 일어나게 만든다. 그 변화는 길 찾기 솜씨의 향상을 반영한다.

순히 개인들이 운전사가 되기 전에 처했던 조건을 반영하는 것이 아니라 운전 업무가 낳은 결과라는 것을 시사했다.

런던 택시 운전사 연구는 성인의 뇌가 고정되기는커녕 전문가의 눈에 띌 정도로 심하게 변화할 수 있음을 보여준다.

택시 운전사들의 뇌만 모양이 변하는 것이 아니다. 20세기의 가장 유명한 뇌, 그러니까 알베르트 아인슈타인Albert Einstein의 뇌를 부검한 연구자들은 그의 뇌에서 물리학적 천재성의 비밀을 밝혀내지는 못했다. 그러나 그의 왼손 손가락들을 담당하는 뇌 구역이 보통 사람보다 더 크다는 사실은 드러났다. 그 구역은 아인슈타인의 피질에서 그리스어 철자 Ω 모양의 거대한 이랑을 이루었기에 '오메가 기호Omega sign'라고 명명되었다. 이 변화는 그가 (비교적 덜 알려졌지만) 취미 활동으로 바이올린을 열심히 연주한 덕분에 생긴 것이다. 숙련된 바이올린 연주자들은 왼손 손가락들을 자유자재로 놀리는 솜씨를 집중적으로 훈련한 덕분에 왼손 손가락들을 담당하는 뇌 구역의 오메가 기호가 남들보다 더 커진다. 반면에 피아노 연주자들에서는 양쪽 대뇌반구의 오메가 기호가 둘 다 커진다. 그들은 양손의 손가락들을 자유자재로 놀리기 때문이다.

뇌의 이랑들과 고랑들의 전반적인 모양은 개인차가 없다. 그러나 더 미세한 세부 사항들은 당신이 이제껏 어디에 있었으며 지금 누구인지를 개인적이며 유일무이하게 반영한다. 비록 거의 모든 변화는 맨눈으로 감지할 수 없을 정도로 작지만, 당신의 모든 경험 각각은 당신 뇌의 물리적 구조를(유전자들의 발현부터 분자들의 위치와 뉴런들의 구조까지) 바꾼다. 당신이 태어난 가정, 당신의 문화, 친구들, 직업, 당신이 본 모든 영화, 당신이 나눈 모든 대화, 이 모든 것이 당신의 신경계에 흔적을 남긴다. 이 지워지지 않는 미시적 각인들이 모여서 지금의 당신을 만들고 미래의 당신을 제약한다.

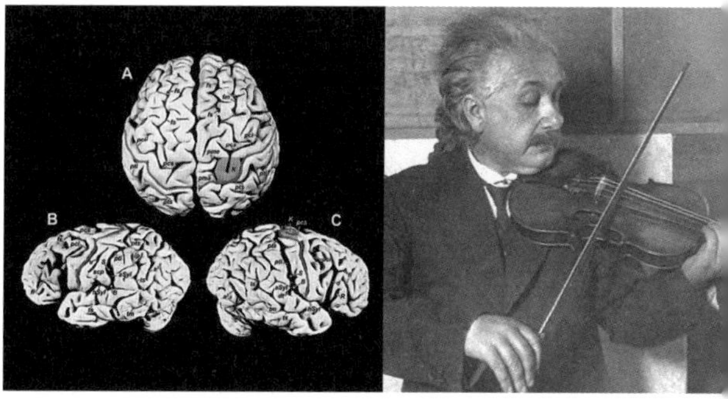

알베르트 아인슈타인과 그의 뇌. A는 뇌를 위에서 내려다본 모습이다. 위쪽이 뇌의 앞부분이다. 오렌지색으로 칠한 구역이 이례적으로 확장하면서 주변 조직까지 끌어들여 그리스어 철자 오메가를 뒤집어놓은 형태를 이뤘다.

병적인 변화들

뇌의 변화는 우리가 무엇을 해왔으며 지금 누구인지를 반영한다. 하지만 병이나 부상 때문에 뇌가 변화하면 어떻게 될까? 이런 변화도 우리의 정체성과 성격과 행동을 바꿔놓을까? 1966년 8월 1일, 찰스 휘트먼Charles Whitman은 오스틴 소재 텍사스 대학교 타워의 전망대로 오르는 승강기에 탔다. 곧이어 그 25세 청년은 아래에 보이는 사람들을 무차별로 사격하기 시작했다. 13명이 사살되고 33명이 부상을 입었으며, 결국 휘트먼은 경찰이 쏜 총에 맞아 사망했다. 그의 집을 수색한 경찰은 그가 이미 전날 밤에 자신의 아내와 어머니를 죽인 것을 발견했다.

이 마구잡이식 만행보다 더 놀라운 것은 찰스 휘트먼이 그런 짓을 저지를 만한 인물이 전혀 아니었다는 점이었다. 그는 이글 스카우트Eagle Scout(가장 우수한 보이 스카우트 대원 — 옮긴이)였으며 은행 창구 직원으로 고용된 상태였고 공학 전공 대학생이었다.

아내와 어머니를 죽인 직후, 휘트먼은 책상 앞에 앉아 다음과 같은 요지의 유서를 타이핑했다.

> 요즘 나 자신을 정말 이해할 수 없다. 나는 평범하고 합리적이고 영리한 청년이었을 것이다. 그러나 최근에(언제부터인지 기억나지

1966년 오스틴 소재 텍사스 대학교에서 총기 난사로 대량살상을 저지른 후 사살된 찰스 휘트먼의 사진. 범행 전에 작성한 유서에서 휘트먼은 자신의 시신을 부검해줄 것을 요청했다. 그는 자신의 뇌에 뭔가 문제가 있다고 의심했다.

않는다) 나는 수많은 이상하고 비합리적인 생각들에 시달렸다……. 내가 죽은 다음에 내 시신을 부검하여 혹시 어떤 가시적인 물리적 장애가 있는지 확인해주기를 바란다.

휘트먼의 요청은 받아들여졌다. 부검을 실시한 병리학자는 휘트먼의 뇌에 작은 종양이 있다고 보고했다. 크기가 5센트짜리 동전만 한 그 종양이 '편도체amygdala'라는 뇌 구역을 누르고 있었다. 편도체는 공포 및 공격과 관련이 있다. 편도체에 가해진 미세한 압력이 휘트먼의 뇌 속에서 연쇄반응을 일으켰고, 그 결과로 그는 자신의 원래 성격에 전혀 맞지 않는 짓들을 저질렀다. 그의 뇌 속 물질들이 변화하는 중이었고, 거기에 발맞춰 그가 누구인지가 바뀌었던 것이다.

물론 이것은 극단적인 사례이지만, 당신의 뇌에서 일어나는 덜 극적인 변화들도 당신이 누구인지를 바꿀 수 있다. 약물이나 알코올을 섭취한 경우를 생각해보라. 특정 유형의 뇌전증은 환자의 종교적 믿음을 강화한다. 파킨슨병을 앓으면 신앙을 버리는 경우가 많은 반면, 파킨슨병 치료약은 흔히 환자를 강박적 도박꾼으로 만든다. 병이나 약물만 우리를 변화시키는 것은 아니다. 우리가 보는 영화부터 우리가 하는 일까지, 모든 것이 끊임없이 신경 연결망들을 재편하고, 우리는 그 신경 연결망들을 요약하여 우리 자신으로 간주한다. 자, 당신은 정확히 누구일까? 당신 속의 깊숙한 곳에 혹시 누가 있을까?

나는 내 기억들의 총합일까?

살아가는 동안 우리의 뇌와 몸은 알아채기 어려울 정도로 조금씩(시계의 시침이 움직이는 것처럼) 변화한다. 예컨대 당신의 적혈구들은 4개월마다, 피부세포들은 몇 주마다 완전히 교체된다. 약 7년이 지나면, 당신의 몸을 이루는 모든 원자가 다른 원자로 교체될 것이다. 물리학적으로 보면, 당신은 끊임없이 새로운 당신이다. 다행스럽게도 다양한 당신의 버전들 모두를 연결해주는 상수constant가 하나 있다. 바로 기억이다. 어쩌면 기억은 당신을 당신으로 만드는 연속적인 실thread 구실을 할 수 있을 것이다. 기억은 당신의 정체성의 핵심에 자리를 잡고 단일하며 연속적인 자아감을 제공한다.

하지만 이 대목에서 한 가지 문제가 생길 수 있다. 혹시 그 연속성은 환상이 아닐까? 당신이 공원에서 다양한 나이 때의 당신 자신들과 만난다고 상상해보자. 여섯 살 먹은 당신이 있다. 10대 청소년인 당신, 20대 후반인 당신, 50대 중반인 당신, 70대 초반인 당신, 마지막으로 죽음을 몇 년 앞둔 당신도 있다. 이 시나리오에서 여러 명의 당신들은 다 함께 둘러앉아 당신의 삶에 관하여 동일한 이야기들을 공유하면서 당신의 단일한 정체성을 마치 한 가닥의 실처럼 뽑아낼 수 있을 것이다.

하지만 이것은 과연 현실적인 시나리오일까? 여러 나이의 당신 자신들은 모두 똑같은 이름과 역사를 지녔지만 사실상 제각각 조금씩 다른 사람들이며 다른 가치관과 목표를 가졌다. 게다가 당신의 삶에 관한 당신 자신들의 기억도 예상보다 덜 일치할 가능성이 있다. 당신이 기억하는 15세 때의 당신은 실제 15세 때의 당신과 다르다. 더 나아가 미래에 당신은 15세 때의 당신을 또 다르게 기억할 것이다. 왜 그럴까? 기억의 본성이 그렇기 때문이다.

기억은 삶의 한 순간을 비디오카메라로 정확히 촬영하여 보존하는 기능이 아니다. 오히려 당신이 무언가를 기억하려면, 당신은 과거에 발생했던 불안정한 뇌 상태를 되살려야 한다. 그 상태가 바로 기억이다.

한 개인이 여러 나이 때의 그 자신들로 분열할 수 있다고 상상해보자. 그 개인 자신들이 모여서 자신에 관한 기억을 이야기한다면, 과연 기억들이 일치할까? 만일 일치하지 않는다면, 그들은 정말로 동일한 개인일까?

예를 하나 들겠다. 당신은 지금 친구의 생일잔치가 벌어지는 식당에 있다. 당신이 경험하는 모든 것이 당신의 뇌 속에서 특수한 활동 패턴을 일으킨다. 예컨대 당신의 친구들이 나누는 대화에 의해서 켜지는 활동 패턴이 있다. 또 다른 패턴은 커피의 향기에 의해 활성화된다. 뿐만 아니라 프랑스풍 케이크의 달콤한 맛에 의해 켜지는 패턴도 있다. 종업원이 당신의 잔에 커피를 따르다가 실수로 손가락을 담갔다는 사실도 기억에 남을 만한 또 하나의 세부 사항이며, 이것 역시 또 다른 뉴런 점화 패턴을 유발한다. 이 모든 패턴들이 연결되어 방대한 뉴런 활동의 연결망을 이루고, 해마는 그 연결망을 거듭 되새겨 고착시킨다. 동시에 활동하는 뉴런들은 서로 간의 연결이 더 강해진다. 비유하자면, 함께 점화하는 세포들은 전선으로 연결된다. 그 결과로 발생하는 연결망은 당신이 경험한 사건의 유일무이한 지문이며, 그 지문이 그 생일잔치에 대한 당신의 기억에 해당한다.

이제 6개월 뒤에 당신이 그 생일잔치에서 맛본 것과 똑같은 맛의 프랑스풍 케이크를 먹는다고 해보자. 그 케이크의 맛은 6개월 전에 발생했던 연결망 전체를 다시 활성화하는 고도로 특화된 열쇠 구실을 할 수 있다. 마치 한 도시의 불빛들이 켜지듯이, 원래의 연결망이 켜진다. 그리고 갑자기 당신은 그 생일잔치에 대한 기억에 빠져든다.

우리가 늘 깨닫는 바는 아니지만, 기억은 통상적으로 기대하는 만큼 풍부하지 않다. 당신은 그 자리에 친구들이 있었음을 안다. 아무개는 정장을 입었던 것이 틀림없다. 왜냐하면 그는 늘 정장을 입기 때문이다. 또 아무개는 파란색 셔츠를 입었다. 아니, 자주색이었나? 어쩌면 녹색이었을지도 모르겠다. 기억을

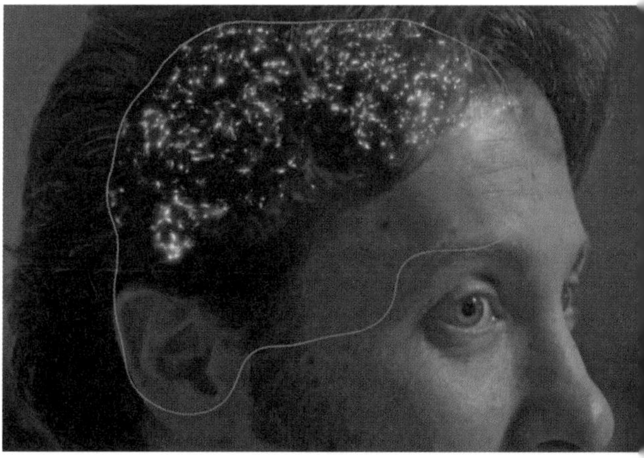

한 사건에 대한 당신의 기억은 당신의 세부적인 경험들에 관여한 뇌세포들의 유일무이한 연결망으로 표현된다.

꼼꼼히 점검해보면, 당신이 그 자리에서 본 친구들에 관한 세부 사항들을 기억하지 못한다는 사실을 깨닫게 될 것이다. 식당이 붐빌 정도로 많은 친구들이 있었는데도 말이다.

요컨대 그 생일잔치에 대한 당신의 기억은 이미 퇴색하기 시작했다. 왜 그럴까? 첫째, 당신이 보유한 뉴런의 개수는 유한하며, 모든 뉴런은 여러 과제를 수행해야 한다. 각각의 뉴런이 때에 따라 다른 연결망에 참여한다. 그 생일잔치에 대한 기억을 담당하는 '생일' 뉴런들이 다른 기억 연결망에 동원되는 일이 거듭됨에 따라, 그 생일잔치 기억은 퇴색한다. 기억의 적은 시간이 아니라 다른 기억들이다. 새로운 사건이 일어날 때마다, 유한한 개수의 뉴런들 사이에서 새로운 연결망이 형성되어야 한다. 오히려 놀라운 것은, 기억이 퇴색했는데도 당신은 그렇게 느끼지 않는다는 점이다. 당신은 그날의 장면 전체가 기억에 남아 있다고 느끼거나 최소한 추측한다.

게다가 당신의 기억은 또 다른 이유에서 더욱더 의심스럽다. 이를테면 그 생일잔치 이후에 두 친구가 갈라섰다고 해보자. 그러면 당신은 과거의 생일잔치를 회상하면서 그때 이미 불길한 조짐들을 감지했다고 착각할 가능성이 있다. 그때 아무개가 평소보다 말수가 적지 않았던가? 두 친구가 문득문득 싸늘하게 침묵하지 않았던가? 뭐 그랬을 수도 있겠지만, 진실을 알아내기는 어려울 것이다. 왜냐하면 지금 당신의 신경 연결망이 보유한 지식이 과거에 대한 기억을 변화시키기 때문이다. 당신의 현재가 당신의 과거를 물들이는 것을 막을 길은 없다. 따라서 당신은 단일한 사건을, 삶의 다양한 단계에서 어느 정도 다양하게 지각할 가능성이 있다.

기억의 오류 가능성

기억의 유연성에 대한 단서들은 어바인 소재 캘리포니아 대학의 엘리자베스 로프터스Elizabeth Loftus 교수가 수행한 선구적인 연구에서 나왔다. 그녀는 기억이 얼마나 취약한지 보여줌으로써 기억 연구 분야를 바꿔놓았다.

스스로 고안한 실험에서 로프터스는 자원한 피험자들에게 자동차 충돌을 촬영한 동영상들을 보여준 다음에 그들의 기억을 검사하기 위해 여러 질문을 던졌다. 그녀의 질문은 피험자의 대답에 영향을 미쳤다. 그녀는 이렇게 설명한다. "나는 자동차들이 접촉할hit 때 속도가 얼마나 빨랐느냐고 묻기도 하고 자동차들이 들이박을smash 때 속도가 얼마나 빨랐느냐고 묻기도 했는데, 두 경우에 피험자가 추정한 속도가 달랐어요. 내가 '들이박다'라는 단어를 사용했을 때, 피험자들은 자동차들의 속도가 더 빨랐다고 추정했죠." 질문이 기억을 오염시키는 것에 흥미를 느낀 로프터스는 한걸음 더 나아가기로 했다.

전혀 틀린 기억을 주입하는 것도 가능할까? 이 질문에 답하기 위해 로프터스는 피험자들을 모집하고 그들의 집에 연구원을 보내 그들의 과거 정보를 수집했다. 이 정보를 토대로 해서 연구자들은 피험자 각각의 유년기에 관한 이야기 네 개를 구성했다. 세 이야기는 진실이었다. 그러나 넷째 이야기는 그럴싸한 정보를 포함했지만 완전히 허구였다. 그 이야기는 어릴 적에 쇼핑몰에서 미아가 되었다가 어느 친절한 어른의 도움으로 결국 다시 부모를 만나게 된 일에 관한 것이었다.

연구자들은 피험자들과 대담하면서 네 가지 이야기를 들려주었다. 그러자 적어도 피험자 네 명 중 한 명은 자신이 쇼핑몰에서 미아가 되었던 일을 기억한다고 주장했다. 실제로 그런 일은 없었는데도 말이다. 게다가 거기가 끝이 아니었다. 로프터스의 설명을 들어보자. "때때로 피험자는 그 일을 약간 기억해내기 시작해요. 하지만 일주일 뒤에 다시 만나면, 피험자는 더 많은 것을 기억해내기 시작하죠. 어쩌면 피험자는 미아가 된 자신을 도와준 중년 여인에 대해서 이야기할 수도 있어요." 시간이 지날수록 점점 더 많은 세부 사항들이 가짜 기억 속으로 끼어들었다. "그 나이 든 아주머니는 이런 이상한 모자를 쓰고 있었어요." "난 제일 좋아하는 장난감을 들고 있었죠." "우리 엄마가 어찌나 화를 내던지."

요컨대 새로운 가짜 기억을 뇌에 주입하는 것이 가능할뿐더러, 사람들은 그 가짜 기억을 끌어안고 치장하면서 부지불식간에 자신의 정체성에 상상을 엮어 넣었다.

우리는 누구나 이런 기억 조작에 취약하다. 로프터스 자신도 예외가 아니다. 그녀가 어릴 적에 그녀의 어머니가 수영장에서 익사했다. 여러 해가 지나 그녀는 한 친척과 대화하다가 놀라운 이야기를 들었다. 수영장에서 어머니의 시신을 처음 발견한 사람이 바로 로프터스 자신이라는 것이었다. 그녀에게는 충격적인 사실이었다. 그녀는 그 사실을 몰랐다. 실제로 그녀는 친척의 말을 믿지 않았다. 그러나 "그 생일잔치가 끝나고 집으로 돌아와서 나는 생각하기 시작했어요. 아마 그랬던 것 같아요. 내가 기억하는 다른 일들을 생각하기 시작했죠. 이를테면 구급대원들이 언제 도착했는지 말이에요. 그들이 내게 산소마스크를 주었던 것을 생각했죠. 혹시 내가 시신을 발견하고 너무 흥분했기 때문에, 산소마스크가 필요했나?" 얼마 지나지 않아 그녀는 물 위에 뜬 어머니의 시신을 눈앞에 떠올릴 수 있었다.

그러나 그후에 그 친척이 그녀에게 전화를 걸어 자신이 착각했다고 전해왔다. 시신을 발견한 사람은 어린 로프터스가 아니었다. 그녀의 이모였다. 이 사건을 계기로 로프터스는 풍부한 세부 사항과 강렬한 감정까지 동반한 가짜 기억을 보유한다는 것이 어떤 것인지 몸소 체험할 수 있었다.

우리가 기억하는 과거는 신뢰할 만한 기록이 아니다. 오히려 재구성의 산물이며, 때로는 신화에 가까울 수 있다. 우리 자신의 삶을 돌아볼 때, 우리는 모든 세부 사항들이 정확하지는 않다는 점을 염두에 두어야 한다. 일부 세부 사항은 사람들이 들려준 우리 자신에 관한 이야기에서 유래한 것이다. 또 어떤 부분은 반드시 일어났어야 한다고 우리가 생각한 바를 내용으로 삼는다. 따라서 만일 '당신은 누구인가'라는 질문에 대한 당신의 대답이 단순히 당신의 기억에 기초를 둔다면, 당신의 정체성은 기이하고 불안정하며 미완성인 이야기와 유사하게 된다.

노년기의 뇌

오늘날 우리는 인류 역사에서 어느 시기보다 더 오래 산다. 그래서 뇌의 건강 유지는 우리에게 중대한 과제다. 알츠하이머병과 파킨슨병을 비롯한 여러 질병은 우리의 뇌 조직을 공격함으로써 우리 정체성의 핵심을 잠식한다.

그러나 좋은 소식이 있다. 젊은 시절 당신의 환경과 행동이 당신의 뇌를 변화시킨 것과 마찬가지로, 환경과 행동은 노년기의 뇌에도 중요한 영향을 미친다.

미국 전역에서 1100명이 넘는 수녀, 신부, 수사가 '수도회 연구The Religious Orders Study'로 명명된 독특한 연구에 참여해왔다. 뇌의 노화가 불러오는 결과들을 탐구하는 것이 연구 목적이다. 연구자들은 특히 알츠하이머병의 위험인자를 밝혀내는 것에 관심을 기울인다. 연구에 참여한 피험자들 중 일부는 65세 이상이며 알츠하이머병의 증상이나 측정 가능한 징후를 전혀 보이

미래에 대한 기억

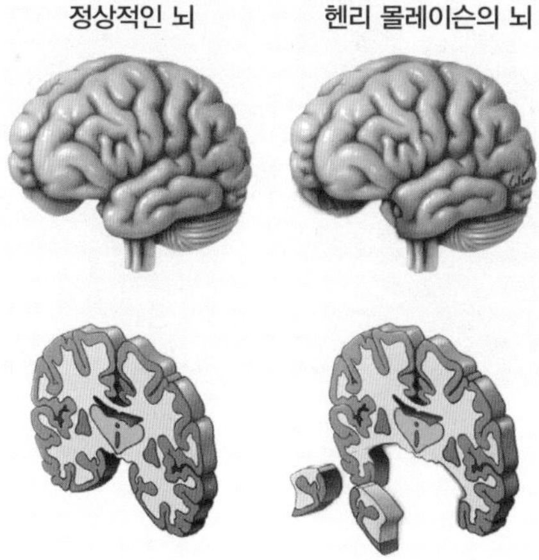

헨리 몰레이슨은 15세 생일에 처음으로 뇌전증 대발작을 겪었다. 그 이후 발작 횟수가 점점 더 증가했다. 호전될 기미가 없자, 헨리는 실험적인 수술을 받았다. 양쪽 뇌 반구 관자엽의 가운데 부분(해마 포함)을 절제한 것이다. 헨리의 뇌전증은 치유되었지만 심각한 부작용이 발생했다. 나머지 생애 내내 그는 새로운 기억을 만들어낼 수 없었다.

그게 끝이 아니었다. 그는 새 기억을 형성하는 능력뿐 아니라 미래를 상상하는 능력도 상실했다.

내일 당신이 해변에 가면 어떨지 상상해보라. 당신은 무엇을 떠올리는가? 파도타기를 즐기는 사람들과 모래성? 부서지는 파도? 구름 사이로 쏟아지는 햇살? 똑같은 질문을 헨리에게 던지면, 대개 이런 대답이 돌아왔을 것이다. "파란색밖에 떠오르지 않네요." 그의 불행은 기억의 바탕에 깔린 뇌 메커니즘에 관한 정보를 제공한다. 그 메커니즘의 목적은 단순히 과거를 기록하는 것이 아니라 우리로 하여금 미래를 내다볼 수 있게 하는 것이다. 내일 해변에서 경험할 것을 상상할 때, 특히 해마는 과거에서 유래한 정보를 재조합하여 상상의 미래를 구성하는 작업에서 핵심적인 역할을 한다.

노년기에도 부지런한 생활을 유지하는 것이 뇌에 이롭다.

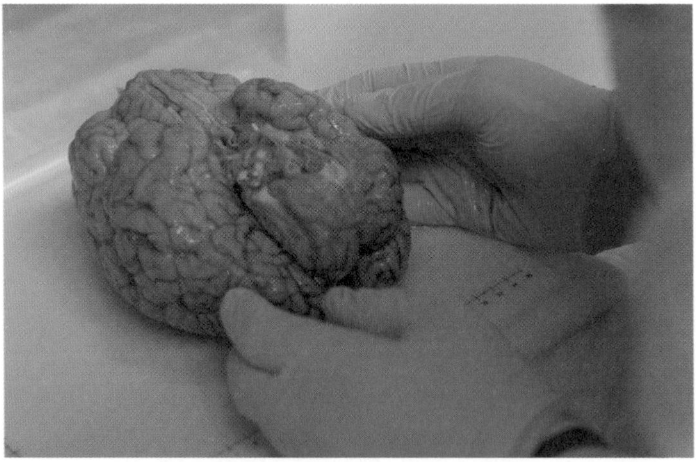

수녀 수백 명이 사후 부검을 위해 뇌를 기증했다.
연구자들은 부검 결과를 보고 깜짝 놀랐다.

지 않았다.

성직자들을 피험자로 선택한 것은 매년 쉽게 소재를 파악하여 정기적인 검사를 실시할 수 있는 안정적인 집단일 뿐 아니라 음식과 생활 수준을 비롯한 생활 양식을 대체로 공유하기 때문이다. 따라서 성직자들을 피험자로 삼으면, 이른바 '교란 인자confounding factor'를 줄일 수 있다. 일반인을 피험자로 삼으면 식생활, 사회경제적 지위, 교육을 비롯한 여러 교란 인자가 결과에 영향을 미칠 가능성이 있다.

데이터 수집은 1994년에 시작되었다. 시카고 소재 러시 대학의 데이비드 베넷David Bennett과 그의 팀은 현재까지 350개가 넘는 뇌를 수집했다. 연구자들은 각각의 뇌를 세심히 보존하고 검사했다. 노화성 뇌 질환들의 미시적 증거를 찾아내기 위해서였다. 하지만 이것은 연구의 절반에 불과하다. 나머지 절반은 피험자 각각의 생활에 관한 심층 데이터를 수집하는 일이다. 매년 모든 피험자가 심리 평가와 인지 평가에서부터 의학적·신체적·유전학적 검진까지 수많은 검사를 받는다.

연구를 시작할 당시에 연구팀은 치매의 가장 흔한 원인인 알츠하이머병, 뇌졸중, 파킨슨병과 인지 능력의 쇠퇴 사이에 명확한 상관성이 발견되리라고 예상했다. 그러나 결과는 달랐다. 알츠하이머병으로 뇌 조직이 폐허투성이가 되었다 하더라도, 당사자가 반드시 인지적 문제들을 겪는 것은 아니었다. 일부 피험자들은 알츠하이머병이 완숙한 상태에서 인지 능력의 상실 없이 죽어가는 중이었다. 대체 어떻게 그럴 수 있을까?

연구팀은 단서를 찾고자 피험자들에 관한 데이터를 다시 살펴보았다. 베넷은 심리적·경험적 인자들이 피험자의 인지 능력 상실 여부를 결정한다는 것을 발견했다. 특히 인지 능력을 발휘하는 십자말풀이crosswords, 독서, 운전, 새로운 솜씨 학습, 책임감 보유 등 뇌를 활발하게 유지시키는 활동들이 그 능력을 보호하는 효과가 컸다. 사회 활동, 사회적 관계망과의 교류, 신체 활동도 마찬가지였다.

반대로 외로움, 불안, 우울, 심리적 고통에 잘 빠지는 성향 등의 부정적인 심리적 인자들은 인지 능력 쇠퇴를 가속하는 경향이 있었다. 성실성, 확고한 삶의 목적, 부지런한 생활의 유지와 같은 긍정적 특징들은 인지 능력을 보호하는 효과를 냈다.

신경조직이 병들었지만 인지적 증상이 없는 피험자들은 이른바 '인지 유지력cognitive reserve'을 개발했다. 뇌조직의 일부 구역들이 퇴화하는 동안, 다른 구역들이 잘 훈련되어 퇴화한 구역들의 기능을 벌충하거나 넘겨받은 것이다. 뇌를 인지적으로 건강하게 유지할수록(전형적인 방법은 사회적 상호작용을 비롯해 신선하고 어려운 과제들을 뇌에 부과하는 것이다) 신경망에서 A 지점과 B 지점을 잇는 새 도로들이 더 많이 형성된다.

뇌를 연장통에 비유할 수 있다. 좋은 연장통에는 당신의 작업에 필요한 연장들이 다 들어 있을 것이다. 볼트를 풀어야 한다면, 당신은 깔깔이(래칫핸들ratchet handle)를 꺼낼 수도 있을 것이다. 만일 깔깔이가 없다면, 당신은 스패너를 집어들 것이다. 스패너도 없다면, 집게로 작업을 시도해볼 수 있을 것이다. 인지적으로 건강한 뇌에서도 마찬가지다. 병으로 많은 경로들이 퇴화하더라도, 뇌는 다른 해법들을 찾아낼 수 있다.

연구에 참여한 수녀들의 뇌는 우리가 뇌를 보호하고 최대한 오랫동안 우리의 정체성을 유지하는 것이 가능함을 보여준다. 우리는 노화 과정을 멈출 수 없지만, 우리의 인지적 연장통에 들어 있는 모든 솜씨skill들을 발휘함으로써 노화를 늦출 가능성은 열려 있다.

나는 의식이 있다

내가 누구인지 생각할 때 결코 외면할 수 없는 한 측면은 내가 주관적인 느낌을 가질 수 있는 존재라는 사실이다. 나는 내 존재를 느낀다. 내가 여기에 존재하며 내 두 눈으로 세계를 내다보면서 내 시야의 중심부에서 펼쳐지는 이 다채로운 쇼를 지각한다고 느낀다. 이 느낌을 의식, 또는 알아챔awareness이라고 부르자.

과학자들은 의식의 상세한 정의를 놓고 흔히 논쟁을 벌이지만, 우리가 의식을 이야기할 때 거론하는 바가 무엇인지 간단한 대비를 통해 충분히 쉽게 설명할 수 있다. 당신이 깨어 있을 때 당신은 의식이 있고, 당신이 깊은 잠에 들었을 때 당신은 의식이 없다. 이 구분은 다음과 같은 단순한 질문으로 이어진다. 언급한 두 상태에서 뇌 활동은 어떻게 다를까?

그 차이를 측정하는 방법 하나는 뇌전도(EEG)를 이용하는 것이다. 뇌전도 측정법은 두개골 표면의 약한 전기 신호(뇌파)를 포착함으로써 무수한 뉴런들의 점화 양상을 개략적으로 보여준다. 이 기술은 약간 원시적인 구석이 있다. 어떤 이들은 뇌전도 측정법을 야구장 바깥벽에 마이크를 들이대고 야구 규칙들을 이해하려 애쓰는 것에 비유한다. 그럼에도 뇌전도는 깨어 있는 상태와 잠든 상태의 차이에 관한 즉각적인 통찰들을 제공할 수 있다.

깨어 있을 때 당신의 뇌파는 무수한 뉴런들이 복잡하게 소통하고 있음을 보여준다. 야구장의 관중이 제각각 나누는 무수한 대화와 비슷하다고 보면 된다.

당신이 잠들면, 당신의 몸은 기능을 멈추는 것처럼 보인다. 따라서 뉴런들의 경기장도 고요해지리라고 추측하는 것이 자연

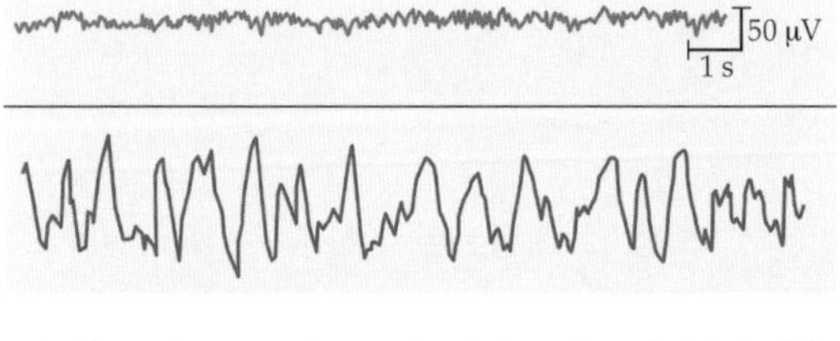

깨어 있음:
뇌파의 진동수는 높고
진폭은 작다

숙면, 곧 서파수면:
뇌파의 진동수는 낮고
진폭은 크다

의식은 뉴런들이 복잡하고 미묘하며 거의 독립적인 수많은 박자에 맞춰 협동할 때 발생한다. 서파수면 중에 뉴런들은 더 많이 동기화되고, 의식은 꺼진다.

심신 문제

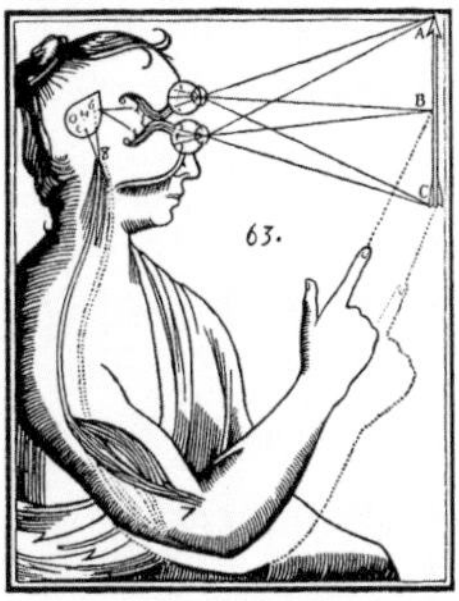

의식적 알아챔은 현대 신경과학에서 가장 난해한 수수께끼들 중 하나다. 우리의 정신적 경험과 물리적 뇌는 서로 어떤 관계일까?

철학자 르네 데카르트René Descartes는 비물질적인 영혼이 뇌와 별개로 존재한다고 여겼다. 위 그림이 보여주듯이, 감각 입력은 솔방울샘pineal gland에 도달하고, 솔방울샘은 비물질적 영혼으로 통하는 관문 구실을 한다고 데카르트는 추측했다. (뇌의 다른 부위들은 양쪽 반구에 하나씩 두 개가 있는 것에 반해 솔방울샘은 뇌의 중앙에 하나만 있다는 이유만으로, 데카르트는 솔방울샘을 그런 중요한 관문으로 지목했을 가능성이 매우 높다.)

비물질적인 영혼의 개념을 상상하기는 쉽다. 그러나 그 개념을 신경과학적 증거와 조화시키기는 어렵다. 데카르트는 신경학과 병동을 한 번도 답사하지 않았다. 만약에 답사했다면, 뇌가 변화하면 사람의 성격이 달라진다는 사실을 목격했을 텐데 말이다. 사람을 우울하게 만드는 뇌 손상이 있는가 하면, 조증manic을 유발하는 뇌 변화도 있다. 또 어떤 뇌 변화는 종교적 신앙심, 유머 감각, 또는 도박 취향에 영향을 미친다. 그런가 하면, 사람을 우유부단하게 만들거나 망상에 빠뜨리거나 공격적으로 만드는 뇌 변화도 있다. 따라서 정신과 신체를 구별하는 접근법은 유지되기 어렵다.

곧 보겠지만, 현대 신경과학은 세부적인 뉴런 활동과 구체적인 의식 상태 사이의 관계를 알아내려 애쓴다. 의식을 완전히 이해하려면 새로운 발견들과 이론들이 필요할 가능성이 높다. 신경과학은 여전히 신생 분야에 가깝다.

스럽다. 그러나 이 추측이 틀렸다는 사실이 1953년에 발견되었다. 뇌는 낮에 못지않게 밤에도 활발하게 작동한다. 다만, 수면 중에는 뉴런들이 깨어 있을 때와는 다르게 서로 협동하여 더 많이 동기화되고synchronized 박자가 맞는 상태에 진입한다. 경기장의 관중이 끊임없이 파도타기 응원을 한다고 상상해보라.

쉽게 짐작할 수 있듯이, 경기장 내 토론의 복잡성은 개별적인 대화가 무수히 일어날 때 훨씬 더 크다. 반대로 관중이 파도타기 응원에 참여하면, 지적인 활동은 감소한다.

이처럼 주어진 순간에 당신이 누구이냐는 당신의 뉴런들이 점화할 때 따르는 세부적인 리듬에 달려 있다. 낮 동안에는 뉴런들의 복잡한 활동으로부터 의식을 가진 당신이 발생한다. 밤에는 뉴런들의 상호작용이 약간 달라지고, 당신은 사라진다. 당신을 만나려는 사람들은 이튿날 아침까지 기다려야 한다. 당신의 뉴런들이 파도타기 응원을 멈추고 복잡한 리듬으로 복귀할 때까지 말이다. 당신은 그때에야 돌아온다.

요컨대 당신이 누구인가는 그때그때 당신의 뉴런들이 무슨 활동을 하느냐에 달려 있다.

뇌는 눈송이와 유사하다

대학원을 졸업한 후에 나는 운 좋게도 내 과학 영웅들 중 한

명인 프랜시스 크릭Francis Crick과 함께 연구할 기회를 얻었다. 나와 만날 당시에 그는 이미 의식 문제에 대한 연구로 전향한 상태였다. 그의 연구실 칠판은 필기로 빼곡했는데, 늘 한가운데 다른 글씨들보다 더 크게 적혀 있는 단어 하나가 인상적이었다. 그 단어는 '의미meaning'였다. 우리는 뉴런들과 뉴런 연결망들과 뇌 구역들의 작동에 대해서 많은 것을 안다. 그러나 거기에서 돌아다니는 그 모든 신호들이 우리에게 무언가를 의미하는 이유는 모른다. 어떻게 뇌에서 벌어지는 일이 우리로 하여금 무언가에 마음을 쓰도록 만들 수 있을까?

의미 문제는 여태 풀리지 않았다. 하지만 다음과 같은 말은 할 수 있다고 나는 생각한다. 무언가가 당신에게 어떤 의미인가는 당신의 인생 경험들의 역사 전체에 기초를 둔, 연상들의 연결망에 의해 결정된다.

물리적 대상에 대한 당신의 해석은 당신의 뇌가 거쳐온 역사의 궤적과 직결되며 대상 그 자체와는 거의 관련이 없다. 이 두 사각형 안에는 색들의 배열만 있다. 개는 두 사각형에서 유의미한 차이를 감지하지 못할 것이다. 당신이 이 사각형들에 어떻게 반응하든지, 그 반응의 출처는 사각형들이 아니라 오롯이 당신이다.

내가 천 조각에 몇 가지 물감을 아무렇게나 칠해서 당신의 시각 시스템에 보여준다고 해보자. 당신의 기억들이 되살아나고 상상이 일어날 가능성이 높을까? 아마 그렇지 않을 것이다. 그건 그냥 천 조각이니까 말이다.

반면에 그 물감들이 적절히 배치되어 국기의 패턴을 이뤘다고 상상해보라. 그런 패턴이 그려진 천 조각은 당신에게 무언가를 의미할 것이 거의 확실하다. 그러나 그 구체적인 의미는 당신이 겪은 경험들의 역사에 의해 유일무이하게 결정된다. 당신은 대상들을 있는 그대로 지각하지 않는다. 당신은 대상들을 당신답게 지각한다.

우리 각자는 고유한(우리의 유전자들과 경험들에 의해 정해지는) 궤적 위에 있으며, 그 결과로 모든 뇌는 제각각 다른 내적인 삶을 가진다. 눈송이들이 제각각 유일무이하듯이, 뇌들도 그러하다.

당신의 뉴런들이 수조 개의 연결을 끊임없이 형성하고 재형성하면서 독특한 패턴을 이룬다는 사실은 당신과 유사한 존재가 과거에도 없었고 미래에도 없으리라는 것을 의미한다. 바로 지금, 당신이 의식적으로 알아채는 경험은 당신 특유의 것이다.

그리고 물리적 재료가 끊임없이 변화하므로, 우리도 끊임없이 변화한다. 우리는 고정된 존재가 아니다. 요람에서 무덤까지, 우리는 미완성 작품이다.

THE BRAIN 2

실재란 무엇일까?

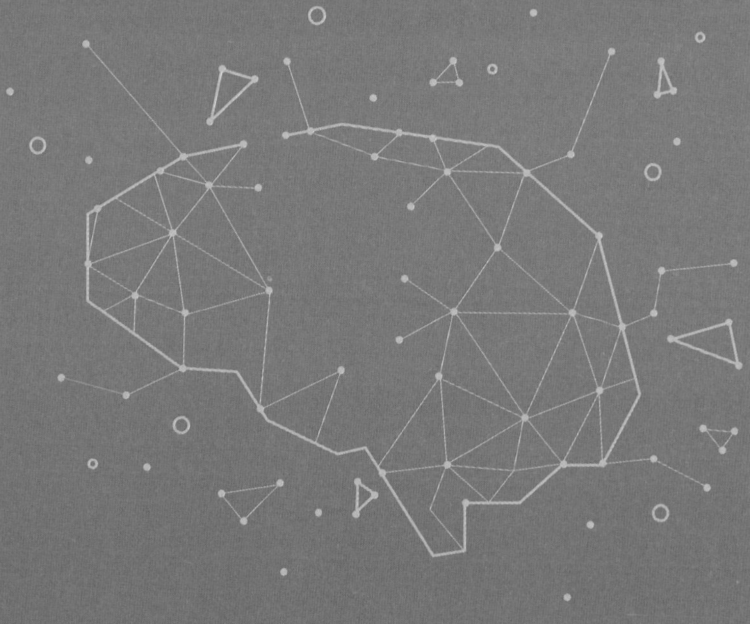

어떻게 생물학적 뇌의 신경 시스템이
우리의 경험을 산출할까? 에메랄드의
녹색을 보는 시각 경험, 계피를 맛보는
미각 경험, 젖은 흙의 냄새를 맡는 후각 경험을
어떻게 산출하는 것일까? 풍부한 색깔과 질감,
소리, 냄새로 가득 찬 당신 주변의 세계가
환상이라고, 당신의 뇌가 당신에게 보여주는
쇼라고 내가 말하면, 당신은 어떻게 반응할까?
만일 당신이 실재를 그 진면목대로 지각할
수 있다면, 당신은 색깔도 냄새도 맛도 없는
실재의 침묵에 충격을 받을 것이다.
당신의 뇌 바깥에는 단지 에너지와
물질만 있다. 인간의 뇌는 수백만 년에 걸쳐
진화하면서 그 에너지와 물질을 풍부한
감각 경험으로 변환하고 그 경험을
세계 안에 있는 대상과 연결하는 일에
능숙해졌다.
뇌는 어떻게 그 일을 해내는 것일까?

실재라는 환상

아침에 깨어나는 순간부터 당신은 온갖 빛과 소리와 냄새에 포위된다. 당신의 감각들로 자극이 봇물처럼 쏟아져 들어온다. 당신은 그저 깨어나기만 하면 된다. 어떤 생각이나 노력이 없어도, 당신은 부인할 수 없는 실재 세계 속에 완전히 잠긴다.

그러나 그 실재의 얼마나 많은 부분이 오직 당신의 머릿속에서만 당신의 뇌에 의해 구성될까?

아래의 똬리를 틀고 회전하는 뱀들을 보라. 이 페이지에서 실제로 움직이는 것은 전혀 없는데도, 뱀들이 기어가는 것처럼 보인다. 당신은 아래 그림이 고정되어 있음을 아는데도, 당신의 뇌는 어떻게 운동을 지각할 수 있을까?

또 다른 예로 체커 판을 보라.

이 그림에서 움직이는 것은 전혀 없지만, 당신은 운동을 지각한다. 기타오카 아키요시가 고안한, 회전하는 뱀 환상.

A와 B로 표시된 두 사각형의 색깔을 비교해보라. 에드워드 아델슨이 고안한 체커 판 환상.

보기에는 그렇지 않지만, 사각형 A와 B는 똑같은 색깔이다. 그림의 나머지 부분을 가리고 직접 확인해보라. 물리적으로 동일한 두 사각형이 어떻게 이토록 다르게 보일 수 있을까?

이런 환상들은 외부 세계에 대한 우리의 그림이 외부 세계를 꼭 정확히 반영하는 것은 아니라는 사실을 귀띔해주는 최초 단서다. 실재에 대한 우리의 지각은 바깥세상에서 일어나는 일보다 우리의 뇌 속에서 일어나는 일과 더 큰 관련이 있다.

당신의 실재 경험

얼핏 느끼기에 당신은 감각들을 통해 세계에 직접 접속하는 듯하다. 당신은 손을 내밀어 물리적 세계의 물질, 이를테면 이 책이나 당신이 앉은 의자를 만질 수 있다. 그러나 이 촉각은 직접 경험이 아니다. 당신은 손가락에서 촉각이 일어난다고 느끼지만, 실제로 모든 일은 뇌의 촉각 담당 중추에서 일어난다. 다른 감각 경험들도 마찬가지다. 시각 경험은 당신의 눈에서 일어나지 않는다. 청각 경험은 귀에서 일어나지 않는다. 후각 경험은 코에서 일어나지 않는다. 당신의 모든 감각 경험은 계산능력을 갖춘 물질인 당신의 뇌에서 일어나는 온갖 활동의 산물이다.

다음 사실을 명심하는 것이 핵심적으로 중요하다. 뇌는 외부 세계와 연결되어 있지 않다. 두개골이라는 캄캄하고 고요한 방안에 밀봉된 당신의 뇌는 외부 세계를 직접 경험한 적이 전혀 없으며 앞으로도 영영 그러할 것이다.

대신에, 바깥세상의 정보가 뇌로 진입하는 길이 딱 하나 있다. 그 길이란 당신의 감각기관들(눈, 귀, 코, 입, 피부)인데, 그것들은 번역가의 구실을 한다. 감각기관들은 마구 뒤섞인 정보원천들(이를테면 광자, 공기 밀도의 파동, 분자들의 농도, 압력, 표면의 결, 온도)을 감지하여 뇌에서 통용되는 정보인 전기화학적 신호로 번역한다.

그 신호는 조밀한 뉴런들의 연결망을 쏜살같이 누빈다. 뉴런은 뇌에서 신호 전달을 담당하는 주요 세포다. 인간의 뇌에는 1000억 개의 뉴런이 있으며, 각각의 뉴런은 당신의 평생 내내 매초 수십 개에서 수백 개의 전기 펄스를 다른 뉴런 수천 개로

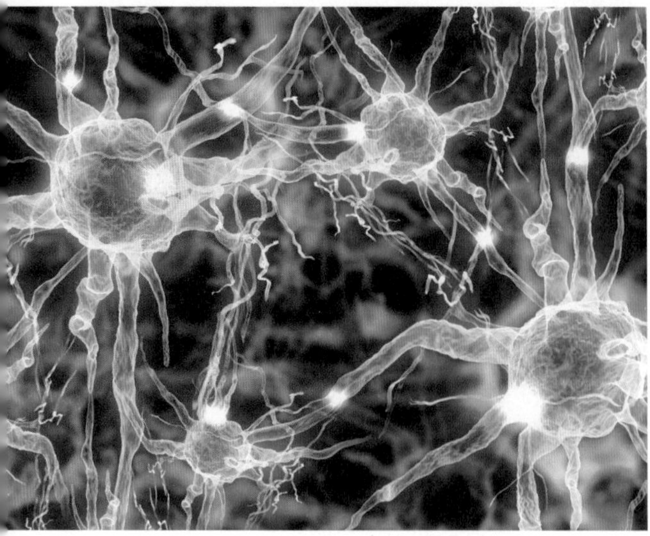

뉴런들은 신경전달물질이라는 화학적 신호를 통해 서로 소통한다. 뉴런의 막은 뉴런의 한쪽 끝에서 반대쪽 끝으로 전기 신호를 신속하게 운반한다. 옆 그림과 같은 상상도에는 빈 공간이 있지만, 실제 뇌 속의 세포들 사이에는 여백이 없다. 뇌세포들은 빽빽하게 모여 있다.

보낸다.

당신이 경험하는 모든 것(광경, 소리, 냄새)은 직접 경험이 아니라 캄캄한 극장 안에서 펼쳐지는 전기화학적 연극이다.

뇌는 방대한 전기화학적 패턴들을 어떻게 세계에 대한 유용한 지식으로 변환하는 것일까? 다양한 감각기관에서 들어오는 신호들을 비교하고 패턴을 감지함으로써 뇌는 '바깥세상'에 무엇이 있는지 최선의 추측을 한다. 이 작동이 매우 원활하기 때문에, 뇌는 아주 쉽게 제구실을 하는 것처럼 보인다. 그러나 더 자세히 들여다보자.

우선 가장 지배적인 감각인 시각을 출발점으로 삼자. 보는 활동은 워낙 자연스럽게 느껴진다. 그래서 그 활동을 위해 엄청난 장치가 필요하다는 사실을 선뜻 받아들이기 어렵다. 인간 뇌의 약 3분의 1은 시각에 할애되어 있다. 그 부분은 가공되지 않은 광자들을 우리 어머니의 얼굴, 또는 우리가 아끼는 반려동물의 모습, 우리가 낮잠을 자려고 누울 소파의 모습으로 변환한다. 시각 활동 중에 뇌에서 일어나는 일을 알아보기 위해, 시각을 잃고 살다가 되찾을 기회를 얻은 한 사람의 사례를 살펴보자.

나는 시각 장애인이었지만 지금은 볼 수 있다

마이크 메이는 생후 3년 6개월경에 시각을 잃었다. 화학물질 폭발로 각막이 손상되는 바람에 그의 눈은 광자들을 받아들일 수 없게 되었다. 시각 장애인이 된 그는 사업가로 성공했고 장애인올림픽에 스키 선수로 출전하여 소리를 듣고 코스를 알아채는 방식으로 슬로프를 타고 내려와 금메달을 땄다.

그렇게 시각 장애인이 된 지 40년이 넘었을 때, 마이크는 실험적인 줄기세포 치료법으로 눈의 손상을 복구할 수 있다는 이야기를 들었다. 그는 수술을 받기로 결정했다. 따지고 보면 그가 시각을 잃은 것은 오로지 각막 손상 탓이었다. 해결책은 간단명료했다.

그러나 예상치 못한 일이 일어났다. 의료진이 마이크의 눈을

감각 변환

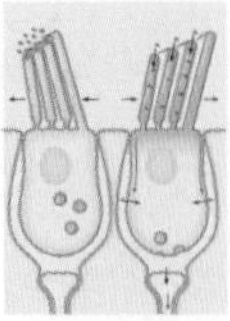

청각

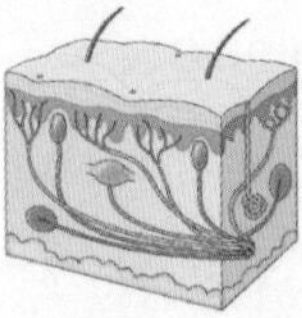

촉각

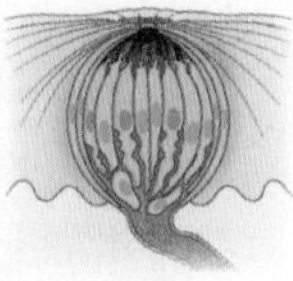

미각

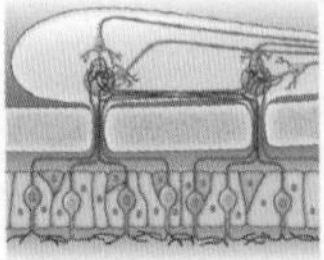

후각

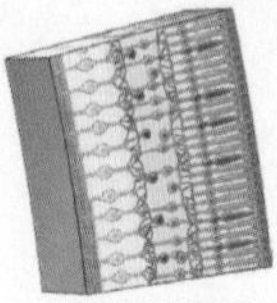

시각

생물학은 세계에서 유래한 정보를 전기화학적 신호로 변환하는 방식들을 많이 발견했다. 말하자면 많은 번역기들을 발견한 셈인데, 당신이 가진 번역기들 가운데 몇 개만 거론하면 다음과 같다. 속귀inner ear에 있는 모세포들hair cells, 피부에 있는 여러 유형의 촉각 수용기들, 혀에 있는 미뢰들, 후각신경구에 있는 분자 수용기들, 눈의 뒤쪽 안벽에 있는 광자 수용기들.

환경에서 유래한 신호는 뇌세포들이 주고받는 전기화학적 신호로 번역된다. 이 번역은 뇌가 몸 밖의 세상에서 유래한 정보를 처리하는 첫걸음이다. 눈은 광자들을 전기 신호로 변환한다(convert, 또는 transduce). 속귀에 있는 장치들은 공기 밀도의 진동을 전기 신호로 변환한다. 피부(와 체내)에 있는 수용기들은 압력, 장력, 온도, 독성 화학물질을 전기 신호로 변환한다. 코는 떠다니는 냄새 분자들을, 혀는 맛 분자들을 전기 신호로 변환한다. 외국 도시를 방문한 여행자는 자국의 통화를 현지의 통화로 바꿔야만(변환해야만) 유의미한 상거래를 할 수 있다. 뇌에서도 마찬가지다. 뇌는 근본적으로 국제적인 도시여서 다양한 곳에서 온 여행자들을 환영한다.

신경과학이 아직 풀지 못한 다음과 같은 문제를 일컬어 '결합 문제binding problem'라고 한다. 시각은 한 구역에서 처리되고, 청각은 다른 구역에서, 촉각은 또 다른 구역에서 처리되는 식으로 온갖 정보가 제각각 다른 곳에서 처리되는데, 뇌는 어떻게 단일하고 통합된 세계상을 산출할 수 있을까? 이 문제는 아직 풀리지 않았지만, 뉴런들 사이에서 통용되는 정보, 그리고 뉴런들의 방대한 상호연결이 해결의 열쇠일 것으로 보인다.

가린 붕대를 풀 때, 텔레비전 카메라들이 그 장면을 촬영했다. 마이크는 의사가 거즈를 떼어낼 때 자신이 경험한 바를 이렇게 묘사한다. "빛이 '쉬익' 하는 소리를 냈고 이미지들이 눈으로 쏟아져 들어왔어요. 느닷없이 나는 시각 정보의 홍수에 휩쓸렸죠. 압도적이었어요."

마이크의 새 각막은 계획대로 빛을 받아들여 집중시키고 있었다. 그러나 그의 뇌는 눈이 받아들이는 정보를 이해하지 못했다. 뉴스 카메라들이 작동하는 가운데, 마이크는 자식들을 보며 미소를 지었다. 그러나 그는 속으로 당황했다. 자식들이 어떤 모습인지 서술하거나 누가 누구인지 판별할 수 없었기 때문이다. "나는 그때까지 얼굴을 알아본 경험이 전혀 없었어요." 라고 그는 회상한다.

외과의학의 관점에서 이식 수술은 완벽한 성공이었다. 그러나 마이크의 입장에서 자신이 경험하는 바는 시각이라고 할 수 없었다. 그가 간결하게 표현했듯이 "나의 뇌는 그저 '어머나, 세상에!'라고 외칠 뿐이었어요."

의료진과 가족의 도움으로 마이크는 검사실에서 나와 복도를 따라 걸으면서 카펫, 벽에 걸린 그림들, 출입구들을 향해 시선을 던졌다. 그는 아무것도 알아볼 수 없었다. 자동차에 타고 집으로 가는 동안, 마이크는 순식간에 지나가는 차들, 건물들, 사람들을 바라보며 자신이 보는 광경을 이해하려 애썼지만 부질없는 짓이었다. 고속도로에서 그는 자신이 탄 차가 전방의 커다란 사각형과 곧 충돌할 것처럼 보여 움찔했다. 알고 보니 그 사각형은 도로 표지판이었고, 그의 차는 그 아래로 지나갔다. 그는 대상들이 무엇인지, 혹은 얼마나 멀리 있는지 전혀 감지할 수 없었다. 심지어 수술 후에 마이크는 스키 타기가 시각 장애인 시절보다 더 어려워졌다고 느꼈다. 거리 지각의 문제 때문에 그는 사람과 나무, 그림자, 구멍을 구별하는 법을 터득하기까지 힘든 시간을 보냈다. 그 대상들은 그에게 그저 하얀 바탕 위의 검은 물체로 보였다. 마이크의 경험은 시각 시스템이 카메라와 다르다는 사실을 알려준다. 렌즈를 가린 마개를 떼어내기만 하면 시각 활동이 이루어진다고 생각하면 착각이다. 시각을 위해서는 제구실을 하는 눈 말고도 많은 것들이 필요하다.

마이크는 시각 장애인으로 40년을 살았다. 이것은 그의 시각 시스템이 차지할 영역(비장애인의 '시각 피질')의 대부분을 청각과 촉각을 비롯한 나머지 감각들이 오래전에 접수했음을 의미했다. 따라서 그의 뇌는 시각에 필요한 온갖 신호들을 조직화하는 능력에 결함이 있었다. 곧 보겠지만, 시각은 수십억 개의 뉴런들이 복잡하고 특정한 조화를 이뤄 작동할 때 발생한다.

수술 후 15년이 지난 지금, 마이크는 여전히 종이에 적힌 단어들을 읽고 사람들의 얼굴을 묘사하는 과제를 잘 해내지 못한다. 불완전한 시각으로 포착한 정보를 더 잘 이해할 필요가 있을 때, 그는 다른 감각들을 이용하여 그 정보를 대조 검증한다. 즉, 만져보거나, 들어 올려보거나, 귀를 기울인다. 이렇게 감각들을 대조하는 것은 우리 모두가 아주 어릴 적에, 우리의 뇌가 처음으로 세계를 이해할 때 했던 일이다.

시각을 위해서는 눈 말고도 많은 것이 필요하다

아기가 손을 뻗어 앞에 있는 물체를 만질 때, 아기는 물체의 질감과 모양만 학습하는 것이 아니다. 이 활동은 보는 법을 학습하기 위해서도 필수적이다. 시각을 위해서 아기의 몸동작이 필요하다는 말은 언뜻 이상하게 들리지만, 그 사실은 1963년에 새끼 고양이 두 마리를 대상으로 삼은 실험에서 멋지게 증명되었다.

매사추세츠 공대의 두 연구자 리처드 헬드Richard Held와 앨런 헤인Alan Hein은 수직 줄무늬가 그려진 원통 안에 새끼 고양이들을 넣었다. 녀석들은 원통 내부에서 원을 그리며 움직이면서 시각 입력을 받아들였다. 그러나 두 녀석의 경험 사이에는 한 가지 결정적인 차이가 있었다. 첫째 고양이는 스스로 걸어서 움직인 반면, 둘째 고양이는 중앙의 축에 연결된 곤돌라를 타고 움직였다. 실험 장치가 그렇게 설계되었기 때문에, 두 고양이는 정확히 똑같은 광경을 보았다. 두 고양이 각각의 시야에서 줄무늬는 똑같은 속도로 움직였다. 만일 시각 과정의 핵심이 단지 광자들이 눈에 도달하는 것이라면, 두 고양이의 시

수직 줄무늬가 그려진 원통 안에서 고양이 한 마리는 걷고, 다른 한 마리는 탈것에 실려 움직였다. 두 고양이가 받아들인 시각 입력은 똑같았지만, 스스로 걸어서 움직인 고양이(자신의 운동과 시각 입력의 변화를 비교할 수 있었던 고양이)만 보는 법을 제대로 학습했다.

각 시스템은 똑같이 발달해야 할 것이다. 그러나 실험 결과는 놀라웠다. 오직 자발적인 몸동작으로 움직인 새끼 고양이만 시각이 정상적으로 발달했다. 곤돌라를 탄 새끼 고양이는 제대로 보는 법을 전혀 터득하지 못했다. 그 녀석의 시각 시스템은 정상적인 발달 단계에 끝내 이르지 못했다.

시각이란 눈에 들어온 광자들을 뇌의 피질이 손쉽게 해석하는 활동이 아니다. 오히려 시각은 온몸이 참여하는 경험이다. 뇌로 들어오는 신호들은 훈련을 거쳐야만 유의미하게 해석될 수 있고, 그 훈련은 그 신호들을 우리 활동의 감각적 귀결들과 비교하는 작업을 필요로 한다. 이런 훈련을 통해서만 우리의 뇌는 시각 데이터가 실제로 무엇을 의미하는지 해석할 수 있게 된다.

만일 당신이 날 때부터 어떤 방식으로도 세계와 상호작용할 수 없었다면, 감각 정보가 무엇을 의미하는지를 되먹임feedback 과정을 통해 알아낼 수 없었다면, 이론적으로 당신은 시각 능력을 절대로 획득하지 못했을 것이다. 아기가 침대 울타리에 부딪히고 장난감을 깨물고 블록을 가지고 놀 때, 아기는 그저 탐험하는 것이 아니라 시각 시스템을 훈련하는 것이다. 세계로 내보낸 행동(이를테면 머리 돌리기, 장난감 밀치기, 블록 떨어뜨리기)이 시각 입력을 어떻게 변화시키는지를 어둠 속에 갇힌 뇌가 학습하는 것이다. 시각 훈련은 방대한 실험의 결과로 이루어진다.

시각 활동은 애쓰지 않아도 이루어지는 것 같지만 실제로는 그렇지 않다

시각 활동은 쉽사리 이루어지는 것처럼 느껴진다. 그래서 뇌가 그 활동에 투입하는 노력을 옳게 가늠하기 어렵다. 시각 활동을 조금 더 이해하려고 나는 캘리포니아 주 어바인으로 날아갔다. 나의 시각 시스템이 예상한 신호들을 수용하지 못할 때 어떤 일이 일어나는지 알아보기 위해서였다.

어바인 소재 캘리포니아 대학교의 앨리사 브루어Alyssa Brewer 박사는 뇌의 적응력이 얼마나 뛰어나냐는 질문에 관심이 있다. 이 질문에 답하기 위해서 그녀는 세계의 좌우를 뒤바꿔 보게 만드는 프리즘 고글을 피험자들에게 씌운다. 그리고 그들의 시각 시스템이 뒤바뀐 광경에 어떻게 적응하는지 연구한다.

어느 멋진 봄날, 나는 그 프리즘 고글을 썼다. 그러자 세계가 뒤집혔다. 내 오른쪽의 물체들이 시야의 왼쪽에 나타났고, 왼쪽 물체들이 오른쪽에 나타났다. 앨리사가 서 있는 위치를 알

프리즘 고글이 시각 세계의 좌우를 뒤바꿔서, 음료를 따르거나 물체를 잡거나 문틀에 부딪히지 않고 문을 통과하는 것 같은 쉬운 과제를 엄청나게 하기 어렵게 만든다.

아내려 애쓸 때, 내 시각 시스템과 청각 시스템은 서로 엇갈린 정보를 제공했다. 내 감각들이 조화를 이루지 않았던 것이다. 물체를 잡으려고 손을 뻗을 때, 내 시야에서 내 손의 위치는 내 근육이 알려주는 위치와 일치하지 않았다. 고글을 쓰고 2분이 지나자, 나는 진땀이 나고 메스꺼웠다.

내 눈은 제대로 작동하면서 세계로부터 입력을 받아들이고 있었지만, 그 시각 데이터 흐름은 나의 다른 데이터 흐름들과 일관되지 않았다. 그러니 나의 뇌는 고된 노동을 해야 했다. 시각 활동을 처음부터 다시 배우는 것 같았다.

고글을 착용하고 여러 과제를 수행하는 것이 영영 그렇게 어렵지는 않으리라는 것을 나는 알고 있었다. 또 다른 피험자 브라이언 바턴Brian Barton도 프리즘 고글을 쓰고 있었는데, 그는 일주일 전부터 그 고글을 계속 쓰고 생활해온 상태였다. 나는 토하기 직전이었지만, 브라이언은 그렇지 않은 듯했다. 우리의 적응도를 비교하기 위해서 나는 그와 빵 굽기 시합을 하기로 했다. 시합을 하려면 달걀을 깨서 사발에 담고, 각종 재료를 혼합기에 담아 휘젓고, 반죽을 컵케이크 판에 붓고, 그 판을 오븐에 넣어야 할 터였다.

해보니, 아예 경쟁이 되지 않았다. 브라이언의 컵케이크들은 정상적인 모습으로 오븐에서 나온 반면, 내가 만든 반죽의 대부분은 작업대 위에서 말라붙거나 컵케이크 판 위에 마구 어질러진 채로 구워졌다. 브라이언은 그리 어렵지 않게 손발을 놀린 반면, 내 움직임은 영 어설펐다. 나는 모든 각각의 동작을 의식적으로 애써 수행해야 했다.

고글을 착용한 덕분에 나는 일반적으로 시각 처리의 배후에 숨어 있는 노력을 실감할 수 있었다. 그날 더 이른 시각, 고글을 착용하기 직전만 해도 나의 뇌는 수십 년에 걸쳐 세계를 상대하며 쌓은 경험을 써먹을 수 있었다. 그러나 감각 입력 하나를 간단히 뒤집고 나자, 나의 뇌는 그 경험을 더는 써먹을 수 없었다.

브라이언만큼 능숙해지려면 며칠 동안 계속해서 그 뒤집힌 세계와 상호작용할 필요가 있다는 것을 나는 알았다. 그 세계에서 손을 뻗어 물체를 잡고, 소리의 방향을 따라 움직이고, 내 팔다리의 위치에 주의를 기울여야 한다는 것을 말이다. 충분히 훈련하면, 나의 뇌도 (브라이언의 뇌가 지난 7일 동안 해온 것과 똑같이) 끊임없이 감각들을 대조하는 작업을 통해서 그 세계에 어느 정도 익숙해질 터였다. 훈련을 거치면, 나의 신경 연결망들은 뇌로 들어오는 다양한 데이터 흐름들이 어떻게 다른 흐름들과 들어맞는지 알아낼 것이었다. 브루어의 보고에 따르면, 고글을 쓰고 며칠 생활한 사람들은 과거의 왼쪽과 새로운 왼쪽, 과거의 오른쪽과 새로운 오른쪽을 구분하는 감각을 터득한다. 일주일이 지나면, 사람들은 브라이언처럼 정상적으로 돌아다닐 수 있고 과거의 좌우와 새로운 좌우에 대한 개념을 상실한다. 세계를 표상하는 그들의 공간 지도가 바뀌는 것이다. 고글을 쓰고 생활한 지 2주쯤 되면, 피험자들은 쓰기와 읽기를 잘 하게 되고 고글을 쓰지 않은 사람과 다름없이 능숙하게 걷고 손을 뻗게 된다. 뒤집힌 입력을 능숙하게 처리하는 솜씨를 그 짧은 기간에 터득하는 것이다.

뇌는 입력의 세부 사항에 주의를 기울이지 않는다. 단지, 세계 안에서 어떻게 움직이는 것이 가장 효과적인지, 또 필요한 것을 어떻게 확보할지 그것에만 주의를 기울인다. 세세한 신호들을 처리하는 고된 작업은 온전히 당신을 위해서 이루어진다. 언제든 프리즘 고글을 착용할 기회가 생기면 한번 착용해보기를 권한다. 애쓰지 않아도 이루어지는 듯한 시각을 위해 뇌가 얼마나 많은 노력을 하는지 실감할 수 있을 것이다.

감각들을 동기화하기

이미 언급했듯이, 지각을 위해서는 뇌가 다양한 감각 데이터 흐름들을 서로 비교하는 과정이 필요하다. 하지만 이런 유형의 비교가 현실적인 과제로 도드라지는 상황이 있다. 바로 때맞춤timing이 중요한 상황이다. 시각, 청각, 촉각 등 온갖 감각 데이터 흐름들은 뇌에서 다양한 속도로 처리된다. 단거리 육상 선수들을 생각해보라. 그들은 출발을 알리는 총소리와 동시에 달려 나가는 것처럼 보인다. 그러나 실제로 선수들은 즉각 출발하지 않는다. 느린 화면으로 보면, 총소리와 선수들의 출발 사이에 상당한 간격이 있음을 알게 된다. 그 간격은 거의 10분의 2초에 달한다. (실제로 공식 경기에서 이보다 더 짧은 간격을 두고 출발한 선수는 '부정 출발'로 실격된다.) 육상 선수는 이 간격을 최대한 줄이기 위해 훈련하지만 생물학이 부과한 근본적인 한계를 뛰어넘을 수는 없다. 선수의 뇌는 총소리를 인지한 뒤 운동 피질로 신호를 보내야 하고, 이어서 운동 피질에서 유래한 신호가 척수를 타고 내려가 온몸의 근육들에 도달해야 한다. 이 반응은 1000분의 1초가 승패를 가르는 스포츠의 세계에서는 놀랄 만큼 느리게 느껴진다.

총소리 대신에 이를테면 섬광을 출발 신호로 사용하면, 그

출발 신호로 섬광을 사용할 때(위 사진)보다 총소리를 사용할 때(아래 사진), 경주자들이 더 빨리 출발할 수 있다.

지체 시간을 줄일 수 있을까? 빛은 소리보다 더 빠르게 이동하지 않는가. 그러니 섬광을 사용하면, 선수들의 출발이 더 빨라지지 않을까?

나는 실험을 위해 단거리 육상을 즐기는 동료 몇 명을 소집했다. 옆 페이지의 위 사진은 섬광을 출발 신호로 사용하고 찍었으며, 아래 사진은 총소리를 사용하고 찍은 것이다.

나와 동료들은 빛에 더 느리게 반응했다. 외부 세계에서 빛의 속도를 감안하면, 이 결과는 언뜻 직관에 반하는 것처럼 보일 수도 있을 것이다. 그러나 우리가 출발할 때 무슨 일이 일어나는지 이해하려면 뇌에서 정보가 처리되는 속도를 살펴보아야 한다. 시각 데이터는 청각 데이터보다 더 복잡한 처리 과정을 거친다. 섬광 정보를 보유한 신호가 시각 시스템을 거치는 데 걸리는 시간은 총소리 신호가 청각 시스템을 거치는 데 걸리는 시간보다 더 길다. 우리는 빛에 190밀리초 만에 반응할 수 있었다. 반면에 총소리에 반응하는 데 걸린 시간은 겨우 160밀리초였다. 이것이 단거리 육상에서 총소리를 사용하는 이유다.

그런데 의아한 대목은 이제부터 시작된다. 방금 언급한 대로 뇌는 광경보다 소리를 더 신속하게 처리한다. 하지만 당신이 가슴 앞에서 양손을 부딪쳐 손뼉을 칠 때 어떤 일이 일어나는지 유심히 관찰해보라. 직접 손뼉을 쳐보라. 모든 일이 동기화되어 한순간에 일어나는 것처럼 느껴진다. 소리가 더 신속하게 처리된다는 점을 감안할 때, 어떻게 그런 느낌이 들 수 있을까? 그 느낌은 당신의 실재 지각이 절묘한 편집의 최종 결과라는 사실에서 비롯된다. 뇌는 신호들이 도달하는 시점의 차이를 은폐한다. 어떻게 은폐할까? 뇌가 제시하는 실재는 실은 실재의 때늦은delayed 버전이다. 당신의 뇌는 감각들에서 유래한 모든 정보를 모은 다음에 무슨 일이 일어나는가에 관한 이야기를 결정한다.

이런 때맞춤 문제는 듣기와 보기에 국한되지 않는다. 감각 정보들은 유형에 따라 제각각 처리 시간이 다르다. 게다가 한 감각 안에도 시간 차이들이 있어서 문제가 더 복잡해진다. 예컨대 당신의 엄지발가락에서 유래한 신호가 뇌에 도달하는 데 걸리는 시간은 코에서 유래한 신호가 도달하는 데 걸리는 시간보다 더 길다. 그러나 당신은 이런 차이들을 지각하지 못한다. 왜냐하면 당신은 우선 모든 신호들을 모으기 때문이다. 그래서 모든 신호가 동시적인 것처럼 느껴진다. 이 같은 동기화 과정을 거친다는 것은 기이하게도 당신이 과거에 산다는 것을 의미한다. 어떤 순간이 발생한다고 당신이 생각할 때, 그 순간은 이미 지나간 지 오래다. 감각들에서 유래한 입력 정보를 동기화하는 대가로 우리의 의식적인 알아챔은 물리 세계보다 시간적으로 뒤처지게 된다. 발생하는 사건과 그것에 대한 당신의 의식적 경험 사이에는 메울 수 없는 시간 간극이 있다.

감각들이 끊기면, 쇼는 중단될까?

우리의 실재 경험은 뇌의 최종 구성물이다. 그 구성물은 물론 감각들에서 유래한 데이터 흐름에 기초를 두지만 거기에 의존하지는 않는다. 이 사실을 우리는 어떻게 알까? 감각들을 모두 없애도, 당신의 실재는 멈추지 않는다는 점이 그 근거다. 그럴 때 당신의 실재 경험은 더 기이해지기만 할 뿐이다.

샌프란시스코의 어느 맑은 한낮에 나는 배를 타고 차가운 바다를 건너 유명한 감옥 섬 앨커트래즈로 갔다. '구멍Hole'이라고 불리는 특수한 감방을 보기 위해서였다. 바깥세상에서 범법 행위를 한 사람은 앨커트래즈에 갇혔고, 앨커트래즈에서 범법 행위를 한 사람은 '구멍'에 갇혔다.

나는 '구멍'에 들어가서 문을 닫았다. 그 감방은 가로와 세로가 대략 3미터였고 칠흑처럼 캄캄했다. 실낱같은 빛조차 새어들지 않았다. 소리도 완벽하게 차단되었다. 거기에 갇히면, 철저히 외톨이가 된다.

여기에 여러 시간, 심지어 여러 날 갇혀 있으면 어떤 기분이 들까? 궁금증을 풀기 위해서 나는 그곳에 갇혀본 경험이 있는 생존자 한 명과 접촉했다. 무장 강도 로버트 루크Robert Luke(일명 '콜드 블루 루크Cold Blue Luke')는 자신의 감방을 때려 부순 대가로 '구멍'에 29일 동안 갇혀 있었다. 그는 자신의 경험을 이렇게 묘사했다. "그 캄캄한 구멍은 나쁜 곳이었어요. 어떤 친구들은

뇌는 도시를 닮았다

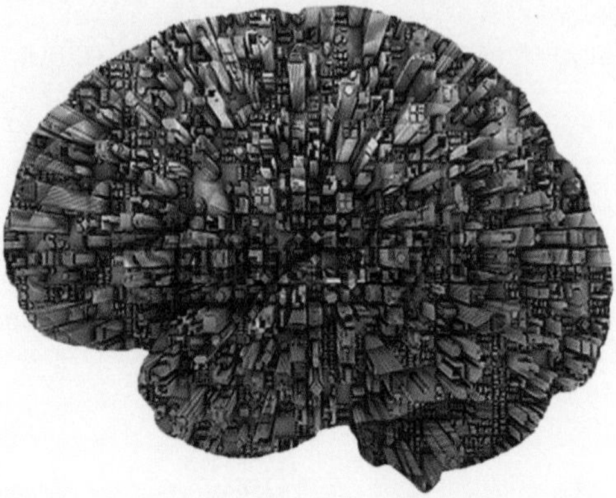

도시와 마찬가지로 뇌의 전체적인 작동은 서로 연결된 수많은 부분들의 상호작용에서 비롯된다. 흔히 사람들은 “이 부분이 이러이러한 일을 한다”는 식으로 뇌의 각 구역에 기능을 하나씩 할당하고 싶어 한다. 그러나 오랜 세월에 걸친 노력에도 불구하고, 뇌 기능을 잘 정의된 모듈들의 활동들의 총합으로 이해할 수는 없다.

대신에 뇌를 도시에 빗대는 것이 타당하다. 당신이 한 도시를 바라보면서 “경제의 위치는 어디일까?”라고 묻는다면, 당신은 이 질문에 만족스럽게 대답할 수 없음을 깨닫게 될 것이다. 경제는 상점과 은행부터 상인과 소비자까지 모든 요소들의 상호작용에서 발생한다.

뇌의 작동도 마찬가지다. 뇌의 작동은 한 지점에서 일어나지 않는다. 도시에서와 마찬가지로, 뇌의 어떤 구역도 격리되어 홀로 작동하지 않는다. 뇌와 도시에서 모든 일은 거주자들 사이의 상호작용에서 발생한다. 그 상호작용은 온갖 규모에서 일어난다. 국소적으로 일어나기도 하고, 먼 거리를 가로질러 일어나기도 한다. 열차들이 도시로 들여온 천연자원과 직물이 가공되어 도시의 경제에 편입되듯이, 감각기관들에서 유래한 미가공의 전기화학적 신호들은 뉴런들로 이루어진 초고속도로로 운반된다. 그러면서 그 신호들은 가공과 변환을 거쳐 우리가 의식하는 실재에 편입된다.

견뎌내지 못했죠. 무슨 말이냐면, 거기에 갇혀서 이틀만 지내면 벽에 머리를 찧는 녀석들이 있었어요. 자기가 거기에 들어가면 무슨 짓을 하게 될지 아무도 몰랐어요. 알고 싶어 하는 사람도 없었죠."

외부 세계로부터 완전히 격리된 채 아무 소리도 없고 빛도 없는 환경에 놓인 루크의 눈과 귀는 아무 입력도 받아들일 수 없었다. 그러나 그의 정신은 외부 세계에 대한 생각을 버리지 않았다. 그의 정신은 그냥 계속해서 외부 세계를 지어냈다. 루크는 그 경험을 이렇게 묘사한다. "나는 이런저런 여행들을 회상해요. 내가 자주 회상한 것 하나는 연날리기였어요. 무척 현실적이었죠. 하지만 그것들 모두는 내 머릿속에 있었어요." 루크의 뇌는 시각 활동을 계속했다. 독방에 갇힌 수감자들은 이런 경험을 흔히 한다. '구멍'에 갇혔던 또 다른 수감자는 정신의 눈으로 빛 얼룩을 본 경험을 이야기했다. 그는 그 얼룩을 텔레비전 크기로 확장하여 시청하곤 했다. 새로운 감각 정보가 없는 환경에 처하자 몽상을 능가하는 경험을 하게 되었다고 수감자들은 말했다. 그 경험은 완전히 현실적으로 느껴졌다. 그들은 온갖 이미지를 단지 상상한 것이 아니라 보았다.

이 증언은 외부 세계와 우리가 실재로 여기는 것 사이의 관계에 대한 깨달음을 제공한다. 루크의 경험을 어떻게 이해할 수 있을까? 전통적인 시각 모형에서 시각 지각은 눈에서 시작되어 뇌 속의 어떤 미지의 지점에서 끝나는 데이터 처리의 산물이다. 이 조립 라인 모형은 단순해서 선호할 만하지만 사실에 맞지 않는다. 실제로 뇌는 눈을 비롯한 감각기관들로부터 정보를 받기 전에도 나름의 실재를 산출한다. 그 실재를 일컬어 '내부 모형internal model'이라고 한다.

뇌의 해부학적 구조에서 내부 모형의 토대를 볼 수 있다. 시상은 머리의 앞쪽, 양 눈 사이에 있고, 시각 피질은 머리의 뒤쪽에 있다. 거의 모든 감각 정보는 시상을 통과하여 적절한 피질 구역으로 이동한다. 예컨대 시각 정보는 시각 피질로 이동한다. 따라서 시상에서 시각 피질로 가는 연결선들은 개수가 어마어마하게 많다. 그런데 놀라운 사실은 이것이다. 반대 방향으로 가는 연결선, 곧 시각 피질에서 시상으로 가는 연결선은 무려 10배나 더 많다.

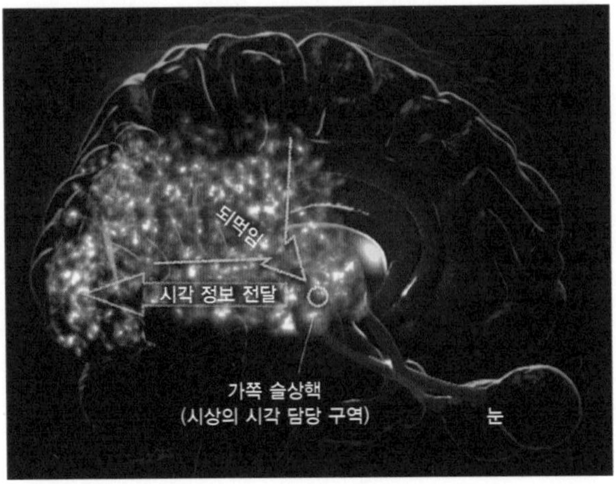

시각 정보는 눈에서 가쪽 슬상핵을 거쳐 일차 시각 피질(금색)로 이동한다. 그런데 놀랍게도 반대 방향으로 정보를 되먹이는 연결선들(자주색)이 10배나 더 많다.

세계에 관한 상세한 예측들, 다시 말해 외부 세계에 있으리라고 뇌가 '짐작하는' 바는 시각 피질에 의해 시상으로 전달된다. 그러면 시상은 그 예측들을 눈에서 오는 정보들과 비교한다. 만일 예측("내가 고개를 돌리면 의자가 보일 것이다.")과 정보가 일치하면, 시각 시스템으로 되돌아가는 신호는 매우 적게 발생한다. 시상은 단지 눈이 알려주는 바와 뇌의 내부 모형 사이의 차이만 보고한다. 바꿔 말해 시각 피질로 되돌아가는 신호의 내용은 뇌가 예상한 바의 결함('오류'로도 불림), 곧 뇌가 예상하지 못한 부분이다.

요컨대 어느 순간이든 우리의 시각 경험은 눈으로 들어오는 빛보다 머릿속에 이미 있는 것에 더 많이 의존한다.

이것은 '콜드 블루 루크'가 캄캄한 감방에 앉아서 풍부한 시각 경험을 한 이유이기도 하다. '구멍'에 갇힌 그의 감각들은 뇌에 새로운 입력을 제공하지 못했다. 따라서 그의 내부 모형이 자유롭게 해방되었고, 그는 생생한 광경과 소리를 경험했다. 심지어 외부 데이터로부터 격리되어 있을 때에도 뇌는 계속해서 나름의 광경들을 산출한다. 세계를 없애버리더라도, 쇼는 계속된다.

꼭 '구멍'에 갇혀야만 내부 모형을 경험할 수 있는 것은 아니다. 많은 사람들은 감각박탈실sensory deprivation chamber 안에서 대단한 쾌락을 경험한다. 감각박탈실이란 콩꼬투리처럼 생겼고 내부로 빛이 스며들지 않는 통인데 그 안에 소금물이 들어 있어서 사람이 들어가 누우면 칠흑 같은 어둠 속에서 물 위에 둥둥 떠 있게 된다. 그렇게 외부 세계라는 닻을 제거함으로써 내부 세계를 해방시키는 것이다. 굳이 말할 필요도 없겠지만, 감각박탈실을 체험해보려고 멀리 갈 필요는 없다. 당신은 매일 밤 수면 중에 풍부하고 완전한 시각 경험을 한다. 당신의 눈은 감겨 있지만, 당신은 풍부하고 다채로운 꿈의 세계를 만끽하면서 그 세계가 어느 모로 보나 실재라고 믿는다.

예상한 것을 보기

도심의 거리를 걸을 때, 당신은 세부 사항들을 꼼꼼히 살피지 않아도 주변에 어떤 것들이 있는지 자동으로 아는 듯하다. 당신의 뇌는 여러 해에 걸쳐 다른 거리들을 걸은 경험을 바탕으로 내부모형을 제작했으며, 그 내부 모형에 기초하여 당신이 지금 보는 것에 관한 예측들을 내놓는다. 당신이 경험한 모든 것이 당신의 뇌에 있는 내부 모형에 영향을 미친다.

매 순간 끊임없이 감각들을 활용하여 당신의 실재를 바닥부터 다시 제작하는 대신에, 당신은 감각 정보를 뇌가 이미 구성해놓은 모형과 비교하면서 그 모형을 갱신하고 다듬고 수정한다. 당신의 뇌는 이 작업을 매우 능숙하게 해내기 때문에, 당신은 평소에 이 작업을 알아채지 못한다. 그러나 때때로 특정한 조건들이 갖춰지면, 당신은 그 작업이 진행되고 있음을 깨달을 수 있다.

핼러윈 축제 같은 때 사용하는 플라스틱 가면을 구해서 그 뒷면을 바라보라. 즉, 우묵하게 들어간 면을 보라. 당신은 그 면이 우묵하다는 것을 안다. 그럼에도 불구하고 당신은 눈앞에 불룩한 면이 있다는 느낌을 떨칠 수 없을 때가 많을 것이다. 당신이 경험하는 바는 당신의 눈에 도달하는 미가공 데이터가 아니라 당신의 내부 모형이다. 당신은 평생 동안 불룩하게 튀어나온 얼굴들을 보면서 훈련한 성과로 그 모형을 구성했다. 우묵한 가면 착시는 당신의 예상이 당신이 보는 바에 얼마나 큰 영향을 미치는지 보여주는 사례다. (우묵한 가면 착시를 직접 실험해보는 쉬운 방법이 있다. 깨끗한 눈밭에서 도장을 찍듯이 당신의 얼굴을

가면의 우묵한 면(오른쪽)을 바라보면, 불룩한 면처럼 보인다. 우리의 예상은 우리가 보는 바에 큰 영향을 미친다.

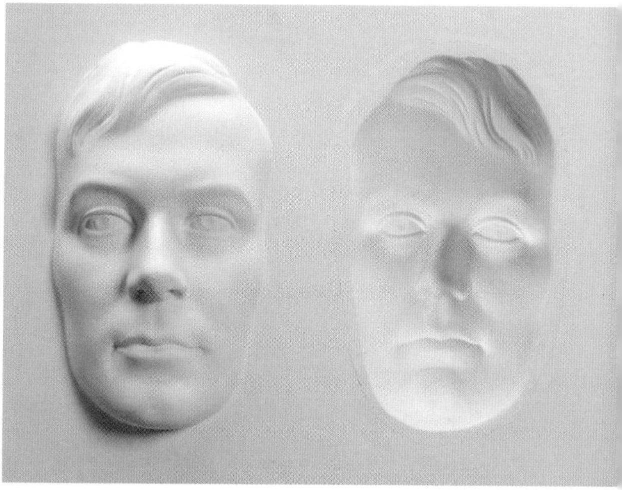

눈에 찍은 다음에 그 압인을 사진으로 촬영하라. 그 사진을 보면, 당신의 뇌는 사진 속 대상을 불룩 튀어나온 3차원 눈 조각품으로 볼 것이다.)

외부 세계가 — 심지어 당신이 움직일 때도 — 멈춰 있는 것도 당신의 내부 모형 덕분이다. 당신이 어떤 도시의 경관을 보면서 그것을 정말로 기억해두고 싶다는 생각을 품었다고 해보자. 당신은 휴대전화를 꺼내 동영상을 촬영한다. 그런데 당신은 휴대전화를 부드럽게 움직여 경관 전체를 촬영하는 대신에 당신의 눈이 움직이는 것과 똑같이 휴대전화를 움직여 촬영하기로 한다. 당신은 평소에 알아채지 못하지만, 당신의 눈은 1초에 약 4회 도약적으로 움직인다. 그 급격한 움직임을 일컬어 '새카드saccade'라고 한다. 당신이 그런 식으로 카메라를 움직여 동영상을 촬영한다면, 그 방식이 부적합함을 금세 알게 될 것이다. 그렇게 촬영한 동영상을 재생하면, 이리저리 헤매는 화면 앞에서 메스꺼움을 느낄 것이다.

그럼 당신이 바라보는 세계가 멈춰 있는 것으로 보이는 이유는 무엇일까? 어째서 세계의 광경은 솜씨 없이 찍은 동영상처럼 덜컥거리거나 메스껍지 않을까? 그 이유는 다음과 같다. 당신의 내부 모형은 외부 세계가 멈춰 있다는 전제 아래 작동한다. 당신의 눈은 비디오카메라와 유사하지 않다. 당신의 눈은 더 많은 세부 사항들을 포착하여 내부 모형에 제공하려고 여기저기를 탐험할 뿐이다. 카메라 필름이 렌즈를 통해 세계를 포착하는 것처럼 당신이 눈을 통해 세계를 포착한다고 생각하면

안 된다. 당신의 눈은 데이터를 모아서 두개골 안에 있는 세계에 공급할 따름이다.

내부 모형은 해상도가 낮지만 업그레이드가 가능하다

외부 세계에 대한 우리의 내부 모형은 우리가 환경을 신속하게 파악할 수 있게 해준다. 이것이 그 모형의 주된 기능이다. 즉, 세계에서 길을 잃지 않기 위해서 우리는 내부 모형을 구성한다. 그런데 그 과정에서 뇌가 얼마나 많은 세부 사항을 배제하는지 늘 명확히 알 수 있는 것은 아니다. 우리가 주위 세계를 매우 상세하게 파악하면서 산다는 것은 착각일 뿐이다. 1960년대에 이루어진 한 실험이 보여주듯이, 그것은 사실이 아니다.

러시아 심리학자 파울 야르부스Paul Yarbus는 처음 보는 광경 앞에서 사람의 눈이 어떻게 움직이는지 추적하는 기술을 고안했다. 그는 일리야 레핀Ilya Repin의 회화 〈뜻밖의 손님The Unexpected Visitor〉을 피험자에게 보여주고 3분 동안 꼼꼼히 관찰하게 한 다음에 그 그림을 치워버리고 피험자에게 자신이 본 것을 설명하라고 요청했다.

나는 야르부스의 실험을 재현하면서 피험자들에게 그림에 몰두할 시간을 충분히 제공하여 그들의 뇌가 그림의 내부 모형을 형성할 수 있게 했다. 그 모형은 얼마나 세밀했을까? 내 질문을 받은 피험자들은 모두 자신이 그림 속에 무엇이 있었는지 안다고 생각했다. 그러나 내가 세부 사항을 묻자, 그들의 뇌가 거의 모든 세부 사항을 배제했다는 사실이 명확히 드러났다. 벽에 그림이 몇 개 걸려 있었나요? 방 안에 어떤 가구가 있었죠? 아이들은 몇 명이었나요? 바닥은 카펫이었나요, 아니면 마루였나요? 뜻밖의 손님은 어떤 표정을 짓고 있었죠? 이런 질문들에 대답하지 못한다는 것에서 피험자들이 그 그림을 매우 피상적으로만 파악했음을 알 수 있었다. 그들은 자신이 고작 저해상도의 내부 모형만 가졌는데도 모든 것을 파악했다고 느꼈다는 사실을 발견하고 놀랐다. 질문들을 던지고 나서 나는 피험자들에게 다시 그림을 보여줌으로써 스스로 대답을 알아낼 기회를 주었다. 그들의 눈은 필요한 정보를 찾아내서 보충함으로써 내부 모형을 새롭게 업그레이드했다.

자발적인 피험자들이 일리야 레핀의 회화 〈뜻밖의 손님〉을 응시할 때, 그들의 눈이 어떻게 움직이는지 추적했다. 흰 선은 피험자의 시선이 어떻게 움직였는지 보여준다. 눈을 움직여 넓은 범위를 훑었음에도 불구하고, 피험자들은 거의 모든 세부 사항을 기억하지 못했다.

이것은 뇌의 실패가 아니다. 뇌는 세계의 완벽한 시뮬레이션을 제작하려 하지 않는다. 오히려 내부 모형은 세계를 서둘러 대충 모방한 밑그림에 가깝다. 세부 정보를 더 얻으려면 어디로 가야 하는지를 뇌가 알기만 한다면, 세부 사항들은 필요에 따라 추가된다.

왜 뇌는 완전한 그림을 제작하지 않는 것일까? 왜냐하면 뇌는 에너지 소비가 워낙 많지만 에너지 절약 솜씨도 뛰어난 기관이기 때문이다. 우리가 소비하는 전체 열량의 20퍼센트가 뇌에서 쓰인다. 따라서 뇌는 에너지 효율을 최대한 높이는 방식으로 작동하려 한다. 이는 뇌가 감각에서 유래한 정보 가운데 세계를 파악하는 데 필요한 최소한의 양만 처리한다는 것을 의미한다.

대상에 시선을 고정하는 것이 그 대상을 본다는 것을 보증하지 못한다는 사실을 신경과학자들이 처음 발견한 것은 아니다. 마술사들은 오래전에 그 사실을 알아챘다. 그들은 당신의 주의를 다른 곳으로 돌려놓고 당신의 눈앞에서 속임수를 쓴다. 그 속임수가 들통 나야 마땅하겠지만, 마술사는 당신의 뇌가 보이는 광경의 작은 일부만 처리하리라고 믿으며 안심할 수 있다.

운전자가 빤히 보이는 보행자를 치거나 마주 오는 자동차와 충돌하는 교통사고가 빈번히 일어나는 것도 마찬가지 이유에서다. 그런 사고를 내는 운전자는 시선이 정면을 향해 있지만 뇌가 바깥세상을 제대로 보고 있지 않은 경우가 많다.

실재의 좁은 구역 안에 갇혀서

우리는 색깔을 주위 세계가 지닌 근본적인 속성으로 여긴다. 그러나 색깔은 외부 세계에 실재하지 않는다.

전자기파가 물체에 닿으면, 일부 전자기파가 반사하여 우리의 눈에 도달한다. 우리는 여러 파장들이 조합된 빛을 수백만 가지 구별할 수 있다. 그러나 그 빛들은 오직 우리의 머릿속에서만 색깔이 된다. 색깔은 빛의 파장들에 대한 해석으로서 오로지 우리 내부에만 존재한다.

더 나아가 우리가 지금 거론하는 파장들은 이른바 '가시광선'의 범위에 국한된다는 점을 잊지 말아야 한다. 가시광선이란 전자기파 스펙트럼에서 빨간색 빛부터 보라색 빛까지의 구역에 속한 전자기파를 말한다. 그 구역은 전자기파 스펙트럼의 미세한 일부에 불과하다. 전자기파 전체에서 가시광선의 비율은 10조분의 1보다 더 작다. 나머지 모든 전자기파(전파, 마이크로파, 엑스선, 감마선, 휴대전화용 전파, 와이파이용 전파 등)는 지금도 우리 곁에 가득하지만, 우리는 이를 전혀 알아채지 못한다. 왜냐하면 우리에게는 전자기파 스펙트럼의 가시광선 구역 바깥에서 유래한 그 신호들을 포착하도록 특화된 생물학적 수용기들이 없기 때문이다. 우리의 생물학이 부과한 한계 때문에 우리는 실재의 좁은 구역만 보며 산다.

생물들은 실재 전체에서 제각각 고유한 구역을 포착한다. 시

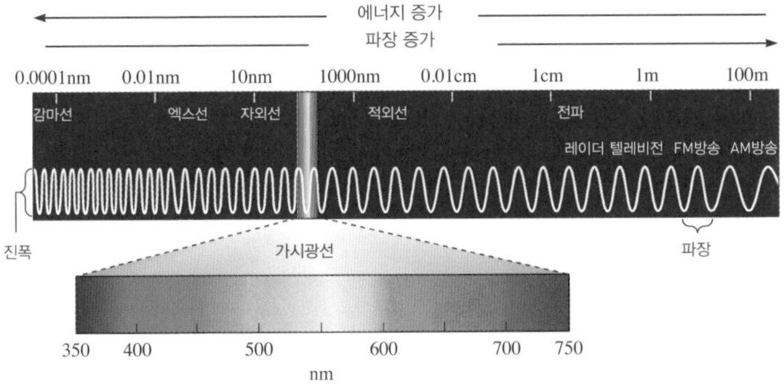

인간은 전자기파 스펙트럼이 보유한 정보의 미세한 일부만 감지한다.
그 스펙트럼 가운데 무지개 색을 띤 좁은 구역을 '가시광선'이라고 하는데,
가시광선은 나머지 전자기파와 본질적으로 같다.
그러나 우리가 가진 생물학적 수용기들은 가시광선만 감지할 수 있다.

각도 없고 청각도 없는 진드기가 환경에서 포착하는 신호는 온도와 몸 냄새다. 박쥐는 공기 밀도 파동의 반향을 포착한다. 블랙고스트나이프피시black ghost knifefish(관상용으로 인기가 높은 남아메리카 원산의 열대어—옮긴이)의 세계 경험을 좌우하는 것은 전자기장의 교란이다. 이것들은 언급한 생물들 각각이 생태계에서 감지할 수 있는 좁은 구역인 셈이다. 어떤 생물도 있는 그대로의 객관적 실재를 경험하지 못한다. 각각의 생물은 진화를 통해 지각할 수 있게 된 것만 지각한다. 하지만 추측하건대 모든 생물 각각은 자신이 지각하는 좁은 구역을 객관적 세계 전체로 여긴다. 하지만 우리가 지각할 수 있는 범위 너머에도 무언가가 있으리라는 상상을 우리가 멈출 이유가 있을까?

결론적으로, 당신의 머리 바깥에 있는 세계의 '참모습'은 어떠할까? 그 세계에는 색깔이 없을뿐더러 소리도 없다. 그 세계에 있는 공기의 압축과 팽창이 당신의 귀에 포착되어 전기 신호로 변환될 뿐이다. 그러면 뇌는 그 신호들을 감미로운 음악과 '쌩'하는 소리와 덜거덕거리는 소리와 쨍그랑거리는 소리로 가공하여 우리에게 제공한다. 냄새도 실재하지 않는다. 우리의 뇌 바깥에는 냄새 따위가 없다. 공중에 떠도는 분자들이 우리의 콧속 수용기들과 결합하고 뇌에 의해 다양한 냄새로 해석될 뿐이다. 실재 세계는 풍부한 감각적 사건들로 가득 차 있지 않다. 오히려 우리의 뇌가 손전등으로 대상을 비추듯이 고유한 감각 능력으로 세계를 비추는 것이다.

당신의 실재, 나의 실재

나의 실재와 당신의 실재가 똑같다는 것을 내가 어떻게 알까? 우리 대다수는 이 질문에 대답할 수 없지만, 평범한 사람들과 다른 방식으로 실재를 지각하는 극소수의 사람들이 있다. 예컨대 한나 보슬리Hannah Bosley의 경우를 보자. 그녀는 알파벳 철자들을 보면 내적으로 색깔을 경험한다. 그녀에게는 J가 자주색이라거나 T가 빨간색이라는 것이 자명한 진실이다. 철자들은 그녀의 의지와 상관없이 자동으로 색깔 경험을 유발하고,

그녀가 특정 철자를 보며 연상하는 색깔은 결코 달라지지 않는다. 그녀가 보기에 자기 이름은 저녁놀을 닮았다. 노란색으로 시작해서 빨간색을 거쳐 구름 색깔이 되었다가 다시 빨간색, 노란색으로 복귀하기 때문이다. 반면에 '이언Iain'이라는 이름은 토사물처럼 보인다. 물론 그녀는 이 이름을 가진 사람들을 전혀 홀대하지 않지만 말이다.

한나는 시적이거나 비유적으로 그렇게 말하는 것이 아니다. 그녀는 이른바 '공감각synesthesia'을 경험하는 것이다. 공감각이란 감각들(일부 경우에는 개념들)이 뒤섞인 상태를 뜻한다. 공감각의 유형은 다양하다. 일부 사람들은 단어에서 맛을 느낀다. 소리를 듣고 색깔을 경험하는 사람들이 있는가 하면, 시각적 운동을 소리로 감지하는 사람들도 있다. 전체 인구의 약 3퍼센트가 이런저런 형태의 공감각을 경험한다.

한나는 내 실험실에서 연구 대상으로 삼은 6000여 명의 공감각 경험자 중 한 명일 뿐이다. 사실 그녀는 2년 동안 내 실험실의 직원이기도 했다. 나는 공감각을 연구한다. 왜냐하면 공감각은 타인의 실재 경험이 나의 실재 경험과 측정 가능하게 다름이 명백하게 드러나는 드문 사례들 중 하나이기 때문이다. 또한 공감각은 우리가 세계를 지각하는 방식이 보편적이지 않음을 명확하게 보여준다.

공감각은 뇌의 감각 담당 구역들, 이를테면 허술한 경계를 사이에 두고 인접한 두 구역 사이에서 일어나는 혼선cross-talk의 산물이다. 공감각은 심지어 뇌 회로의 미시적인 변화도 우리가 지각하는 실재를 변화시킬 수 있음을 보여준다.

공감각 경험자를 만날 때마다 나는 우리의 내적인 실재 경험이 개인마다(뇌마다) 약간씩 다를 수 있음을 상기한다.

뇌가 말해주는 바를 믿기

밤에 꿈을 꾼다는 것, 예상 밖의 기괴한 생각에 빠져들어 일종의 여행을 한다는 것이 무엇인지 모르는 사람은 없다. 때로는 그 여행이 우리를 괴롭힌다. 그러나 다행스럽게도 우리는 잠에서 깨면 꿈과 현실을 구분할 수 있다. 그것은 꿈이었고, 이것은 깨어 있는 나의 삶이라고 말이다.

만일 꿈과 깨어 있음이 더 많이 얽혀 있다면, 꿈과 깨어 있음을 구분하기가 더 어렵거나 불가능하다면 어떨지 상상해보라. 전체 인구의 약 1퍼센트에게는 그 구분이 어려울 수 있고, 그들의 실재는 압도적인 공포를 일으킬 수 있다.

엘린 색스Elyn Saks는 서던캘리포니아 대학교의 법학 교수다. 영리하고 친절한 그녀는 16세 이후로 이따금씩 조현병 에피소드를 경험했다. 조현병은 뇌 기능 장애의 하나로 그녀는 이 장애 때문에 타인들이 못 듣는 목소리를 듣거나 못 보는 사물을 보기도 하고 타인들이 그녀의 생각을 읽어낸다고 믿기도 한다.

다행히 약물과 매주 1회의 치료 덕분에 엘린은 법학 대학원에서 25년 넘게 강의와 교육을 해올 수 있었다.

나는 서던캘리포니아 대학교에서 그녀와 대화했다. 그녀는 과거에 경험한 조현병 에피소드를 이야기해주었다. "집들이 나에게 이야기하는 것처럼 느꼈어요. '넌 특별해. 넌 아주 나빠. 뉘우쳐야 해. 멈춰. 가.' 하는 식으로요. 이런 이야기들을 말로 들은 건 아니고요. 이 이야기들이 생각의 형태로 내 머릿속으로 들어왔어요. 하지만 나는 그게 내 생각이 아니라 집들의 생각이라는 걸 알았어요." 한번은 그녀가 자신의 뇌에서 거듭 폭발이 일어나는 중이라고 믿은 적도 있었다. 그녀는 그 폭발들 때문에 자신뿐 아니라 다른 사람들까지 다칠까 봐 걱정했다. 또 자신의 뇌가 눈으로 새어나와 타인들을 익사시킬 것이라고 믿은 적도 있었다.

그런 망상에서 벗어난 지금, 그녀는 웃고 어깨를 으쓱하면서 그 모든 일이 대체 무엇이었는지 궁금해한다.

핵심은 그녀의 뇌에서 화학적 불균형이 발생한 것이었다. 그 불균형이 신호들의 패턴을 미묘하게 변화시켰다. 그 패턴이 약간 달라지면, 당사자는 갑자기 기이하고 불가능한 일들이 펼쳐지는 실재 안에 갇힐 수 있다. 엘린이 조현병 에피소드 안에 갇혔을 때, 그녀는 무언가 이상하다는 생각을 전혀 하지 못했다. 왜 그랬을까? 그녀는 자신의 뇌 화학의 총합이 들려주는 이야기를 믿었기 때문이다.

언젠가 나는 오래된 의학 문헌 하나를 읽었는데, 거기에서는 조현병을 꿈이 깨어 있는 상태 안으로 침입하는 것이라고 설명했다. 비록 지금은 자주 접할 수 없게 되었지만, 그 설명은 조현병이 환자 자신에게 어떻게 경험되는지 이해하는 한 방식으로서 통찰력이 돋보인다. 당신은 길모퉁이에서 혼잣말을 하고 어떤 이야기를 실연實演하는 사람을 본 적이 있을 것이다. 다음 번에 그런 사람을 보게 되면, 만일 당신이 깨어 있는 상태와 잠든 상태를 구분할 수 없다면 어떨지 생각해보라.

엘린의 경험은 우리 각자의 실재를 이해하기 위한 진입로다. 우리가 한창 꿈꾸고 있을 때, 꿈은 실재처럼 느껴진다. 우리가 대상을 언뜻 보고 잘못 해석했을 때, 우리는 그 대상의 진면목을 알았다는 느낌을 떨쳐내기 어렵다. 실은 틀린 기억을 회상하고 있을 때, 우리는 그 기억이 실제로 있었던 일이 아니라는 주장을 받아들이기 어렵다. 비록 정량화는 불가능하지만, 그런 틀린 실재들의 축적은 우리가 전혀 알아챌 수 없는 방식으로 우리의 믿음과 행동에 영향을 미친다.

그녀가 심한 망상에 빠져 있건, 아니면 더 많은 사람들의 실재에 부합하는 생각을 품고 있건 간에, 엘린은 자신이 경험하는 바가 실제로 일어나는 중이라고 믿었다. 우리 모두에게 그렇듯이 그녀에게 실재란 밀봉된 두개골 내부에서 펼쳐지는 이야기다.

시간 굴곡

우리가 숙고하는 경우가 드문 실재의 측면이 하나 더 있다. 그것은 우리 뇌의 시간 경험이 퍽 이상할 때가 많다는 점이다. 특정한 상황들에서 우리의 실재는 더 느리거나 더 빠르게 흘러가는 것처럼 느껴질 수 있다. 나는 여덟 살 때 지붕에서 떨어진 적이 있는데, 낙하하는 동안 아주 긴 시간이 흘러가는 것처럼 느꼈다. 나중에 고등학교에서 물리학을 배웠을 때, 그 낙하 시간이 실제로 얼마나 길었는지 계산해보았다. 알고 보니 0.8초에 불과했다. 그리하여 나는 중대한 의문을 품었다. 왜 나는 그 시간을 그토록 길게 느꼈을까? 그리고 그 경험이 우리의 실재 지각에 대해서 알려주는 바는 무엇일까?

직업적인 윙슈트wingsuit 비행가 젭 콜리스Jeb Corliss는 산악지대 상공에서 시간 왜곡을 경험했다. 최초 계기는 그가 이미 감행한 특별한 점프였다. 하지만 이번에 그는 목표물을 향해 날아가기로 결정했다. 비행하면서 몸으로 풍선들을 치고 지나가기로 말이다. 젭은 이렇게 회고한다. "돌출한 바위에 묶여 있는 풍선들을 향해 접근하는 과정에서 나는 판단착오를 범했죠." 그는 평평한 화강암에 부딪혀 튕겨졌다. 그가 추정하기에 충돌 속도는 시속 190킬로미터였다.

윙슈트 비행은 젭의 직업이므로, 그날의 사건은 절벽과 그의 몸에 설치된 여러 카메라로 촬영되었다. 동영상을 보면, 젭

젭은 윙슈트 비행 중에
작은 실수를 범하는 바람에
생명의 위협을 느꼈다.
그 사건에 대한 그의 내적인 경험은
카메라들이 촬영한 바와 달랐다.

이 화강암과 충돌하는 소리를 들을 수 있다. 그는 튀어 오른 뒤에도 방금 부딪힌 절벽의 가장자리 위로 계속 날아서 카메라들 앞을 쏜살같이 지나간다.

바로 그때 젭의 시간 감각이 왜곡되었다. 그는 이렇게 서술한다. "내 뇌가 둘로 갈라져서 각각 별개의 사고 과정을 수행했어요. 한 사고 과정은 그저 기술적인 데이터 처리였죠. 또 다른 사고 과정은 나에게 남은 두 가지 선택지에 관한 것이었어요. 줄을 잡아당기지 못하면, 나는 곧장 날아가 바위와 정면충돌할 테고, 그러면 죽을 것이 뻔했죠. 줄을 당길 수 있어서 낙하산이 펼쳐지면, 나는 구조대를 기다리는 동안에 과다 출혈로 죽을 거였어요."

젭이 느끼기에 이 두 가지 사고 과정은 몇 분에 걸쳐 진행되는 것 같았다. "뇌 작동이 아주 빨라져서 다른 모든 것에 대한 나의 지각이 느려지고 모든 것이 잡아늘여지는 것 같았어요. 시간이 느려졌고, 나는 느린 화면을 보는 듯한 느낌이 들었죠."

그는 낙하산 줄을 당기고 통제 불능 상태로 낙하했다. 지상에 도달했을 때, 그는 다리 하나, 양쪽 발목, 발가락 세 개가 부러진 상태였다. 젭이 바위에 부딪힌 순간부터 줄을 당긴 순간까지의 시간은 6초였다. 그러나 내가 지붕에서 떨어질 때 느낀 것과 유사하게 젭은 그 시간이 더 길다고 느꼈다.

다양한 생명 위협 상황(이를테면 교통사고나 강도를 당할 때)에서 혹은 사랑하는 사람이 위험에 처한 것(예컨대 자식이 호수에 빠지는 것)을 보는 상황에서 주관적 시간 감속을 경험했다는 보고들이 풍부하게 수집되어 있다. 그 모든 보고들의 특징은 사건들이 평소보다 더 느리게 진행한다는 느낌과 세부 사항들에 대한 풍부한 지각이다.

내가 지붕에서 떨어질 때, 혹은 젭이 절벽 가장자리에 부딪혀 튕길 때, 우리의 뇌에서는 어떤 일이 일어났을까? 위협적인 상황에서는 실제로 시간이 느려지는 것일까?

몇 년 전에 나는 이 질문의 답을 찾으려고 학생들과 함께 실험 하나를 고안했다. 우리는 피험자들을 45미터 상공에서 떨어뜨림으로써 극도의 공포를 유발했다. 피험자들은 뒤로 누운 자세로 자유 낙하했다.

이 실험에서 피험자들은 손목에 디지털 디스플레이를 차고 낙하했다. 우리는 직접 발명한 그 장치에 '지각 정밀 시계

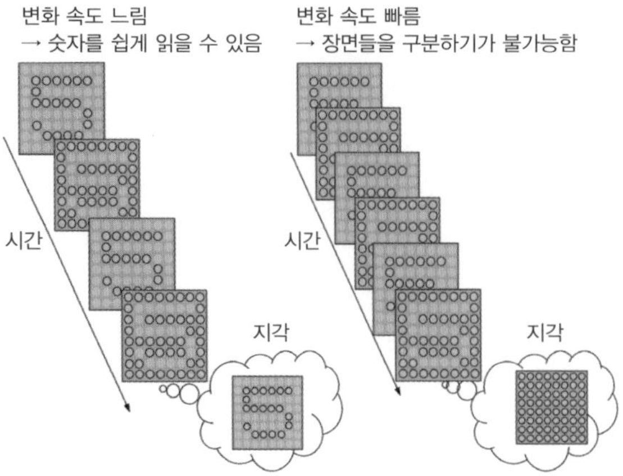

지각 정밀 시계의 화면이 느리게 바뀌면, 피험자는 숫자를 읽을 수 있다. 그러나 화면 변화 속도를 약간 더 높이면, 숫자 읽기가 불가능해진다.

perceptual chronometer'라는 이름을 붙였다. 피험자들은 낙하 도중에 그 장치에 표시되는 숫자를 가능하면 읽어서 나중에 연구진에게 보고했다. 만일 그들이 정말로 세계를 느린 화면처럼 경험한다면, 그들은 그 숫자를 읽었을 것이다. 그러나 아무도 그 숫자를 읽지 못했다.

그렇다면 왜 젭과 나는 각자의 사고가 느린 동작으로 진행되었다고 회상하는 것일까? 대답은 우리의 기억이 저장되는 방식에 있는 것으로 보인다.

위협적인 상황에서는 '편도체'라는 뇌 구역이 활발히 작동하면서 나머지 뇌의 자원들을 징발하여 당면 상황에 주의를 총집중하게 만든다. 이렇게 편도체가 작동하면, 기억은 평소보다 훨씬 더 상세하고 풍부하게 저장된다. 2차secondary 기억 시스템이 활성화되는 것이다. 생각해보면, 이 작동 방식은 기억의 목

시각의 속도를 측정하기: 지각 정밀 시계

위협적인 상황에서 시간 지각이 어떻게 달라지는지 검사하기 위해서 우리는 자발적인 피험자들을 45미터 상공에서 떨어뜨렸다. 나도 피험자로 자원하여 세 번 떨어졌다. 실제로 해보니 매번 똑같이 겁이 났다. 손목에 찬 LED(발광다이오드) 디스플레이에는 숫자가 표시되었다. 그런데 일정한 시간 간격으로, 켜져 있는 화소는 꺼지고 꺼져 있는 화소는 켜지는 방식으로 화면이 바뀌었다. 그 화면 변화 속도가 느릴 때는 피험자들이 어렵지 않게 숫자를 읽었다. 그러나 변화 속도를 약간 더 높이자, 양의 이미지와 음의 이미지가 융합하여 숫자 읽기가 불가능해졌다. 피험자들이 낙하 도중에 정말로 느린 화면을 볼 수 있는지 판정하기 위해서 우리는 피험자들의 디스플레이 화면 변화 속도를 평소에 숫자 읽기가 가능한 속도보다 약간 더 높게 설정했다. 만일 그들이 —〈매트릭스〉에 나오는 네오처럼 — 정말로 느린 화면을 본다면, 어렵지 않게 숫자를 식별할 터였다. 반대로 느린 화면을 보지 못한다면, 그들은 지상에서와 마찬가지로 낙하 도중에도 화면 변화 속도가 어느 한계를 넘으면 숫자를 읽지 못할 것이었다. 실험 결과는 어떠했을까? 우리는 나를 포함해 피험자 23명을 떨어뜨렸다. 그런데 지상에서 낸 숫자 식별 성적보다 더 나은 성적을 낙하 도중에 낸 피험자는 아무도 없었다. 처음에는 희망도 품어보았건만, 우리는 네오와 달랐다.

적에 부합한다. 기억의 목적은 중요한 사건들을 기록해둠으로써 당신이 유사한 상황에 처했을 때 당신의 뇌가 생존을 위해 더 많은 정보를 동원할 수 있게 하는 것이다. 바꿔 말해 생명의 위협을 느끼는 상황은 기억할 가치가 크다.

그런데 이 같은 기억의 작동 방식은 다음과 같은 흥미로운 부수 효과를 가져온다. 당신의 뇌는 그런 기억 작동 방식에 익숙하지 않다(당신은 교통사고 순간에 보닛이 찌그러지고 뒷거울이 떨어지던 것과 상대방 운전자가 이웃에 사는 밥처럼 보였던 것까지, 이례적으로 많은 것들을 기억한다). 따라서 나중에 기억을 되살릴 때, 당신은 그 위협적인 사건이 더 긴 시간에 걸쳐 일어난 것이 틀림없다고 해석한다. 바꿔 말해, 우리가 위협적인 사고를 실제로 느린 화면으로 경험하지는 않는 것으로 보인다. 그런 느낌은 다만 기억을 해석하는 방식에서 유래할 따름인 듯하다. 우리가 "대체 무슨 일이 일어난 거야?"라고 스스로에게 물을 때, 상세한 기억이 떠오르면 우리는 그 일이 느린 동작으로 일어난 것이 틀림없다고 느낀다. 실제로 그 일은 느린 동작으로 일어나지 않았는데도 말이다. 우리의 시간 왜곡은 과거를 돌이킬 때 발생한다. 그것은 우리의 실재에 관한 이야기를 저술하는 기억의 속임수다.

생명의 위협을 느끼는 사고를 경험한 독자라면 그 사고가 느린 동작으로 진행하는 것을 자신이 그 당시에 이미 의식했다고 주장할지도 모르겠다. 하지만 그것은 우리가 의식하는 실재와 관련한 또 하나의 속임수라는 사실을 유념해야 한다. 앞서 감각들의 동기화를 다룰 때 보았듯이, 우리가 정말로 현재 순간에 존재하는 일은 결코 없다. 일부 철학자들의 주장에 따르면, 의식적 자각이란 다름 아니라 신속한 기억 확인 활동일 따름이다. 우리의 뇌는 "방금 무슨 일이 있었지? 방금 무슨 일이 있었지?"라는 질문을 늘 달고 산다. 요컨대 의식적 경험이란 실은 즉각 기억immediate memory일 따름이다.

여담을 한마디 붙이자면, 이 주제를 다룬 논문을 우리가 이미 출판했는데도, 일부 사람들은 여전히 자신이 경험한 교통사고가 정말로 느린 화면처럼 진행했다고 내게 말한다. 그러면 나는 그 사고 당시 옆자리에 있던 사람이 내지르는 '으아악!'이라는 비명이 영화를 느린 화면으로 재생할 때처럼 낮은 음높이로 들렸느냐고 되묻곤 한다. 그러면 상대방은 그렇지는 않았다고 대답하기 마련이다. 이것은, 지각과 연계된 시간이 실제로 느려지는 것은 아니라고 우리가 판단하는 여러 이유 중 하나다. 설령 당사자의 내적 실재에서는 시간이 느려진다 하더라도 말이다.

이야기꾼

뇌는 이야기를 내놓고, 우리는 각자 자신의 뇌가 들려주는 이야기라면 무엇이든 믿는다. 착시에 빠질 때, 우연히 빠져든 꿈을 믿을 때, 철자에서 색깔을 경험할 때, 조현병 에피소드 중에 망상을 진실로 받아들일 때, 우리는 자신의 뇌가 실재를 어떻게 서술하든 간에 그 실재를 받아들인다.

우리는 외부 세계를 직접 경험하며 산다고 느끼지만, 우리가 상대하는 실재는 궁극적으로 어둠 속에서, 전기화학적 신호들로 이루어진 낯선 언어로 작성된다. 방대한 신경 연결망들에서 일어나는 활동이 당신의 이야기로, 곧 당신의 사적인 세계 경험으로 변환되는 것이다. 당신이 손에 쥔 이 책의 촉감으로, 방안의 빛으로, 장미꽃 향기로, 타인들의 목소리로 말이다.

한층 더 기이한 것은, 모든 각각의 뇌가 약간씩 다른 이야기를 내놓을 가능성이 높다는 점이다. 한 사건을 여러 사람이 목격할 경우, 목격자들의 뇌들은 제각각 다른 주관적(사적) 경험을 한다. 지구 상에 돌아다니는 인간 뇌는 70억 개(동물 뇌는 몇 조 개)이므로, 단일한 실재 버전은 존재하지 않는다. 각각의 뇌는 나름의 진실을 품고 산다.

그럼 실재란 무엇일까? 실재란 오직 당신만 볼 수 있고 당신이 꺼버릴 수 없는 텔레비전 쇼와 같다. 다행히 그 쇼는 당신에게 더할 나위 없이 흥미롭다. 그것은 오로지 당신만을 위해 편집되고 제공되는 개인용 방송이다.

THE BRAIN ③

누가 통제권을 쥐고 있을까?

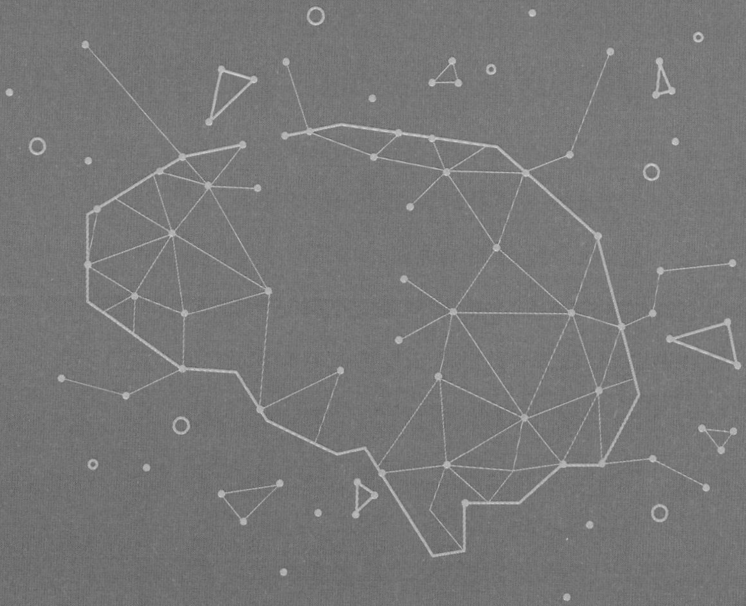

우주는 과거에 우리가 밤하늘을 보며 상상했던 것보다 더 크다는 것이 밝혀졌다. 이와 유사하게 우리 머릿속의 우주도 우리의 의식적 경험이 닿을 수 있는 범위보다 훨씬 더 크다. 오늘날 우리는 그 내면 공간의 광활함을 처음으로 어렴풋이 알아채기 시작했다. 친구 얼굴을 알아보는 것, 자동차를 운전하는 것, 우스갯소리를 알아듣는 것, 냉장고 안에서 무엇을 꺼낼지 결정하는 것은 아주 쉬운 일처럼 느껴진다. 그러나 실제로 이 성취들은 당신의 의식적 자각보다 낮은 층위에서 일어나는 방대한 계산에 의해서만 가능하다. 당신의 삶에서 모든 순간이 그렇듯이 이 순간에도 당신의 뇌 속 연결망들은 부지런히 작동한다. 수십억 개의 전기 신호들이 뉴런의 한쪽 끝에서 반대쪽 끝으로 질주하여 뉴런들 사이의 연결부 수조 개에서 화학적 펄스를 유발한다. 당신의 단순한 행동의 바탕에는 뉴런들의 막대한 노동이 있다.
다행히 당신은 뉴런들의 활동을 알아채지 못한다. 그러나 당신의 삶은 당신의 두개골 안에서 일어나는 활동 덕분에 빚어지고 채색된다. 당신이 어떻게 행동하는지, 당신에게 무엇이 중요한지, 당신의 반응, 사랑, 욕망, 당신이 무엇을 진실로 믿고 무엇을 거짓으로 믿는지가 그 활동으로 결정된다. 당신의 경험은 그 은폐된 연결망들의 활동에서 비롯된 최종 산물이다.
그렇다면 과연 누가 통제권을 쥔 선장일까?

의식

아침이다. 길거리는 조용하고, 해는 지평선 위로 떠오른다. 당신이 사는 도시 전역의 침실마다 놀라운 사건이 일어난다. 인간의 의식이 깨어나는 것이다. 우리 행성에서 가장 복잡한 대상이 자신의 존재를 알아채기 시작하는 것이다.

조금 전에는 당신도 깊이 잠들어 있었다. 당신의 뇌를 이루는 생물학적 재료는 그때나 지금이나 똑같지만, 뇌의 활동 패턴은 약간 달라졌다. 그 덕분에 지금 당신은 경험들을 누리는 중이다. 당신은 종이에 적힌 구불구불한 선들을 글씨로 읽고 그 의미를 파악한다. 피부에 닿는 햇살과 머리카락을 쓰다듬는 바람을 느낀다. 혀가 입속 어디에 있는지, 또는 당신이 신은 왼쪽 신발의 촉감이 어떤지 생각할 수 있다. 깨어 있으므로 이제 당신은 정체성, 삶, 욕구, 욕망, 계획을 자각한다. 낮이 시작되었고, 당신은 사회적 관계와 당신의 목표를 숙고하고 그것들에 맞춰 행동을 지휘할 준비를 갖췄다.

그러나 당신의 의식적 자각은 당신의 일상적인 활동을 얼마나 많이 통제할 수 있을까?

당신이 이 글을 어떻게 읽는지 살펴보자. 시선을 움직여 이 페이지를 훑을 때, 당신의 눈이 도약하듯이 급격하게 움직인다는 것을 당신은 거의 알아채지 못한다. 당신의 눈은 매끄럽게 움직이면서 페이지를 훑지 않고, 한 지점에서 다른 지점으로 도약한다. 도약하는 도중에는 눈이 너무 빨리 움직이기 때문에 아무것도 읽지 못한다. 당신이 시선을 멈춰 한 지점에 고정했을 때만, 눈은 글을 읽을 수 있다. 그런 시선 고정은 대개 한 번에 20밀리초 정도 지속된다. 우리는 이런 도약과 멈춤과 재도약을 알아채지 못한다. 만일 알아챈다면 당신의 뇌는 외부 세계에 대한 지각을 안정화하는 데 큰 어려움을 겪을 터이기 때문이다.

더 나아가 의미 파악까지 고려하면, 읽기는 더욱더 기이한 활동으로 다가온다. 당신이 이 단어들을 읽으면, 그 의미가 이 기호들의 열에서 당신의 뇌로 곧장 흘러든다. 이 과정의 배후에 얼마나 큰 복잡성이 숨어 있는지 감을 잡기 위해서 동일한 정보를 다른 언어로 읽어보자.

আপনার মস্তিষ্কের মধ্যে সরাসরি চিহ্ন এই ক্রম থেকে প্রবাহ অর্থ
эта азначае , патокі з сімвалаў непасрэдна ў ваш мозг
as you read these words, their meaning flows...

당신이 벵골어, 벨라루스어, 영어를 읽을 줄 모른다면, 위 철자들은 그저 이상한 낙서로 보일 것이다. 그러나 읽는 법을 터득하고 나면, 읽기는 식은 죽 먹기처럼 쉬운 일로 느껴진다. 구불구불한 선 기호들을 해독하는 고된 일을 하는 중이라는 사실을 우리는 더이상 알아채지 못한다. 무대 뒤에서 일어나는 일은 당신의 뇌가 담당한다.

그렇다면 누가 통제권자일까? 당신이 탄 배의 선장은 바로 당신일까? 혹시 당신의 결정과 행동은 눈에 띄지 않게 작동하는 방대한 신경 장치와 더 큰 관련이 있지 않을까? 일상생활의 질은 당신이 얼마나 좋은 결정들을 내리느냐에 달려 있을까, 아니면 뉴런들이 빽빽하게 모여 이룬 정글과 무수한 화학적 신호들의 끊임없는 전달에 달려 있을까?

이번 장에서 우리는, 의식적인 당신은 당신의 뇌 활동에서 극히 작은 부분에 불과함을 발견하게 될 것이다. 당신의 행동, 믿음, 편견은 모두 당신의 뇌 연결망들에 의해 조종되며, 당신은 그 연결망들에 의식적으로 접근할 수 없다.

무의식적 뇌의 활동

우리가 어떤 커피숍에 함께 앉아 있다고 상상해보자. 우리가 수다를 떠는 동안, 당신은 내가 커피잔을 들어 한 모금 마시는 것을 주목한다. 그 행동은 워낙 사소해서 대개 언급할 가치조차 없다. 물론 내가 커피를 옷에 흘린다면, 사정이 달라질 수도 있겠지만 말이다.

그러나 그 행동이 어디에서 유래하는지 살펴보기로 하자. 잔을 들어 올려 입에 대는 동작은 결코 쉬운 성취가 아니다. 로봇공학에서는 지금도 이런 유형의 과제를 독자적으로 해결하는

뇌 숲

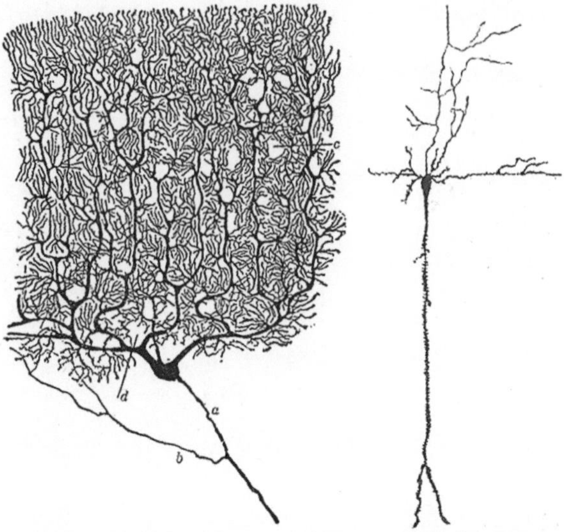

스페인 과학자 산티아고 라몬 이 카할Santiago Ramón y Cajal은 1887년부터 은 염색법을 뇌 조직의 절편에 적용하여 현미경으로 관찰했다. 그 염색법은 개별 뇌세포를 그것의 아름다운 가지들까지 모두 볼 수 있게 해주었다. 그리하여 뇌는 유례가 없으며 말로 표현할 수 없을 만큼 복잡한 시스템이라는 사실이 명백히 드러나기 시작했다.

대량생산된 현미경들과 새로운 세포 염색 방법들이 등장하면서, 과학자들은 우리의 뇌를 이루는 뉴런들을 (적어도 일반적인 수준에서) 기술하기 시작했다. 경이로운 구조를 가진 뉴런들은 흥미롭게도 모양과 크기가 다양하며 서로 연결되어 빽빽한 숲을 이룬다. 과학자들은 앞으로도 몇 십 년 동안 그 숲을 풀어헤치는 연구를 이어갈 것이다.

로봇을 제작하려고 애쓴다. 왜 그럴까? 이런 단순한 동작의 배후에, 나의 뇌가 꼼꼼하게 지휘하는 수조 개의 전기 임펄스들이 있기 때문이다.

시각 시스템은 우선 내 눈앞의 광경을 훑어 잔의 위치를 파악한다. 다른 한편으로 내가 오랜 경험을 통해 다른 상황들에서 축적한 커피에 관한 기억들이 소환된다.

내 이마엽 피질은 운동 피질로 신호를 보내고, 운동 피질은 몸통, 위팔, 아래팔, 손에 있는 여러 근육이 정확하게 협응된 방식으로 수축하도록 만든다. 그 덕분에 나는 잔을 손에 쥘 수 있다. 내 손이 잔에 닿으면, 나의 신경들은 잔의 무게, 공간적 위치, 온도, 손잡이가 매끄러운 정도 등 수많은 정보를 뇌로 전달한다. 그 정보가 척수를 타고 상승하여 뇌에 유입되는 동안, 다른 한편으로 운동에 관한 보완된 정보가 뇌에서 척수를 타고 내려간다. 마치 양방향 도로에서 신속한 교통 흐름이 일어나는 것처럼 말이다. 둘째 정보는 뇌에서 기저핵, 소뇌, 체감각 피질 등이 복잡하게 어우러지는 협동의 산물이다. 그리하여 순식간에 잔을 쥐는 힘과 들어올리는 힘이 적절하게 조절된다. 나는 잔을 원호 모양의 궤적으로 들어올리면서 커피를 흘리지 않기 위해 활발한 계산과 되먹임을 통해 내 근육들을 제어한다. 그러는 내내 나는 미세한 조정을 하고, 잔이 입술에 접근하면 잔을 적당히 기울여 입 안이 데지 않을 만큼만 커피가 흘러나오게 한다.

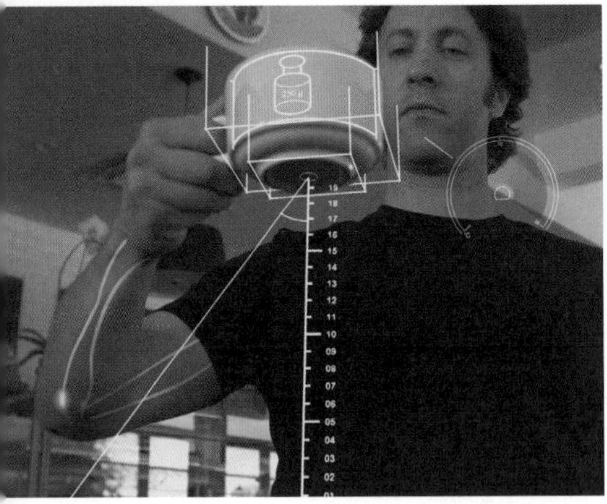

컵을 들어올려 입에 대기까지 뇌가 수행하는 계산은 어마어마하게 많다. 그러나 그 모든 계산은 나의 의식적 정신에 포착되지 않는다. 나는 커피가 입 안으로 들어오는지 여부만 안다.

이 과제를 수행하는 데 필요한 계산 성능을 확보하려면 세계에서 가장 빠른 슈퍼컴퓨터 수십 대가 필요할 것이다. 그러나 나는 뇌에서 일어나는 이 번개 같은 정보 흐름을 전혀 지각하지 못한다. 나의 뉴런 연결망들은 분주하게 작동하느라 비명을 내지를 지경이지만, 나의 의식적 자각은 전혀 다른 경험을 한다. 그 경험은 완벽한 무관심에 가깝다. 의식적인 나는 우리의 대화에 몰두한다. 너무나 몰두한 나머지, 나는 커피잔을 들어 올리는 와중에도 대화를 마무리하느라 몇 마디 말을 보탤지도 모른다.

내가 아는 것은 커피가 입안으로 들어오는지 여부뿐이다. 내 동작이 완벽했다면, 나는 그 동작을 했다는 사실조차 자각하지 못할 가능성이 높다.

우리 뇌의 무의식적 장치는 항상 작동하지만, 그 작동이 워낙 원활하기 때문에, 우리는 대개 그것을 알아채지 못한다. 따라서 우리가 그 작동을 쉽게 알아채는 경우는 오직 그 작동이 멈췄을 때뿐이기 십상이다. 만일 우리가 평소에 당연시하는 동작들, 예컨대 아주 쉽다고 느끼는 걷기 동작을 의식적으로 생각해야 한다면 어떻게 될까? 이를 알아보기 위해서 나는 이언 워터먼Ian Waterman이라는 인물을 찾아가 대화를 나누었다.

이언은 열아홉 살 때 심한 장염 후유증으로 드문 유형의 신경 손상을 입었다. 그는 뇌에 촉감을 알려주는 감각신경과 자기 팔다리의 위치를 알려주는 감각(이른바 고유수용성감각)신경을 잃었다. 그 결과로 이언은 어떤 신체 동작도 자동으로 해낼 수 없게 되었다. 의사들은 그가 여생을 휠체어에 앉아 보내야 할 것이라고 말했다. 그의 근육들은 정상인데도 말이다. 자기 몸의 각 부위가 어디에 있는지 모르면, 일상적인 동작들은 아예 불가능하다. 비록 우리가 알아채는 경우는 드물지만, 우리가 매 순간 복잡한 동작들을 해낼 수 있는 것은 세계와 우리의 근육들로부터 받는 되먹임 덕분이다.

이언은 신체 동작 없는 삶에 갇히고 싶지 않았다. 그래서 그는 일어나 걷는다. 그러나 깨어 있는 내내 자기 몸의 모든 동작을 의식적으로 생각해야 한다. 자기 팔다리가 어디에 있는지 알아채는 감각이 없으므로, 이언은 주의를 집중하여 의식적 결정을 내리면서 몸을 움직여야 한다. 그는 시각 시스템을 사용하여 팔다리의 위치를 점검한다. 이언은 걸을 때 머리를 숙여

고유수용성감각

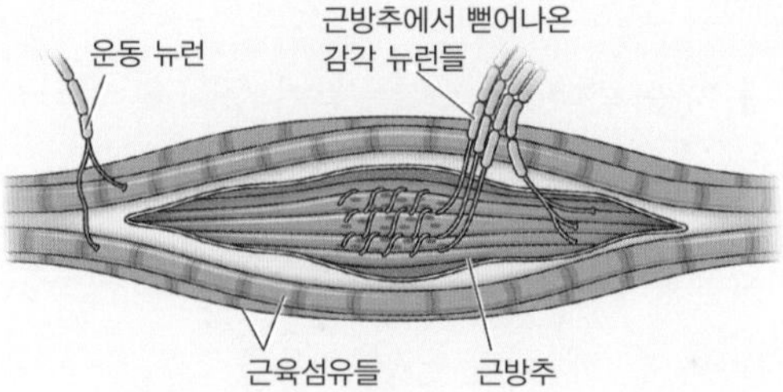

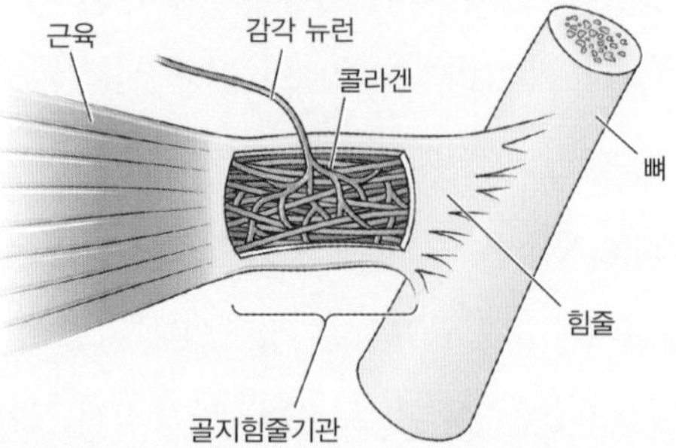

당신은 눈을 감았을 때에도 당신의 팔다리가 어디에 있는지 안다. 당신은 왼팔을 올렸는가, 내렸는가? 당신은 다리를 곧게 폈는가, 구부렸는가? 당신은 허리를 곧게 폈는가, 구부렸는가? 이렇게 자신의 근육들이 어떤 상태인지 아는 능력을 일컬어 고유수용성감각이라고 한다. 근육, 힘줄, 관절에 있는 수용기들이 관절의 각도, 근육의 장력과 길이에 관한 정보를 제공한다. 그 정보는 뇌로 하여금 몸의 자세를 상세히 파악하고 신속히 조절할 수 있게 해준다.

한쪽 다리가 일시적으로 마비된 상태에서 걸어보면, 고유수용성감각이 작동하지 않는 상황을 경험할 수 있다. 무릎을 꿇고 오래 앉아 있는 등의 방식으로 감각신경들을 압박하면, 신경 신호의 전달 및 수용에 일시적인 장애가 생긴다. 자신의 팔다리가 어디에 있는지 감각하지 못하면, 밥 먹기, 타자 치기, 걷기 같은 간단한 동작들을 거의 할 수 없게 된다.

드문 질환 때문에
이언 워터먼은 몸에서 오는
신호를 감지하는 능력을 잃었다.
즉, 촉각과 고유수용성감각을
상실했다. 그리하여 그는
발걸음 하나하나를 내디딜 때
의식적으로 동작을 계획하고
끊임없이 자기 팔다리를
관찰해야 한다.

최대한의 노력을 기울여 자신의 팔다리를 관찰한다. 균형을 잡기 위해서, 양팔은 뒤로 뻗은 자세를 유지한다. 이언은 발이 바닥에 닿는 촉감을 느낄 수 없으므로, 매번 보폭을 정확히 예상하고 다리에 힘을 주면서 발을 디뎌야 한다. 그의 걸음 하나하나는 의식적 정신이 계산하고 조율한 결과물이다.

자동으로 걷는 능력을 상실한 이언은 걷기에 필요한 팔다리의 협응이 얼마나 경이로운지 아주 잘 안다. 우리 대다수는 산책할 때 그 협응을 당연시하지만 말이다. 이언 주위의 모든 사람은 아주 유연하고 매끄럽게 걸어다닌다. 그래서 그들은 걷기를 가능케 하는 놀라운 시스템을 전혀 알아채지 못한다고 이언은 지적한다.

잠시 한눈을 팔거나 걷기와 무관한 생각을 하면 이언은 넘어지기 십상이다. 그는 모든 잡생각을 떨쳐내고 가장 작은 세부사항들에까지 주의를 집중해야 한다. 이를테면 바닥의 기울기, 다리를 휘두르는 동작 등을 의식해야 한다.

당신이 이언과 함께 1~2분만 지내보면, 우리가 굳이 언급할 필요조차 없는 일상 동작들이 얼마나 복잡한지를 즉각 알게 될 것이다. 일어나기, 방문을 향해 걷기, 문을 열기, 악수를 하려고 손을 내밀기가 모두 그런 동작이다. 언뜻 드는 생각과 달리 이 동작들은 전혀 간단하지 않다. 그러니 다음번에 사람이 걷거나 달리거나 스케이트보드를 타거나 자전거를 타는 모습을 보거든, 잠깐 멈춰서 인체의 아름다움뿐 아니라 그 동작을 완벽하게 지휘하는 무의식적 뇌의 능력에도 감탄할 시간을 가지기 바란다. 우리의 가장 기초적인 동작들의 복잡한 세부 사항은 수조 회의 계산에서 나온 결과다. 그 모든 계산은 당신이 볼 수 없을 만큼 작은 공간적 규모에서 당신이 이해할 수 없을 만큼 복잡하게 일어나는 신호 전달의 형태를 띤다. 지금까지 제작된 로봇들의 움직임은 인간의 신체 동작에 훨씬 못 미친다. 게다가 슈퍼컴퓨터는 엄청난 에너지를 소비하는 반면에, 우리의 뇌는 놀라운 에너지 효율을 자랑한다. 인간 뇌의 에너지 소비량은 대략 60와트 전구와 같다.

뇌에 솜씨를 새겨 넣기

신경과학자들은 특정 분야에서 일가를 이룬 사람을 탐구함으로써 뇌 기능을 밝혀줄 단서를 얻는 경우가 많다. 나도 그런 단

뇌파

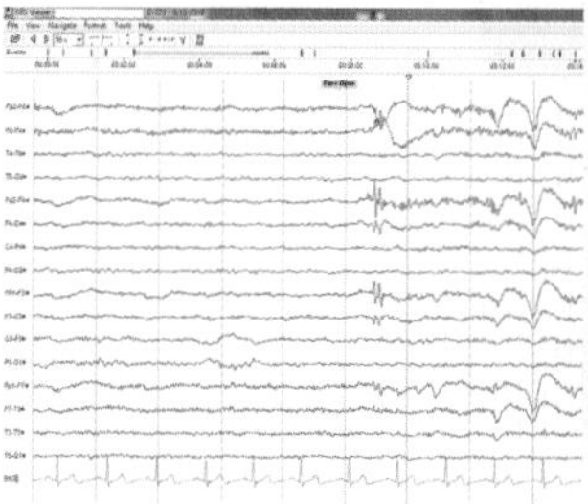
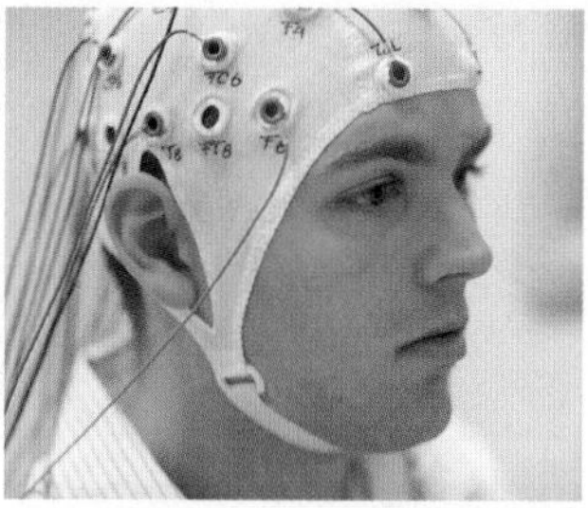

EEG로 줄여 표기하는 뇌전도electroencephalogram 측정법은 뉴런들의 활동에서 유래한 광역적 전기 활동을 엿보는 기술이다. 핵심은 두피에 작은 전극들을 설치하여 뇌파를 포착하는 것이다. '뇌파'란 뉴런들의 세세한 활동에 의해 산출되는 평균적인 전기 신호를 대략적으로 가리키는 용어다.

독일 생리학자 겸 정신과 의사 한스 베르거Hans Berger는 1924년에 최초로 인간의 EEG를 기록했다. 1930년대와 1940년대에 연구자들은 여러 유형의 뇌파를 식별했다. 델타파(진동수 4헤르츠 미만)는 수면 중에 발생한다. 세타파(4~7헤르츠)는 수면, 충분한 이완, 시각화와 관련이 있다. 알파파(8~13헤르츠)는 우리가 이완되고 평온할 때 발생한다. 베타파(13~38헤르츠)는 우리가 능동적으로 생각하고 문제를 풀 때 포착된다. 그후 다른 주파수 범위의 뇌파들도 중요하다는 사실이 밝혀졌다. 그런 뇌파의 예로 감마파(39~100헤르츠)가 있다. 이 뇌파는 추론과 계획 같은 집중된 정신 활동과 관련이 있다.

우리 뇌의 전반적인 활동은 이 모든 진동수들이 혼합된 상태로 측정된다. 그러나 측정 시점에 우리가 무엇을 하고 있느냐에 따라서 특정 진동수들이 다른 진동수들보다 더 많이 나타난다.

오스틴 네이버는 컵 쌓기 10세 미만 아동부 세계챔피언이다. 그는 능숙한 동작으로 컵들을 움직여 몇 초 안에 탑들을 쌓고 허문다.

서를 얻을 생각으로 오스틴 네이버Austin Naber를 찾아갔다. 오스틴은 특별한 재능을 가진 10세 소년이다. 그는 '컵 쌓기'라는 스포츠 종목에서 아동부 세계 기록을 보유하고 있다. 당신의 눈이 따라갈 수 없을 만큼 빠르고 유연한 동작으로 오스틴은 한 줄로 겹쳐 쌓아놓은 플라스틱 컵들을 움직여 피라미드 3개를 만든다. 이어서 그 피라미드들을 컵 두 줄로 만든다. 그다음에는 겹쳐 쌓은 컵 두 줄을 커다란 피라미드 하나로 만들고, 이어서 원래대로 한 줄로 겹쳐 쌓는다.

이 모든 과정이 5초 만에 완결된다. 내가 해보니, 43초가 최고 기록이었다.

오스틴의 손놀림을 보노라면, 그 복잡한 동작들을 신속하게 해내기 위해 그의 뇌가 과도하게 일하면서 엄청난 에너지를 소비하는 중이라는 추측이 절로 든다. 이 추측을 검증하고자 나는 그와 컵 쌓기 대결을 하면서 그의(또한 나의) 뇌 활동을 측정해보기로 했다. 호세 루이스 콘트레라스-비달José Luis Contreras-Vidal 박사의 도움으로, 오스틴과 나는 전극들이 장착된 모자를 썼다. 두개골 속의 무수한 뉴런들에서 유래한 전기 신호를 측정하기 위해서였다. 그렇게 뇌전도 기록법으로 뇌파를 측정하면, 우리 두 사람이 컵 쌓기를 하는 동안 각자의 뇌가 얼마나 노력하는지 직접 비교할 수 있을 것이었다. 뇌전도 기록용 모자를 쓰는 것은, 두개골 내부로 통하는 창을 엉성하게 내는 것과 같다.

오스틴은 자신이 늘 하는 동작들을 내게 차근차근 보여주었다. 나는 열 살 꼬마에게 처참하게 지기는 싫어서 공식 시합 전에 20분 동안 그 동작들을 연습하고 또 연습했다.

결과적으로 이런 노력은 부질없었다. 오스틴이 완승했다. 내가 전체 과정의 8분의 1도 채 마치지 못했을 때, 오스틴은 승리를 선포하듯이 컵들로 바닥을 내리치며 마지막 배열을 완성했다.

패배는 이미 예상했지만, 뇌전도에서 드러난 바는 무엇이었을까? 오스틴이 그 동작들을 8배 빠르게 했다면, 그가 나보다 훨씬 더 많은 에너지를 소비했으리라고 추론하는 것이 합리적

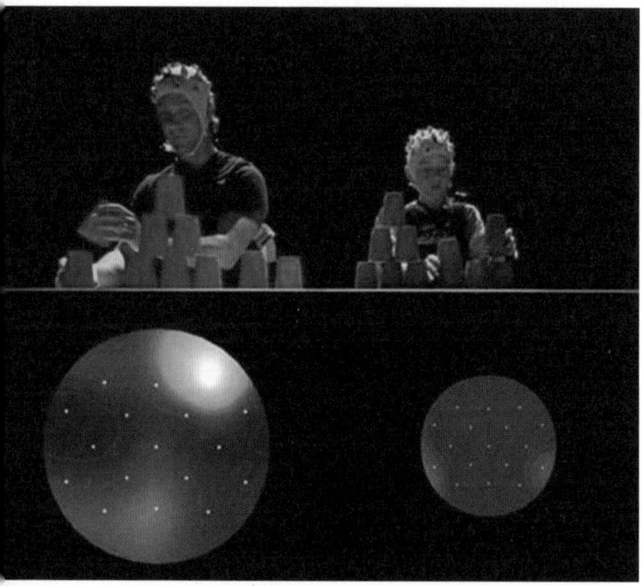

의식적으로 생각하면 에너지가 소비된다. 아래 사진은 나의 뇌(왼쪽)와 오스틴의 뇌(오른쪽)에서 포착한 뇌파 지도를 보여준다. 색깔은 활동의 진폭을 나타낸다.

일 듯하다. 그러나 이 추론은 뇌가 새로운 솜씨를 습득하는 것에 관한 기본 규칙 하나를 고려하지 않았다는 점에서 결함이 있다. 실제로 뇌전도를 비교해보니, 과부하가 걸린 쪽은 오스틴의 뇌가 아니라 나의 뇌였다. 나의 뇌는 그 새롭고 복잡한 과제를 수행하느라 엄청난 에너지를 소비했다. 나의 뇌전도는 베타파 진동수 구역에서 강한 활동을 나타냈다. 베타파는 다양한 문제 풀이와 관련이 있다. 반면에 오스틴의 뇌전도를 보니, 알파파 구역의 활동이 강했다. 이 뇌파는 뇌가 휴식할 때 발생한다. 오스틴의 동작들은 빠르고 복잡했지만, 그의 뇌는 평온했던 것이다.

오스틴의 날랜 솜씨는 그의 뇌에서 일어난 물리적 변화들의 최종 결과다. 그가 여러 해에 걸쳐 연습하는 동안, 뇌에서 특수한 물리적 연결 패턴들이 형성되었다. 그는 말하자면 뉴런들의 구조 속에 컵 쌓기 솜씨를 새겨 넣은 것이다. 반면에 나의 뇌는 의식적 노력으로 그 문제를 해결하려 한다. 나는 범용 인지 소프트웨어를 사용하는 반면, 오스틴은 그 솜씨를 위해 특화된 인지 하드웨어를 갖춰놓은 것이다.

우리가 새로운 솜씨를 연습하면, 그 솜씨는 의식 아래로 가라앉아 물리적 하드웨어가 된다. 어떤 이들은 그런 하드웨어를 '근육 기억muscle memory'으로 부르고 싶어 하지만, 실제로 솜씨가 근육에 저장되는 것은 아니다. 오히려 컵 쌓기와 같은 익숙한 과정은 뇌 속 빽빽한 연결들의 밀림 전체에 의해 수행된다.

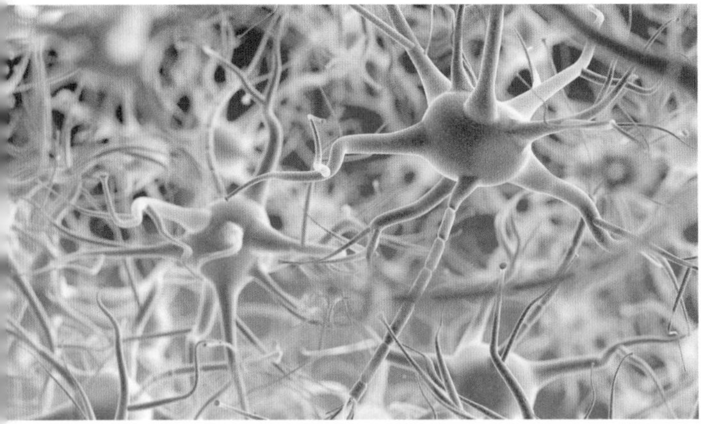

훈련된 솜씨는
뇌의 미시적 구조
안에 새겨진다.

오스틴의 뇌 속 연결망들의 세부 구조는 그가 여러 해에 걸쳐 컵 쌓기를 연습한 결과로 변화했다. 자전거 타기나 신발끈 묶기 같은 일들을 자동으로 할 수 있게 해주는 장기 기억을 일컬어 '절차 기억procedural memory'이라고 한다. 오스틴에게 컵 쌓기는 뇌의 미시적 하드웨어에 절차 기억으로 새겨졌다. 그래서 그의 동작은 빠르고 에너지 효율이 높다. 연습 과정에서 신호들이 특정 신경망들을 반복해서 통과했고, 그 결과로 시냅스들이 강화되어 컵 쌓기 솜씨가 회로에 새겨졌다. 오스틴의 뇌가 도달한 전문성은 심지어 그가 눈을 가리고도 실수 없이 컵 쌓기 과정을 완수할 수 있을 정도다.

반면에 내가 컵 쌓기를 배울 때, 나의 뇌는 느리고 에너지 소비가 많은 구역들인 앞이마엽 피질, 마루엽 피질, 소뇌 등을 동원한다. 오스틴은 그 익숙한 과정을 수행할 때 이 구역들을 더는 필요로 하지 않는다. 새로운 운동 솜씨를 학습하는 초기 단계에는 소뇌가 특히 중요한 구실을 한다. 정확성과 완벽한 때맞춤을 위해서는 동작들의 협응이 필요한데, 이 협응을 소뇌가 담당하기 때문이다.

학습이 충분히 진행되면, 솜씨는 하드웨어가 되면서 의식적 통제 아래로 가라앉는다. 그러면 우리는 과제를 생각(의식적 자각) 없이 자동으로 수행할 수 있다. 일부 경우에는 솜씨를 담당하는 회로가 뇌보다 더 낮은 층위인 척수에서 발견될 정도로 솜씨의 하드웨어화가 철저히 이루어진다. 이 사실은 뇌의 상당 부분을 절제했는데도 여전히 정상적인 걸음으로 쳇바퀴를 돌리는 고양이들에서 관찰되었다. 그 고양이들에서는 걷기와 관련된 복잡한 프로그램들이 신경계의 낮은 층위에 저장되어 있는 것이다.

자동 조종 장치

평생 내내 우리의 뇌는 우리가 수행하는 과제를 담당할 회로를 형성하기 위해 스스로 자신을 변화시킨다. 예컨대 걷기, 파도타기, 저글링, 수영, 운전 등을 담당할 회로를 형성하기 위해서 말이다. 이렇게 뇌 구조에 프로그램을 새겨 넣는 능력은 뇌의 가장 강력한 묘수들 중 하나다. 뇌는 복잡한 운동 과제를 전

시냅스와 학습

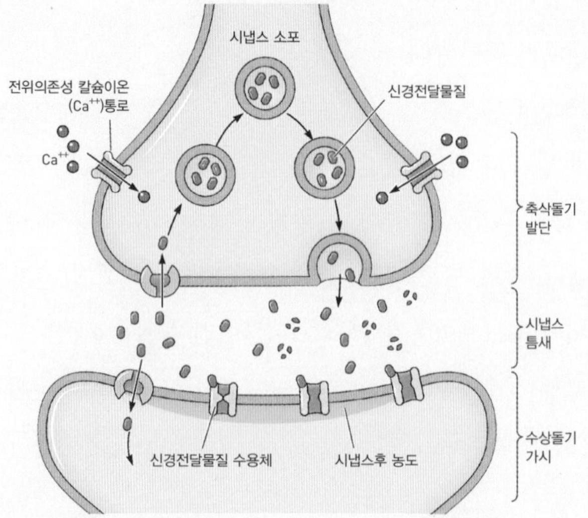

뉴런들 사이의 연결부를 일컬어 '시냅스'라고 한다. 그 연결부에서 화학물질들이 한 뉴런에서 다른 뉴런으로 신호를 운반하는데, 그 물질들을 '신경전달물질'이라고 한다. 그런데 시냅스 연결들은 세기가 동일하지 않다. 시냅스 연결의 세기는 그것의 활동 역사에 따라 더 강해지거나 약해질 수 있다. 시냅스들의 세기가 변화하면, 연결망을 통과하는 정보 흐름이 바뀐다. 충분히 약해진 연결은 소멸한다. 연결이 강화되면, 새로운 연결부들이 생겨날 수 있다. 이런 재구성은 부분적으로 보상 시스템의 지휘를 받는다. 보상 시스템은 무언가가 잘 되었을 때 '도파민'이라는 신경전달물질을 광역적으로 분비한다. 오스틴의 뇌 연결망들은 수백 시간 동안의 연습 과정에서 시도된 동작 각각의 성공이나 실패에 의해 아주 느리고 미묘하게 재구성되었다.

담하는 회로를 하드웨어에 새겨 넣음으로써 그 과제를 아주 적은 에너지만 써서 수행할 수 있다. 일단 뇌 회로에 새겨진 솜씨는 생각(의식적 노력) 없이 실행될 수 있다. 따라서 자원이 절약되고, 의식적인 나는 다른 과제들에 주의를 기울이고 몰두할 수 있다.

이 같은 자동화가 낳은 결과는 솜씨가 의식적으로 접근할 수 있는 범위 아래로 가라앉는 것이다. 당신은 의식 아래에서 작동하는 복잡한 프로그램들에 접근할 수 없게 된다. 따라서 당신은 자신이 어떻게 솜씨를 발휘하는지를 정확하게 알지 못한다. 당신이 친구와 대화하면서 계단을 오를 때, 몸의 균형을 유지하는 데 필요한 수십 가지 미세조정에 관한 계산을 어떻게 하는지, 당신의 혀가 자유자재로 움직이면서 정확한 발음을 어떻게 산출하는지 당신은 전혀 모른다.

이것들은 당신이 때로는 해내지 못하는 어려운 과제들이다. 그러나 당신의 행동들이 자동화하고 무의식화하기 때문에, 당신은 자동 조종 장치를 켤 수 있게 된다. 매일 다니는 경로로 차를 몰아 귀가하다가 문득 정신을 차리니 집에 도착했는데, 방금 내가 어떻게 운전했는지 제대로 기억하지 못할 때 어떤 느낌이 드는지 우리는 누구나 안다. 운전과 관련한 솜씨들이 충분히 자동화되었기 때문에, 그 능숙한 솜씨들을 무의식적으로 발휘할 수 있다. 그럴 때 의식적인 당신(당신이 아침에 잠에서 깨어났을 때 되살아난 부분)은 운전자가 아니라 기껏해야 동승자

이것이 당신의 뇌가 몰입할 때의 모습이다. 딘은 밧줄 없이 암벽을 탈 때 아무 생각도 하지 않으려고 노력한다. 의식적으로 개입하면, 그의 실행이 나빠질 것이기 때문이다.

일 뿐이다.

솜씨 자동화에 따른 흥미로운 귀결이 하나 있다. 자동화된 솜씨에 의식적으로 개입하려는 시도는 대개 실적을 악화시킨다. 숙달된 솜씨는, 매우 복잡한 솜씨라 하더라도, 고유한 장치에 맡길 때 가장 잘 발휘된다.

한 예로 암벽 등반가 딘 포터Dean Potter를 보자. 최근에 사망할 때까지 그는 밧줄과 안전장비 없이 암벽을 탔다. 그가 암벽 등반에 삶을 바치기 시작한 것은 열두 살 때부터였다. 여러 해에 걸친 연습의 결과로 그의 뇌에는 대단한 솜씨와 정확성이 새겨졌다. 암벽등반 솜씨를 발휘할 때 딘은 숙련된 회로들을 신뢰하면서 의식적인 숙고로 방해하지 않고 그것들에 일을 맡겼다. 모든 통제권을 무의식에게 넘긴 것이다.

그는 흔히 '몰입flow'으로 불리는 뇌 상태에서 암벽을 탔다. 극한 스포츠extreme sports 선수들은 대개 '몰입' 상태에서 자기 능력을 한계까지 발휘하기를 즐긴다. 많은 선수들과 마찬가지로 딘은 자신을 생명이 위태로운 상황에 몰아넣음으로써 몰입 상태에 진입했다. 그 상태에서는 내면의 목소리가 그의 행동을 간섭하지 않았고, 그는 여러 해에 걸친 헌신적인 훈련의 결과로 그의 하드웨어에 새겨진 등반 능력에 온전히 의지할 수 있었다.

컵 쌓기 챔피언 오스틴 네이버의 경우와 마찬가지로, 몰입 상태에 진입한 극한 스포츠 선수의 뇌파는 의식적 숙고의 재잘거림(내가 멋있게 보일까? 내가 이러이러한 말을 해야 할까? 내가 집에서 나올 때 문을 잘 잠갔나?)으로 요란하지 않다. 몰입 상태의 뇌에서는 '이마엽 저하hypofrontality'가 일어난다. 이 용어는 앞이마엽 피질의 몇몇 부위에서 일시적으로 활동이 감소하는 것을 뜻한다. 그 구역들은 추상적 사고, 미래 계획, 자아감에 주의 집중하기를 담당한다. 이 배경 활동들을 줄이는 것은 선수가 암벽을 타는 비법의 핵심이다. 딘이 발휘한 것과 같은 솜씨는 내면의 재잘거림이 없을 때만 발휘될 수 있다.

많은 경우에 의식은 구석으로 물러나 있는 것이 최선이다. 더 나아가 몇몇 유형의 과제에서는 사실상 그것이 유일한 선택지다. 왜냐하면 무의식적 뇌는 의식적 정신이 따라갈 수 없을 만큼 빠르게 작동할 수 있기 때문이다. 야구를 생각해보라. 투수가 마운드에서 던지는 속구는 시속 160킬로미터로 홈플레이트까지 날아올 수 있다. 그런 속구를 치려면, 타자의 뇌는 겨우 0.4초 안에 반응해야 한다. 그 짧은 시간에 뇌는 복잡한 동작들을 지휘하여 공을 때려내야 한다. 그 시간 내내 타자는 공과 연계되지만, 타자가 의식적으로 그 연계를 유지하는 것은 아니다. 공이 너무 빠르게 날아오기 때문에, 타자는 공의 위치를 의식적으로 알아챌 여유가 없다. 타격은 타자가 자신의 동작을 알아채기도 전에 완료된다. 의식은 구석으로 물러나는 정도가 아니라 아예 찬밥 신세가 되는 것이다.

무의식의 깊은 동굴들

무의식적 정신은 우리 몸을 통제하는 것 말고도 광범위한 역할을 한다. 무의식은 더 근본적인 여러 방식으로 우리의 삶을 좌우한다. 다음번에 누군가와 대화하게 되면, 당신이 의식적으로 통제할 수 없을 만큼 빠른 속도로 단어들이 당신의 입에서 튀어나온다는 사실을 주목해보라. 당신의 뇌는 당신을 위해 막후에서 작동하면서 단어와 문장과 복잡한 생각을 만들어낸다(당신이 이제 막 배우기 시작한 외국어로 말할 때와 모어로 말할 때의 속도를 비교해보라!).

기발한 아이디어도 실은 똑같은 막후 작업의 산물이다. 아이디어를 얻었을 때, 우리는 그 공로를 온전히 우리의 의식에 돌리곤 한다. 마치 우리가 아이디어를 짜내는 힘든 일을 의식적으로 해내기라도 한 듯이 말이다. 그러나 실제로 그 아이디어는 당신의 무의식적 뇌가 만들어낸 작품이다. 그 아이디어가 의식에 떠올라 당신이 "방금 나에게 무언가 떠올랐어!"라고 선언하기 전에, 당신의 무의식적 뇌는 몇 시간 또는 몇 달 동안 기억들을 다지고 새로운 조합들을 시도하고 그 귀결들을 평가했다.

깊숙이 숨은 무의식에 처음으로 빛을 비춘 인물은 정신분석학의 창시자인 지그문트 프로이트였다. 그는 1873년에 빈 대학교 의학과에 들어가 신경학을 전공했다. 심리적 문제를 다루는 진료소를 개업한 프로이트는 환자가 자기 행동의 동기를 의식적으로 알지 못하는 경우가 많음을 알게 되었다. 그의 통찰에 따르면, 환자의 많은 행동은 보이지 않는 정신적 과정의 산물이었다. 이 간단한 아이디어가 정신의학을 바꿔놓고 인간의 욕망과 감정을 이해하는 새로운 길로 이끌었다.

프로이트 이전에 사람들은 일탈적인 정신적 과정들을 설명하지 않고 방치하거나 귀신 들림, 의지 박약 등으로 설명했다. 프로이트는 물리적인 뇌에서 원인을 찾아야 한다고 주장했다.

그는 환자를 진료실의 침상에 눕혀서 의사인 그와 눈을 마주치지 않아도 되게 했다. 그런 다음에 환자가 이야기를 하도록 유도했다. 뇌 스캔이 없던 그 시절에 이 기법은 무의식적 뇌의

정신은 빙산과 같아서 그 대부분이 우리가 자각할 수 없게 은폐되어 있다고 프로이트는 주장했다.

세계로 통하는 최선의 창이었다. 프로이트는 행동 패턴, 꿈의 내용, 말실수, 글쓰기 중의 실수에서 정보를 수집했다. 그는 탐정처럼 관찰하면서 환자가 직접 다가갈 수 없는 무의식적 신경 메커니즘에 관한 단서를 추적했다.

그가 도달한 확신에 따르면, 의식적 정신은 우리의 정신적 과정 전체에서 빙산의 일각에 불과하며 우리의 생각과 행동을 조종하는 훨씬 더 큰 부분은 은폐되어 있다.

프로이트의 추측은 옳은 것으로 판명되었다. 여기에서 나오는 귀결 하나는 우리가 우리 자신의 선택의 기원을 대개 모른다는 것이다. 우리의 뇌는 끊임없이 환경에서 정보를 수집하여 행동을 조종하는 데 쓴다. 그러나 흔히 우리는 환경의 영향을 알아채지 못한다. 한 예로 이른바 '점화priming' 효과를 보자. 점화 효과가 일어나면, 한 대상이 다른 대상에 대한 지각에 영향

무의식을 부추기기

함께 쓴 저서 〈넛지Nudge〉에서 리처드 탈러Richard Thaler와 캐스 선스타인Cass Sunstein은 뇌의 무의식적 연결망들을 부추김으로써 "건강, 부, 행복에 관한 결정들"을 개선하는 방법을 제시했다. 우리의 환경이 살짝 부추기기만 해도, 우리의 행동과 결정은 우리가 모르는 사이에 더 나은 방향으로 바뀔 수 있다. 슈퍼마켓에서 과일을 눈높이에 진열하면, 소비자들로 하여금 과일을 더 많이 사도록 부추기는 효과가 발생한다. 공항 화장실 소변기에 파리 그림을 붙여놓으면, 조준을 더 잘하도록 남성들을 부추기는 효과가 난다. 피고용자들을 자동으로 퇴직연금에 가입하게 하면(물론 가입하지 않을 자유도 보장하면서), 피고용자들의 저축률이 높아진다. 이런 관리 방식을 일컬어 '부드러운 간섭주의soft paternalism'라고 한다. 탈러와 선스타인의 견해에 따르면, 노골적으로 강요하는 것보다 무의식적 뇌를 부드럽게 인도할 때 우리의 결정에 훨씬 더 큰 영향을 미칠 수 있다.

을 미친다. 예컨대 당신이 따뜻한 음료가 담긴 컵을 들고 있다면, 당신과 가족 사이의 관계를 더 우호적으로 서술할 것이다. 반대로 차가운 음료를 들고 있다면, 그 관계에 대해서 약간 더 비관적인 견해를 밝힐 것이다. 왜 이런 일이 일어날까? 인간관계의 온기를 판단하는 뇌 메커니즘이 물리적 온기를 판단하는 메커니즘과 포개져서 후자가 전자에 영향을 미치기 때문이다. 다시 말해 당신과 당신의 어머니 사이의 관계처럼 근본적인 사안에 대해서조차도 당신의 견해는 당신이 따뜻한 차를 들고 있느냐 아니면 얼음물을 들고 있느냐에 따라 달라질 수 있다.

이와 유사하게, 악취가 나는 환경 안에 있으면 당신은 도덕적 결정을 더 엄하게 내릴 것이다. 예컨대 평소보다 더 높은 확률로 타인의 이례적인 행동을 비도덕적이라고 판단할 것이다. 또 다른 연구는 만일 당신이 딱딱한 의자에 앉아 있으면 사업 협상에서 더 강경한 태도를 취하게 된다는 것을 보여주었다. 부드러운 의자에 앉으면, 당신은 더 많이 양보할 것이다.

또 다른 예로 '암묵적 자기중심성'의 무의식적 영향을 보자. 암묵적 자기중심성이란 우리가 우리 자신을 연상시키는 대상들에 끌리는 성향을 의미한다. 사회심리학자 브렛 펠험Brett Pelham과 그의 팀은 치의학대학과 법학대학 졸업자들의 기록을 분석했다. 그들은 이름이 '데니스Dennis'나 '데니즈Denise'인 치과의사(영어로 dentist)와 이름이 '로라Laura'나 '로렌스Laurence'인 법률가(영어로 Lawyer)가 통계적으로 지나치게 많다는 것을 발견했다.

또한 지붕roof 공사 업체의 업주는 이름이 R로 시작할 가능성이 더 높고, 하드웨어hardware 가게 주인은 이름이 H로 시작할 가능성이 더 높다는 것을 발견했다. 그렇다면 우리는 직업을 선택할 때만 이런 식으로 이름의 영향을 받는 것일까? 그렇지 않다. 우리의 연애도 이런 유사성들의 영향을 크게 받을 수 있다. 심리학자 존 존스와 동료들은 조지아 주와 플로리다 주의 결혼 기록을 검토하여 이름의 첫 철자가 같은 부부가 예상보다 더 많음을 발견했다. 제니Jenny는 조엘Joel과, 알렉스Alex는 에이미Amy와, 도니Donny는 데이지Daisy와 결혼할 확률이 더 높다는 뜻이다. 이런 유형의 무의식적 효과는 작지만 검증 가능하다.

결정적으로 중요한 것은 다음과 같은 사실이다. 당신이 그 데니스들이나 로라들이나 제니들에게 그 직업이나 배우자를 선택한 이유를 물으면, 그들은 당신에게 의식적인 이야기를 들려줄 것이다. 그 이야기는 그들의 무의식이 인생에서 가장 중요한 선택들에까지 영향을 미친다는 진술을 포함하지 않을 것이다.

심리학자 에커드 헤스Eckhard Hess가 1965년에 고안한 또 다른 실험을 보자. 연구진의 요청에 따라 남성 피험자들은 여러 여성의 얼굴을 촬영한 사진들을 보고 각각의 모델에 대해서 여러 판단을 내렸다. 모델이 얼마나 매력적인지를 1점부터 10점까지 점수로 매기면 몇 점일까? 모델은 행복할까, 아니면 슬플까? 심술궂을까, 친절할까? 다정할까, 쌀쌀맞을까? 사진들은 피험자들이 모르는 사이에 조작되어 있었다. 절반의 사진들에

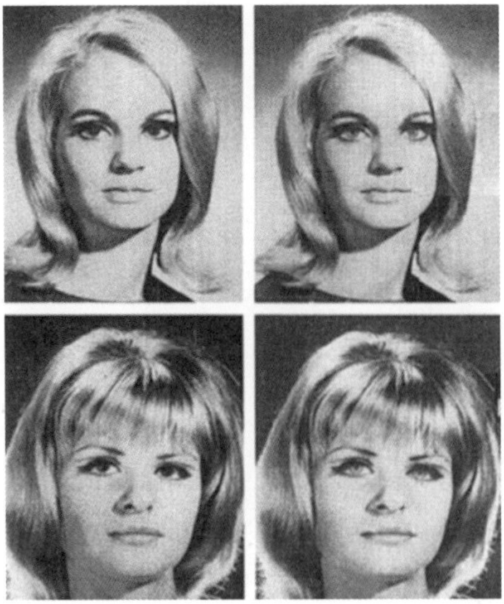

왼쪽 여성들의 눈동자는 인위적으로 확대되었다. 남성 피험자 각각은 동일한 여성을 촬영한 양쪽 사진을 모두 보았다.

서는 여성의 눈동자(동공)가 인위적으로 확대되어 있었다.

남성들은 눈동자가 확대된 여성들이 더 매력적이라고 느꼈다. 하지만 여성의 눈동자 크기를 명시적으로 언급한 남성은 아무도 없었다. 추측하건대 확대된 눈동자가 여성의 흥분을 알려주는 생물학적 신호라는 사실을 아는 남성도 없었을 것이다. 그러나 그들의 뇌는 이 사실을 알았다. 그리하여 그들은 눈동자가 확대된 여성들에게 무의식적으로 끌렸다. 그 여성들이 더 아름답고, 더 행복하고, 더 친절하고, 더 다정하다고 느꼈다.

실제로 연애는 흔히 이런 식으로 진행된다. 당신은 자신이 다른 사람들보다 특정한 사람에게 더 많이 끌리는 것을 발견하는데 일반적으로 그 이유를 정확히 댈 수 없다. 아마도 이유가 있겠지만, 당신은 그 이유에 접근할 길이 도통 없다.

또 다른 실험에서 진화심리학자 제프리 밀러Geoffrey Miller는 스트립 클럽에서 랩 댄스lap dance(손님의 무릎 위에 앉아서 추는 선정적인 춤—옮긴이)를 추는 여성들의 수입을 조사함으로써 남성이 여성에게서 성적인 매력을 얼마나 많이 느끼는지를 정량적으로 연구했다. 그는 여성들의 수입이 월경 주기에 따라 어떻게 변화하는지 추적했다. 그 결과를 보니, 남성들은 댄서가 생리 중일 때(임신이 불가능할 때)보다 배란 중일 때(가임 기간일 때) 두 배 많은 팁을 지불했다. 그런데 기이하게도 그 남성들은 월경 주기에 동반되는 생물학적 변화들을 의식적으로는 알지 못했다. 여성이 배란 중이면, '에스트로겐'이라는 호르몬이 급증하여 여성의 외모가 미묘하게 달라진다. 즉, 얼굴이 더 대칭을 이루고 피부가 더 부드러워지고 허리가 더 가늘어진다. 그 남성들은 이 사실을 의식적으로는 몰랐다. 그럼에도 그들은 의식보다 더 낮은 층위의 레이더로 이 가임 신호들을 탐지했다.

이런 유형의 실험들은 뇌의 작동 방식에 관한 근본적인 사실을 알려준다. 뇌라는 기관의 임무는 세계에 관한 정보를 수집하고 우리의 행동을 적절하게 조종하는 것이다. 당신이 의식적으로 자각하는지 여부는 중요하지 않다. 실제로 거의 모든 상황에서 뇌의 작동은 당신의 의식적 자각을 동반하지 않는다. 거의 모든 경우에 당신은 당신을 위해 내려지는 결정을 자각하지 못한다.

왜 우리는 의식이 있을까?

그렇다면 우리는 의식이 없어도 되지 않을까? 왜 우리는 좀비와 다를까? 왜 진화는 의식을 가진 뇌를 제작했을까? 이 질문에 답하기 위해서, 당신이 어떤 생각에 몰두하면서 거리를 걷는다고 상상해보자. 갑자기 무언가가 당신의 시선을 사로잡는다. 당신 앞에서 누군가가 거대한 벌처럼 꾸며 입고 서류가방을 든 채로 다가온다. 만일 당신이 그 인간 벌을 지켜본다면, 사람들이 그를 언뜻 보고 어떻게 반응하는지 알게 될 것이다. 사람들은 자동화된 행동을 멈추고 그를 응시한다.

의식은 예상치 못한 일이 발생할 때, 이제 우리가 무엇을 해야 할지 판단할 필요가 있을 때 개입한다. 뇌는 최대한 오랫동안 자동 조종 상태를 유지하려 하지만, 예상 밖의 변화구가 난무하는 세계에서 그것은 때때로 불가능하다.

그러나 의식의 역할은 놀라운 상황에 반응하는 것에 국한되지 않는다. 의식은 뇌 내부의 갈등을 정리하는 작업에서도 결정적인 구실을 한다. 호흡에서부터 침실 구석으로 가서 먹을거리를 입에 넣는 행동과 스포츠 숙달까지 광범위한 과제들에 수십억 개의 뉴런들이 참여한다. 이 과제들 각각을 뇌 속의 방대한 연결망들이 담당한다. 그런데 뇌 속에서 갈등이 일어나면 어떻게 될까? 이를테면 당신은 아이스크림을 향해 손을 뻗지만 그것을 먹으면 후회하리라는 것을 안다고 해보자. 이런 상황에 우리는 거의 늘 우리 자신의 정신적 세계 안에서 돌아다닌다. 거리에서 낯선 사람들을 자세히 살펴보지 않고 지나친다. 그러나 무언가가 우리의 무의식적 예상을 벗어나면, 의식적 주의 집중이 작동하여 현재 상황을 신속하게 모형화하려고 애쓴다.

서는, 양단간에 결정을 내려야 한다. 유기체 — 당신 — 와 장기적 목표들에 비춰볼 때 무엇이 최선인지 결정해야 한다. 의식은 이 특별한 관점을 가진 시스템이다. 뇌의 어떤 다른 하위 시스템도 이 관점을 가지고 있지 않다. 이런 이유 때문에 의식은 상호작용하는 무수한 요소들, 하위 시스템들, 훈련을 통해 새겨진 회로들의 통제권자로 구실할 수 있다. 의식은 전체 시스템을 위한 계획을 세우고 목표를 설정할 수 있다.

나는 의식을 크고 무질서한 회사의 최고경영자에 비유한다. 그 회사의 하위 부서 수천 개는 다양한 방식으로 협력하고 상호작용하고 경쟁한다. 작은 회사는 최고경영자가 필요없다. 그러나 조직이 충분한 규모와 복잡성에 이르면, 일상적인 세부사항보다 높은 위치에 머물면서 회사의 장기 전망을 구상하는 최고경영자가 필요하다.

최고경영자는 회사의 일상적 운영에 관한 세부 사항들에는 매우 제한적으로만 개입할 수 있지만 항상 회사의 장기 전망에 관심을 기울인다. 최고경영자는 회사가 자신을 바라보는 가장 추상적인 관점인 셈이다. 뇌에 적용해서 말하면, 의식은 무수한 세포들이 자신들을 통일된 전체로서 보는 한 방식, 복잡한 시스템이 자신을 거울에 비추는 한 방식이다.

의식이 없을 때

만일 의식이 켜지지 않아서 우리가 너무 오랫동안 자동 조종 상태에 머물면 어떻게 될까?

1987년 5월 23일, 23세의 케네스 파크스Kenneth Parks는 집에서 텔레비전을 보다가 잠들었다. 당시에 그는 아내와 생후 5개월 된 딸과 함께 살면서 경제적 어려움, 부부 간의 갈등, 도박 중독에 시달리고 있었다. 그는 이튿날 처가 사람들과 만나 자신의 문제들을 논의할 계획이었다. 그의 장모는 그를 '온순한 거인'이라고 불렀고, 그는 장인, 장모 모두와 사이가 좋았다. 그런데 한밤중의 어느 시점에 파크스는 잠자리에서 일어나 차를 몰고 23킬로미터를 달려서 처가로 갔다. 이어서 장인의 목을 졸랐고, 장모를 칼로 찔러 살해했다. 그런 다음에 그는 차를 몰고 인근 경찰서로 가서 경찰관에게 "내가 방금 살인을 저지

장인과 장모를 살해했지만 무죄 판결을 받고 법정을 떠나는 케네스 파크스. 그의 변호인 말리스 에드워드는 이렇게 말했다. "깜짝 놀랄 판결이었다… 케네스를 위한 도덕적 옹호였다. 재판장은 그에게 가도 된다고 말했다."

른 것 같아요."라고 말했다.

그는 무슨 일이 일어났는지 기억하지 못했다. 이 끔찍한 사건이 일어나는 동안, 그의 의식적 정신은 어떤 식으로든 부재했던 것 같았다. 파크스의 뇌에 어떤 문제가 있었던 것일까? 그의 변호인 말리스 에드워드Marlys Edwardh는 이 수수께끼의 진상을 밝히려고 전문가들을 소집하여 팀을 꾸렸다. 얼마 지나지 않아 그들은 그 사건이 파크스의 수면과 관련이 있을 수 있다고 의심하기 시작했다. 파크스가 수감 중일 때, 그의 변호인은 수면 전문가 로저 브로턴Roger Broughton에게 의뢰하여 밤중에 잠든 파크스의 뇌파를 측정하게 했다. 기록된 뇌전도는 몽유병자의 것과 일치했다. 전문가들은 후속 연구를 통해서 파크스의 친척 중에도 수면 장애가 있는 사람들이 많음을 발견했다. 범행 동기가 없고, 수면 검사 결과를 조작할 길이 없고, 수면 장애 가족력이 광범위하게 확인되었으므로, 재판장은 파크스의 살인 혐의에 무죄를 선고했고, 파크스는 석방되었다.

그렇다면 누가 통제권자일까?

이쯤 되면, 의식적인 정신은 대체 어떤 통제권을 가졌느냐는 의문이 절로 들 만하다. 우리가 마치 꼭두각시처럼, 우리의 끈들을 당기고 행동을 결정하는 어떤 시스템의 통제에 따라 살아가는 것일 수도 있을까? 어떤 이들은 그것이 진실이고 우리의 의식적 정신은 우리의 행동을 통제하지 못한다고 믿는다.

이 문제를 파고들기 위해 간단한 예 하나를 살펴보자. 당신이 차를 몰고 달리다가 삼거리에 도달한다. 당신은 좌회전하거나 우회전할 수 있다. 반드시 어느 한쪽으로 회전해야 하는 것은 아니다. 그러나 오늘 이 순간, 당신은 오른쪽으로 회전하고 싶다는 느낌이 든다. 그래서 우회전한다. 그런데 왜 당신은 좌회전이 아니라 우회전을 했을까? 우회전하고 싶었기 때문일까? 아니면 의식적으로 접근할 수 없는 뇌 속 메커니즘들이 우회전을 결정했기 때문일까?

잘 생각해보자. 당신의 팔로 하여금 핸들을 돌리게 하는 신경 신호들은 당신의 운동 피질에서 유래한다. 그러나 그 신호들이 거기에서 기원하는 것은 아니다. 운동 피질은 이마엽의 다른 구역들에 의해 조종되고, 그 구역들은 다시 뇌의 다른 많은 부분들의 조종을 받는 식으로, 뇌 전체를 누비는 복잡한 연결망이 구성된다.

당신이 어떤 행동을 하기로 결정하는 순간 따위는 결코 존재하지 않는다. 왜냐하면 뇌의 모든 뉴런 각각은 다른 뉴런들에 의해 조종되기 때문이다. 뇌 시스템의 어떤 부분도 독립적으로 활동하지 않고 오히려 다른 부분의 활동에 신뢰할 만하게 반응하는 것으로 보인다. 당신의 우회전(또는 좌회전) 결정은 과거와 연결되어 있다. 몇 초 전, 몇 분 전, 며칠 전, 심지어 지금까지의 삶 전체와 말이다. 자발적인 것처럼 보이는 결정들도 실은 고립되어 존재하지 않는다.

그렇다면 당신이 당신의 인생사 전체를 짊어지고 삼거리에 도착할 때, 좌회전이나 우회전의 결정권자는 정확히 누구일까? 만일 당신의 역사를 되돌려 새로 시작하기를 백 번 반복한다면, 당신은 늘 똑같은 결정을 내릴까?

자유의지를 가졌다는 느낌

우리는 자신이 자율적이라고 느낀다. 즉, 우리가 자유롭게 선택한다고 느낀다. 그러나 일부 상황들에서는 그 자율의 느낌이 착각일 수 있음을 보여주는 것이 가능하다. 하버드 대학교의 알바로 파스쿠알-레오네Albaro Pascual-Leone 교수는 참가자들을 실험실로 초빙하여 간단한 실험을 했다.

피험자들은 양손을 내민 자세로 컴퓨터 스크린 앞에 앉았다. 스크린이 빨간색으로 바뀌면, 그들은 어느 손을 움직일지 속으로 결정만 하고 실제로 움직이지는 않을 것이었다. 곧이어 스크린이 노란색으로 바뀌고, 마침내 녹색으로 바뀌면, 피험자들은 앞서 결정한 움직임을 실행하여 오른손이나 왼손을 들었다.

이어서 연구진은 실험에 요소를 하나 추가했다. 그들은 경두개 자기 자극술transcranial magnetic stimulation(TMS, 두개골 외부에서 자기장 펄스를 가하여 내부의 뇌 구역을 자극하는 기술)을 이용하여 운동 피질을 자극함으로써 오른손(또는 왼손)을 드는 동작을 촉발했다(대조군에게는 자기장 펄스를 가하는 소리만 들려주고 실제로 가하지는 않았다).

그렇게 TMS 개입을 추가하자, 피험자들은 오른손(또는 왼손)을 드는 동작을 더 선호하게 되었다. 구체적으로 왼쪽 운동 피질을 자극하면, 피험자들이 오른손을 들 확률이 더 높아졌다. 그런데 흥미로운 부분은 피험자들이 TMS에 의해 조작당한 손을 들고 싶었다고 보고했다는 점이다. 다시 말해 그들은 원래 스크린이 빨간색일 때는 왼손을 들기로 결정했는데, 스크린이 노란색으로 바뀐 뒤에 자극을 받고 나서 자신이 정말로 들고 싶었던 것은 한결같이 오른손이었다고 느낀 것일 수도 있다. 실은 TMS가 손의 움직임을 촉발했는데도, 많은 피험자들은 자신이 자유의지로 결정했다고 느꼈다. 파스쿠알-레오네의 보고

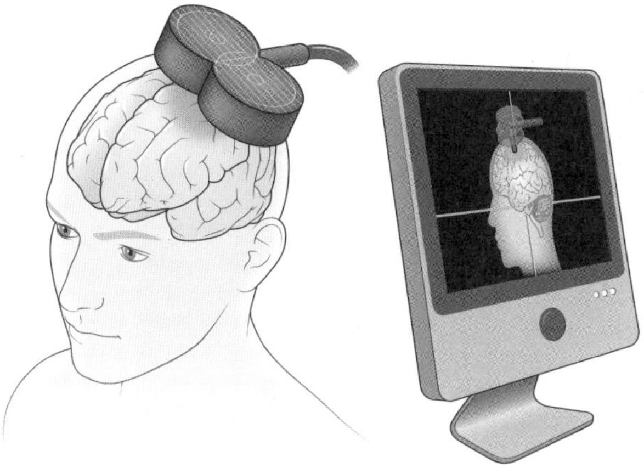

연구진이 뇌를 자극함으로써 피험자의 선택을 조작했을 때에도, 피험자는 흔히 자신이 자유롭게 선택했다고 주장한다.

에 따르면, 흔히 피험자는 자신이 원래부터 결정을 바꿀 생각이었다고 말했다. 자신의 뇌 속 활동이 무엇에 의해 일어나든 간에, 피험자는 마치 그 활동이 자신의 자유로운 선택에 의해 일어나기라도 한 것처럼 그 활동의 결정권자로 자처했다. 의식적인 정신은 자신이 통제권자로 등장하는 이야기를 자신에게 들려주는 능력이 탁월하다.

이런 실험들은 선택의 자유를 신뢰하는 우리의 직관에 문제가 있음을 보여준다. 현재까지 신경과학은 자유의지의 존재를 완전히 배제할 수 있게 해주는 완벽한 실험들을 고안하지 못했다. 자유의지는 복잡한 주제이며, 우리의 과학은 그 주제를 철저히 다루기에는 아직 턱없이 미숙할지도 모른다. 하지만 자유의지가 정말로 존재하지 않는다면 어떻게 될지 잠깐 생각해보자. 당신이 삼거리에 도착할 때, 당신의 선택은 이미 결정

쥐덫 위에 얹힌 탁구공은 물리학 법칙들을 따른다. 그러나 탁구공들의 최종 위치를 예측하기는 사실상 불가능하다. 이와 유사하게, 무수히 많은 당신의 뇌세포들은 매초 그 개수보다 1000배 많은 신호들을 주고받는다. 뇌가 물리적 시스템인 것은 분명한 사실이지만, 우리는 다음 순간에 뇌에서 일어날 일을 결코 정확하게 예측할 수 없을 것이다.

되어 있다. 언뜻 생각하면, 예측 가능한 삶은 살 가치가 없을 것 같다.

그러나 다행히 뇌는 엄청나게 복잡하기 때문에, 현실적으로는 아무것도 예측 가능하지 않다. 바닥에 수많은 탁구공이 줄 맞춰 놓여 있는 상자를 상상해보자. 탁구공 각각은 쥐덫에 올려져 있어서 살짝 건드리기만 해도 튀어 오른다. 만일 당신이 탁구공 하나를 상자 위에서 떨어뜨린다면, 그 탁구공이 바닥의 어느 위치에 도달할지 수학적으로 예측하는 것은 비교적 쉬운 과제일 것이 틀림없다. 그러나 그 공이 바닥에 닿자마자 예측 불가능한 연쇄반응이 일어난다. 그 공이 다른 공들을 튀어 오르게 하고, 그 공들이 또 다른 공들을 튀어 오르게 하는 식으로 상황이 전개되어, 복잡성이 순식간에 폭증한다. 최초 예측에 약간이라도 오류가 있으면, 그 오류는 공들이 공중의 다른 공들이나 벽이나 바닥의 공들과 충돌하는 과정에서 점점 더 커진다. 그리하여 얼마 지나지 않아 공들의 위치에 관한 어떤 예측도 불가능하게 된다.

우리의 뇌는 그런 탁구공 상자와 유사하면서 훨씬 더 복잡하다. 당신은 상자에 탁구공을 몇 백 개쯤 넣을 수 있겠지만, 우리의 두개골 안에서 일어나는 상호작용은 그 상자 안에서 일어나는 것보다 몇 조 배는 더 많다. 게다가 뇌는 우리의 평생 내내 한순간도 쉬지 않고 작동한다. 그리고 그 어마어마한 에너지 교환들로부터 당신의 생각, 느낌, 결정이 발생한다.

그리고 이것은 예측 불가능성의 시작에 불과하다. 개별적인 뇌 각각은 다른 뇌들과 상호작용한다. 만찬 테이블을 가로질러서, 또는 강연장의 양쪽 끝이나 인터넷의 양쪽 끝 사이의 거리를 가로질러서, 지구 상의 모든 인간 뉴런들은 서로 영향을 주고받으면서 상상을 초월할 만큼 복잡한 하나의 시스템을 이룬다. 따라서 뉴런들이 간단명료한 물리학 법칙들을 따른다 하더라도, 임의의 개인이 다음 순간에 무엇을 할지 정확히 예측하기는 영영 불가능할 것이다.

이 거대한 복잡성에서 우리는 다음과 같은 간단한 사실을 이해하기에 충분할 만큼의 통찰을 얻을 수 있다. 우리의 삶은 우리의 자각 능력이나 통제 능력을 훨씬 벗어난 힘들에 의해 조종된다.

THE BRAIN 4

나는 어떻게 결정할까?

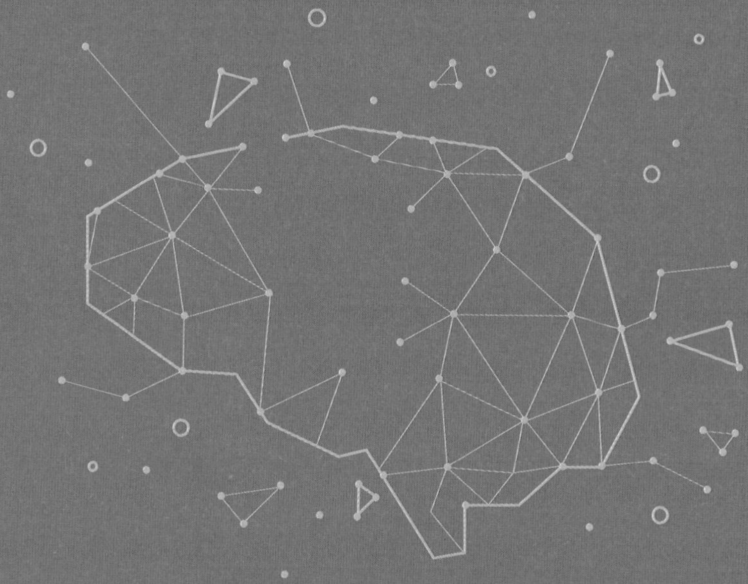

아이스크림을 먹을까 말까? 이메일 답장을 지금 보낼까 나중에 보낼까? 어떤 신발을 신을까? 우리의 일상은 수많은 자잘한 결정들로 구성된다. 무엇을 할지, 어디로 갈지, 어떻게 반응할지, 먹을지 말지 등에 관한 결정들 말이다. 결정에 관한 초기 이론들은 인간이 선택지들의 이익과 손해를 따져 최적의 결정에 이르는 합리적 행위자라고 전제했다. 그러나 인간의 결정을 과학적으로 관찰한 결과들은 그 전제를 반박한다. 뇌는 서로 경쟁하는 여러 연결망들로 이루어졌으며, 연결망 각각은 고유한 목표들과 욕망들을 가졌다. 아이스크림을 먹을지 말지 결정할 때, 당신의 뇌 속 일부 연결망들은 당 섭취를 원하는 반면, 다른 연결망들은 장기적인 몸매를 고려하여 반대표를 던진다. 또 다른 연결망들은 당신이 내일 체육관에 가기로 약속한다면 아이스크림을 먹을 수도 있다고 제안한다. 당신의 뇌는 경쟁하는 정당들로 구성된 의회와 유사하다. 정당들은 국가라는 배를 조종하기 위해 끝까지 싸운다. 당신은 때때로 이기적으로 결정하고, 때로는 자비롭게, 때로는 충동적으로, 또 어떤 때는 장기적인 전망을 고려하면서 결정한다. 우리는 복잡한 존재다. 왜냐하면 우리는 수많은 욕망들로 이루어졌고, 그 모든 욕망들이 저마다 통제권을 쥐고 싶어 하기 때문이다.

결정의 소리

'짐'이라는 이름의 환자가 수술대에 누워 손 떨림 증상을 개선하기 위해 뇌수술을 받고 있다. 신경외과 의사가 '전극'으로 불리는 가는 전선을 짐의 뇌 속으로 집어넣었다. 그 전선에 약한 전류를 흘려보내 뉴런들의 활동 패턴을 조절하면, 짐의 손 떨림을 완화할 수 있다.

전극을 삽입하면, 개별 뉴런들의 활동을 엿들을 수 있는 특별한 기회가 생긴다. 뉴런들은 '활동전위'라는 전기적 스파이크 electrical spike(그래프에서 뾰족한 못의 형태로 나타나는 순간적인 전기 활동 — 옮긴이)를 통해 서로 대화한다. 그러나 그 신호는 아주 미세해서 눈에 띄지 않는다. 그래서 외과 의사들과 연구자들은 흔히 그 미세한 전기 신호를 스피커로 보낸다. 그렇게 하면 전압의 미세한 변화(1000분의 1초 동안 지속하는 10분의 1볼트 만큼의 변화)가 '딱' 하고 귀에 들리는 소리로 변환된다.

전극을 뇌의 다양한 구역에 삽입하면, 숙련된 전문가는 스피

모니터에 나타난 이 미세한 전류 스파이크들을 활동전위라고 한다. 짐이 생각해내는 모든 아이디어, 회상하는 모든 기억, 숙고하는 모든 선택이 이 미세하고 신비로운 상형문자로 기록된다.

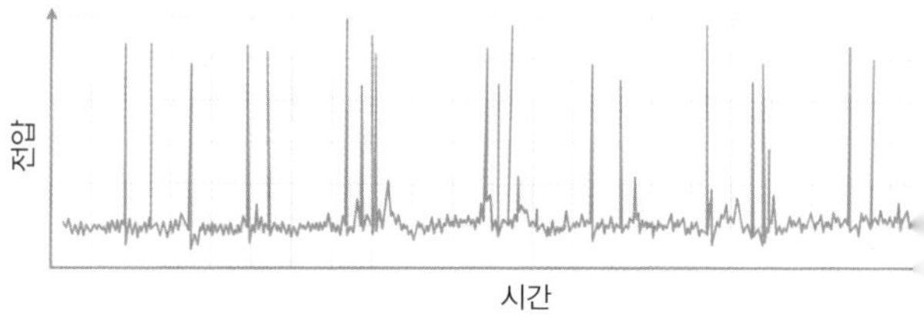

커에서 나는 소리를 듣고 그 구역의 활동 패턴을 알아챌 수 있다. 일부 위치에서는 '딱, 딱, 딱' 하는 소음이 나는 반면, 다른 위치에서는 '따다다……다닥' 하는 꽤 다른 소음이 난다. 이것은 마치 지구 어딘가에서 몇 사람이 나누는 대화에 갑자기 끼어드는 것과 유사하다. 당신이 만나는 사람들은 다양한 문화권에서 다양한 직업으로 활동할 것이며 매우 다양한 대화를 이어가는 중일 것이다.

나는 연구자로서 수술실에 있다. 수술은 내 동료가 맡는다. 내 목표는 뇌가 어떻게 결정을 내리는지 더 잘 이해하는 것이다. 이를 위해 나는 짐에게 다양한 과제(이를테면 말하기, 읽기, 바라보기, 결정하기)를 수행할 것을 요청한다. 무엇이 그의 뉴런들의 활동과 관련이 있는지 알아내기 위해서다. 뇌에는 통증 수

당신이 늙은 여인을 볼 때,
뇌에서는 무슨 일이 일어날까?
당신이 젊은 여인을 보면,
어떤 변화가 일어날까?

용기가 없기 때문에, 환자는 뇌수술 중에 깨어 있는 상태를 유지할 수 있다. 나는 짐에게 간단한 그림 하나를 바라보라고 요청하고, 연구진은 그의 뉴런들의 활동을 측정한다.

옆 그림에서 당신은 끈 묶는 모자를 쓰고 고개를 오른쪽으로 돌린 젊은 여인을 볼 수도 있을 것이다. 하지만 똑같은 그림을 달리 해석하는 방법을 모색해보라. 약간 아래를 내려다보는 늙은 여인의 옆모습이 보일 것이다. 이 그림은 두 가지 방식으로 볼 수 있다(이를 '지각적 쌍안정성perceptual bi-stability'이라고 한다). 즉, 그림 속 선들이 전혀 다른 두 가지 해석에 부합한다. 그림을 응시하면, 당신은 한 버전을 보다가 이내 다른 버전을 보고 다시 첫째 버전을 보는 식으로 오락가락할 것이다. 중요한 것은 물리적인 그림은 전혀 변화하지 않는다는 점이다. 따라서 그림이 바뀌었다고 짐이 보고한다면, 그 원인은 그의 뇌 속에서 일어난 어떤 변화일 수밖에 없다.

짐이 젊은 여인을 보는 순간, 또는 늙은 여인을 보는 순간, 그의 뇌는 결정을 내린 것이다. 결정이 꼭 의식적일 필요는 없다. 이 경우에 결정은 짐의 시각 시스템이 내리는 지각적 결정이며, 결정 번복의 메커니즘은 의식에 전혀 포착되지 않는다. 이론적으로 뇌는 젊은 여성과 늙은 여성을 동시에 모두 볼 수 있어야 한다. 그러나 현실에서 뇌는 그렇게 하지 못한다. 뇌는 애매한 입력을 받으면 반사적으로 결정을 내린다. 그런 다음 어느 순간에 뇌는 결정을 다시 내린다. 이런 식으로 뇌는 계속

오락가락할 수도 있다. 아무튼 우리의 뇌는 애매한 상황에서 항상 양단간에 하나를 선택한다.

따라서 짐의 뇌가 젊은 여인(또는 늙은 여인) 해석을 채택할 때, 우리는 적은 개수의 뉴런들이 일으키는 소리를 들을 수 있다. 일부 뉴런들은 활발하게 활동하는(따닥…따닥…따닥) 반면, 다른 뉴런들이 내는 소리는 느려진다(딱… 딱… 딱… 딱). 항상 뉴런들의 활동 속도가 변화하는 것은 아니다. 때로는 뉴런들의 활동 패턴이 더 미묘하게 변화한다. 즉, 원래의 활동 속도를 유지하면서도 다른 뉴런들의 활동과 동기화되거나 탈동기화된다.

소리를 통해 우리에게 자신의 활동을 알려주는 뉴런들이 독자적으로 지각적 변화를 담당하는 것은 아니다. 오히려 그 뉴런들은 무수한 다른 뉴런들과 조화를 이뤄 작동한다. 그러므로 우리가 포착할 수 있는 변화들은 뇌의 폭넓은 영역에서 일어나는 패턴 변화의 반영에 불과하다. 짐의 뇌에서 한 패턴이 다른 패턴을 이기면, 결정이 내려진다.

당신의 뇌는 매일 수천 번 결정을 내리면서 당신의 세계 경험을 통제한다. 어떤 옷을 입을지, 누구에게 전화할지, 상대방의 무뚝뚝한 말을 어떻게 해석할지, 이메일에 답장할지, 언제 떠날지 등, 우리의 모든 행동과 생각의 바탕에 깔린 결정들을 뇌가 내린다. 당신이 누구인가 하는 것은 삶의 매 순간에 당신의 뇌 전역에서 벌어지는 주도권 싸움의 결과로 정해진다.

짐의 신경 활동—딱, 딱, 딱—에 귀기울이다 보면, 경외감을 느끼지 않을 수 없다. 인류 역사에서 내려진 모든 결정을 이렇게 소리로 변환한다면, 지금 우리가 듣는 것과 유사한 소리를 듣게 될 것이다. 모든 청혼, 모든 전쟁 선포, 모든 상상력의 도약, 미지의 땅을 향한 모든 선교 여행, 모든 친절한 행동, 모든 거짓말, 환희를 동반한 모든 깨달음, 모든 결정적 순간이 이런 소리를 낼 것이다. 그 모든 것이 바로 여기에서, 두개골 내부의 어둠 속에서, 생물학적 세포들이 이룬 연결망들의 활동 패턴으로부터 발생했다.

뇌는 분쟁에 기초하여 작동하는 기계다

결정이 내려질 때 막후에서 무슨 일이 일어나는지를 더 자세히 살펴보자. 당신이 간단한 결정을 내린다고 상상해보자. 즉, 아이스크림 가게에서 똑같이 좋아하는 두 가지 향(이를테면 민트 향과 레몬 향) 가운데 어느 것을 고를지 고민하다가 하나를 선택한다고 해보자. 외부에서 보면, 당신은 그리 많은 일을 하지 않는 것처럼 보인다. 당신은 그냥 한곳에 서서 두 가지 선택지를 바라볼 뿐이다. 그러나 당신의 뇌에서는 이런 간단한 선택이 폭풍 같은 활동을 유발한다.

단일한 뉴런이 독자적으로 유의미한 영향력을 발휘하지는 못한다. 그러나 각각의 뉴런은 다른 뉴런 수천 개와 연결되어 있고, 그 뉴런들도 각각 다시 수천 개의 뉴런과 연결되어 있다. 이런 식으로 뉴런들은 거대하고 복잡한 연결망을 이룬다. 연결망 속 뉴런들은 모두 서로를 흥분시키거나 억제하는 화학물질들을 방출한다.

이 연결망 속에서 특정한 뉴런들의 배열은 민트 향을 대표한다. 이 패턴은 서로를 흥분시키는 뉴런들로 구성된다. 그 뉴런들이 꼭 인접해 있어야 하는 것은 아니다. 오히려 그 뉴런들은 후각, 미각, 시각, 그리고 민트 향에 관한 당신의 고유한 기억들을 담당하는, 서로 멀리 떨어진 뇌 구역들에 흩어져 있을 수도 있다.

고립시켜놓고 보면, 이 각각의 뉴런들은 민트 향과 거의 관련이 없다. 실제로 각각의 뉴런은 때에 따라 다양한 연합체에

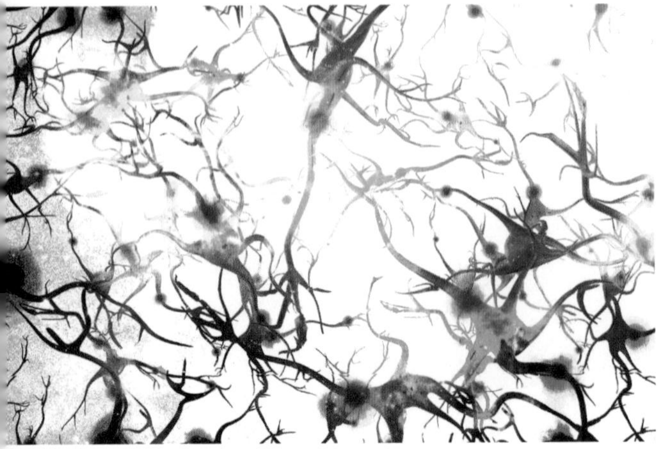

뉴런 집단들은 정권을 잡으려 애쓰는 정당들처럼 서로 경쟁한다.

가담하여 수많은 역할을 한다. 그러나 이 뉴런들이 이 특수한 배열로 다 함께 활성화되면… 그것이 당신의 뇌에서의 민트 향이다. 당신이 아이스크림 앞에 서 있는 동안, 이 뉴런들은 서로 활발하게 소통한다. 마치 분산되어 있지만 온라인으로 연결된 개인들처럼 말이다.

일종의 선거 운동에 나서는 것은 이 뉴런들만이 아니다. 다른 한편에서, 경쟁하는 선택지(레몬 향)도 고유한 뉴런 정당에 의해 대표된다. 양쪽 연합체(민트 향과 레몬 향) 각각은 자신의 활동을 강화하고 상대의 활동을 억제함으로써 우위를 점하려고 애쓴다. 양쪽은 이 승자독식의 경쟁에서 한쪽이 승리할 때까지 싸운다. 승리하는 연결망이 당신의 행동을 결정한다.

컴퓨터와 달리 뇌는 다양한 가능성들 사이의 분쟁을 기반으로 작동한다. 그 가능성들은 저마다 다른 가능성들을 물리치고 경쟁에서 이기려고 애쓴다. 그리고 항상 여러 선택지가 존재한다. 당신이 민트 향이나 레몬 향을 선택했다 하더라도, 당신은 새로운 갈등에 직면한다. 아이스크림 한 통을 다 먹을까? 당신의 어떤 부분은 그 맛난 에너지원을 원하지만, 동시에 다른 부분은 거기에 당이 많이 들어 있음을 안다. 어쩌면 당신이 아이스크림을 먹는 대신에 달리기를 해야 한다는 것도 알 것이다. 당신이 한 통을 다 먹을지 여부는 두 부분이 벌이는 싸움이 어떻게 결판나느냐에 전적으로 달려 있다.

뇌에서 끊임없이 분쟁이 벌어지기 때문에, 우리는 우리 자신과 논쟁하고 우리 자신을 저주하고 우리 자신을 회유할 수 있다. 하지만 정확히 누가 누구와 대화하는 것일까? 모두 다 당신이다. 더 정확히 말하면, 당신의 여러 부분들이다.

간단한 과제들을 통해 내적인 분쟁을 더 명확히 드러낼 수 있다. 아래 단어들이 어떤 색깔의 잉크로 인쇄되어 있는지 말해보라.

자주색 노란색 빨간색
검은색 빨간색 녹색
빨간색 노란색 오렌지색
파란색 자주색 검은색
빨간색 녹색 오렌지색

아마 색깔을 말하기가 꽤 어려울 것이다. 요구하는 바가 이토록 간단한데, 이 단순한 과제가 왜 어려울까? 왜냐하면 당신의 뇌 속 연결망 하나는 잉크의 색깔을 식별하여 그 이름을 대려 하는데, 단어 읽기를 담당하는 다른 연결망이 그 연결망과 경쟁하기 때문이다. 더구나 읽기 담당 연결망이 고도로 훈련되어 있어서 단어 읽기는 자동 과정으로서 뿌리 깊게 정착해 있다는 점이 당신을 방해한다. 언급한 시스템들이 서로 싸우는 것을 당신은 느낄 수 있다. 정답을 대려면 당신은 단어를 읽으려는 강한 충동을 적극적으로 억누르고 과제가 요구하는 대로

뇌 분할: 분쟁을 드러내기

몇몇 특수한 상황에서는 뇌의 다양한 부분들 사이의 분쟁을 목격하기가 유난히 쉬워진다. 특정 형태의 뇌전증을 치료할 목적으로 일부 환자들은 '뇌 분할split-brain' 수술을 받는다. 이것은 뇌의 좌반구와 우반구를 분리하는 수술이다. 정상인의 뇌에서 양쪽 반구는 '뇌들보corpus callosum'라는 신경 고속도로로 연결되어 있다. 따라서 좌반구와 우반구가 협력하고 조화롭게 작동할 수 있다. 만일 당신이 추위를 느끼면, 당신의 양손은 서로 협동한다. 즉, 한손이 외투의 깃을 여미는 동안, 다른 손은 지퍼를 올린다.

그러나 뇌들보가 절단되면, '외계인 손 증후군'이라는 심각한 병증이 발생할 수 있다. 즉, 양손이 제각각 전혀 다른 의도로 행동할 수 있다. 이 증후군에 걸린 환자는 이를테면 한 손으로 외투의 깃을 여미면서 다른 손('외계인' 손)으로는 느닷없이 지퍼를 내린다. 혹은 비스킷을 집으려고 오른손을 뻗으면서 왼손으로 오른손을 후려쳐 저지한다. 양쪽 반구가 각각 독립적으로 행동하기 때문에, 뇌에서 일어나는 정상적인 분쟁이 밖으로 드러나는 것이다.

외계인 손 증후군은 대개 뇌 분할 수술 후 몇 주 안에 잦아든다. 양쪽 뇌반구가 남아 있는 연결들을 이용하여 협동을 재개하기 때문이다. 그러나 이 병증은, 심지어 우리가 단일한 마음가짐이라고 스스로 생각할 때에도, 우리의 행동은 두개골 내부의 어둠 속에서 끊임없이 발생하고 소멸하는 무수한 싸움의 결과라는 것을 분명하게 보여준다.

시야의 왼쪽 절반에서 유래한 정보는 뇌의 우반구로 가고, 반대쪽 정보는 좌반구로 간다. 따라서 한 단어가 시야의 중심선에 걸쳐서 나타나면, 뇌 분할 환자의 고립된 양쪽 뇌반구 각각은 그 단어의 절반씩만 볼 것이다.

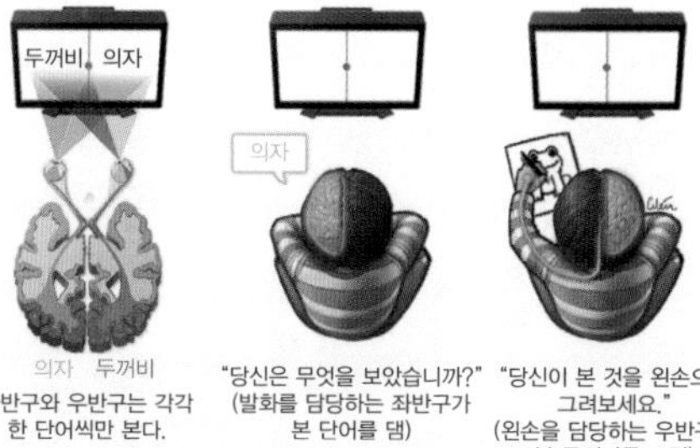

좌반구와 우반구는 각각 한 단어씩만 본다.

"당신은 무엇을 보았습니까?" (발화를 담당하는 좌반구가 본 단어를 댐)

"당신이 본 것을 왼손으로 그려보세요." (왼손을 담당하는 우반구가 본 두꺼비를 그림)

잉크 색깔에 주의를 집중해야 한다. 이때 당신은 내적인 분쟁을 직접 체험할 수 있다.

뇌 속에서 경쟁하는 주요 시스템들을 식별하기 위해 '전차 딜레마'라는 사고 실험을 살펴보자. 전차 한 대가 통제 불능 상태로 선로를 따라 질주한다. 저만치 떨어진 선로 위에서 노동자 네 명이 보수 공사를 하고 있다. 우연히 이 광경을 목격한 당신은 노동자들이 전차에 치여 모두 죽으리라는 것을 곧바로 알아챈다. 이어서 근처에 있는 조종간을 조작하면 전차를 다른 선로로 보낼 수 있음을 깨닫는다. 그런데 잠깐! 그 선로 위에는 노동자 한 명이 있다. 당신이 조종간을 당기면, 그 노동자가 죽을 것이다. 반대로 조종간을 당기지 않으면, 노동자 네 명이 죽을 것이다. 당신은 조종간을 당기겠는가?

이번에는 약간 다른 둘째 시나리오를 살펴보자. 상황의 전제는 동일하다. 전차 한 대가 통제 불능 상태로 선로를 따라 질주하고, 조금만 지나면 노동자 네 명이 죽을 것이다. 그러나 이 시

전차 딜레마.
이 시나리오에서 어떻게 행동하겠느냐고 물으면, 거의 대부분 조종간을 당기겠다고 대답한다. 어쨌든 네 사람이 죽는 것보다 한 사람이 죽는 것이 훨씬 더 낫지 않은가?

전차 딜레마, 둘째 시나리오.
이 상황에서는 거의 대부분
곁에 있는 남자를 떠밀지
않겠다고 대답한다.
그 이유를 물으면,
"그건 살인이니까요."라거나
"그건 아무튼 옳지 않아요."라는
식의 대답을 듣게 된다.

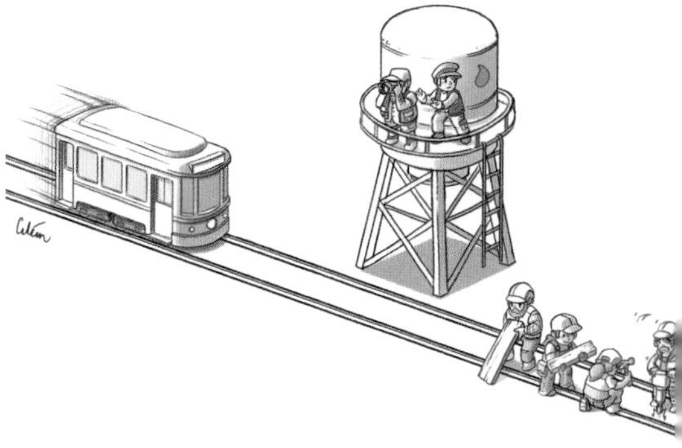

나리오에서 당신은 선로가 내려다보이는 급수탑 위에 서 있다.

바로 옆에서는 덩치 큰 남자가 먼 곳을 바라보고 있다. 만일 당신이 그 남자를 떠밀어 떨어뜨린다면, 그는 정확히 선로 위에 떨어질 것이고, 그의 몸무게라면 전차를 막고 노동자 네 명을 구하기에 충분할 것이다. 당신은 그를 떠밀겠는가?

아마 떠밀지 않을 것이다. 그런데 한번 생각해보자. 양쪽 시나리오에서 당신에게 주어진 질문은 동일하다. 네 명의 목숨을 구하려고 한 명의 목숨을 끊을 것인가? 그럼에도 왜 둘째 시나리오에서는 이토록 다른 결정이 내려질까? 윤리학자들은 이 문제를 다양한 각도에서 다뤘지만, 뇌 영상화를 이용한 연구에서 상당히 간단명료한 대답이 나왔다. 뇌의 입장에서 첫째 시나리오는 단지 수학 문제일 뿐이다. 그 딜레마는 논리적 문제 풀이에 관여하는 구역들을 활성화한다.

둘째 시나리오에서 당신은 곁에 있는 남자와 물리적으로 상호작용해야 한다. 즉, 그를 떠밀어서 죽여야 한다. 이 결정에는

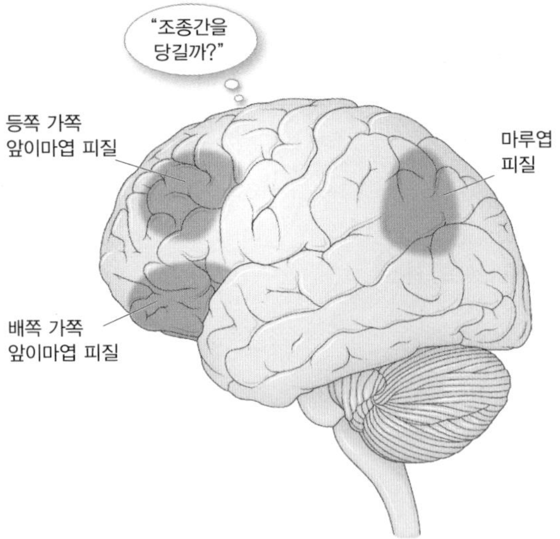

논리적 문제 풀이에 더 많이 관여하는 여러 구역들.

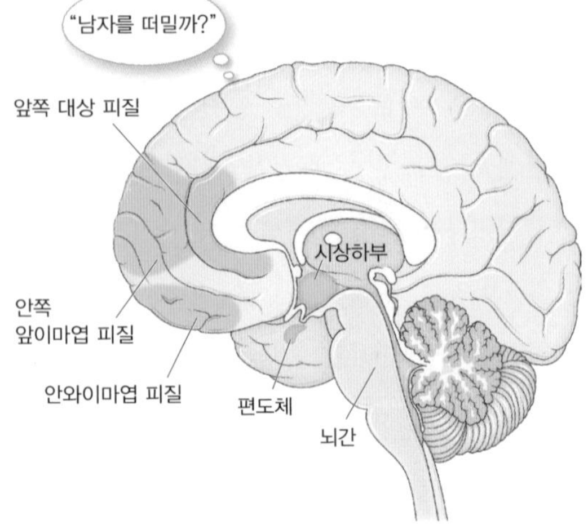

무고한 남자를 떠밀어서 죽일 것인지 고민할 때는 감정을 담당하는 뇌 구역들이 결정에 더 많이 관여한다. 그래서 결정이 뒤집힐 수 있다.

다른 연결망들이 추가로 관여한다. 그것들은 감정을 담당하는 뇌 구역들이다.

둘째 시나리오에서는 의견이 엇갈리는 두 시스템이 갈등한다. 우리의 합리적 연결망들은 한 명의 죽음이 네 명의 죽음보다 더 낫다고 말하는 반면, 우리의 감정적 연결망들은 곁에 있는 사람을 죽이는 것은 나쁘다는 본능적 느낌을 유발한다. 당신은 서로 경쟁하는 욕구들 사이에 끼이고, 당신의 결정은 첫째 시나리오에서와 전혀 다르게 내려질 가능성이 높다.

전차 딜레마는 실제 상황들에 관한 교훈을 제공한다. 현대 전쟁을 생각해보자. 현대전은 곁에 있는 사람을 떠밀어 떨어뜨리는 행동보다 조종간을 당기는 행동과 더 유사해졌다. 버튼을 눌러 장거리 미사일을 발사할 때, 이 행동에 관여하는 것은 오직 논리적 문제 풀이를 담당하는 연결망들뿐이다. 드론 조종은 비디오게임과 유사할 수 있다. 사이버 공격은 멀리 떨어진 적에게 피해를 입힌다. 이런 상황에서는 합리적인 연결망들이 작동하고 경우에 따라 감정적인 연결망은 작동하지 않는다. 원격 전쟁의 무감정적 성격은 내적인 갈등을 감소시켜 전쟁 수행을 더 쉽게 만든다.

한 전문가는 핵미사일 발사 버튼을 미국 대통령의 가장 친한 친구의 가슴 속에 이식해야 한다고 주장했다. 그렇게 하면 핵미사일을 발사하려 할 때 대통령은 친구의 흉곽을 절개하는 신체적 위해를 가해야 할 것이다. 따라서 핵미사일 발사를 고민할 때는 대통령의 감정적 연결망들도 결정에 참여할 것이다. 생사가 걸린 결정을 내릴 때, 견제받지 않는 이성은 위험할 수 있다. 우리의 감정은 강력하며 흔히 통찰력이 뛰어난 유권자다. 감정을 선거에서 배제하는 것은 태만한 처사다. 우리 모두가 로봇처럼 행동한다고 해서 세상이 더 나아지지는 않을 것이다.

비록 신경과학은 새로운 분야이지만, 감정이 중요하다는 직관은 오랜 역사를 지녔다. 고대 그리스인들은 삶을 마차에 비유하는 것이 옳다고 주장했다. 우리는 두 마리의 말을 모는 마부다. 흰 말은 이성, 검은 말은 격정이다. 각각의 말은 마차를 반대 방향으로 끈다. 당신의 임무는 말 두 마리를 모두 통제하여 마차가 길의 중앙선을 따라 달리게 하는 것이다.

실제로 우리는 신경과학의 전형적인 접근법을 채택하여 사람이 감정을 의사결정에 참여시키는 능력을 잃으면 어떻게 되는지 살펴봄으로써 감정의 중요성을 명확히 드러낼 수 있다.

몸의 상태가 당신의 결정을 돕는다

감정의 역할은 우리의 삶을 더 풍요롭게 만드는 것에 국한되지 않는다. 감정은 매 순간 우리가 무엇을 할지 결정하는 과정의 배후에 숨어 있는 비밀이기도 하다. 이 사실을 보여주는 예로 타미 마이어스의 상태를 살펴보자. 원래 기술자였던 타미는 오토바이 사고를 당했다. 그로 인해 그녀는 눈구멍(안와) 바로 위에 있는 뇌 구역인 안와이마엽 피질이 손상되었다. 이 구역은 몸에서 유래한 신호들을 통합하는 작업에서 결정적인 구실을 한다. 그 신호들은 몸이 어떤 상태인지를 뇌의 나머지 부분에 알려준다. 배가 고픈지, 불안한지, 흥분했는지, 난감한지, 목마른지, 유쾌한지 등을 말이다.

타미는 뇌 부상을 당한 사람처럼 보이지 않는다. 그러나 5분만 그녀와 함께 있어도 당신은 일상생활의 결정들을 다루는 그녀의 능력에 문제가 있음을 알아챌 것이다. 그녀는 주어진 선택지의 장점과 단점을 모두 서술할 수 있다. 그럼에도 그녀는 가장 단순한 상황들에서도 우유부단의 진창에 빠져버린다. 그녀는 뇌 부상 때문에 몸의 감정적 소견을 읽는 능력을 잃었다. 그녀에게 의사결정은 믿기 어려울 정도로 어려운 과제다. 그녀에게는 어떤 선택지도 다른 선택지와 실감나게 다르지 않다. 의사결정을 내리지 못하니, 실행도 거의 못 한다. 소파 위에서 하루를 다 보낼 때가 많다고 타미는 보고한다.

타미의 뇌 부상은 의사결정에 관하여 매우 중요한 교훈을 제공한다. 흔히 사람들은 지위가 높은 뇌가 몸에게 명령한다고 생각한다. 그러나 실제로 뇌와 몸은 끊임없는 되먹임을 통해 상호작용한다. 몸에서 유래한 물리적 신호들은 현재 상황과 적절한 행동에 관한 요약 정보를 신속하게 제공한다. 결정을 내리려면, 몸과 뇌가 긴밀히 소통해야 한다.

이런 상황을 생각해보자. 당신은 잘못 배달된 소포를 이웃집에 전달하려 한다. 그런데 당신이 이웃집 대문에 접근하니, 그 집의 개가 이빨을 드러내며 으르렁거린다. 당신은 대문을 열고 꿋꿋이 현관으로 가겠는가? 이 상황에서 개에게 물린 사례들에 관한 당신의 통계 지식은 결정적인 요소가 아니다. 오히려 중요한 것은 개의 위협적인 자세가 당신의 몸 안에서 일으키는 생리학적 반응들이다. 심장 박동이 빨라지고 장이 조여지고 근육이 긴장되고 눈동자가 확대되고 혈중 호르몬들이 변화하고 땀샘이 열리는 등의 반응들 말이다. 이 반응들은 자동적이며 무의식적이다. 대문 자물쇠에 손을 얹고 서 있는 이 순간, 당신은 수많은 외적인 세부 사항들(예컨대 개가 목에 두른 띠의 색깔)을 점검할 수 있을 것이다. 그러나 지금 당신이 정말로 알아야 할 것은 정면으로 개와 맞설 것인가 아니면 다른 방법으로 소포를 전달할 것인가 여부다. 이 상황에서 당신의 몸 상태가 당신을 돕는다. 그 상태는 상황에 대한 요약 구실을 한다. 당신의 생리학적 반응은 해상도가 낮은 표제headline라고 할 수 있다. 이를테면 "이건 나쁘다."나 "이건 문제가 아니다."라는 표제 말이다. 당신의 뇌는 이런 표제의 도움을 받아 판단을 내린다.

우리는 매일 이런 식으로 우리의 몸 상태를 읽는다. 거의 모든 상황에서 생리학적 신호들은 아주 미묘해서 우리는 그것들을 자각하지 못하곤 한다. 그러나 그 신호들은 우리가 행동을 결정하는 과정에서 핵심적인 역할을 한다. 당신이 슈퍼마켓 안

공포에 대한 생리학적 반응

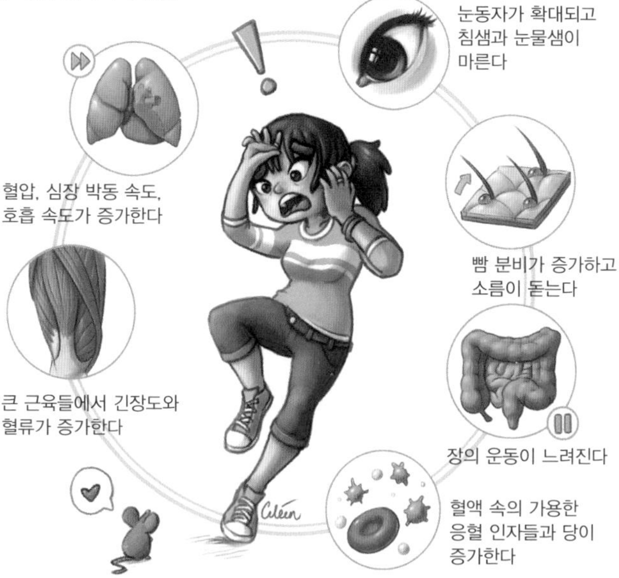

거의 모든 상황은 세부 사항이 너무 많아서 순전히 논리를 통한 의사결정을 허용하지 않는다. 따라서 우리가 결정 과정에서 지침으로 삼을 상황 요약이 필요하다. 이를테면 "여기는 안전하다." 또는 "여기는 위험하다."라는 요약 말이다. 몸의 생리학적 상태와 뇌는 끊임없이 양방향의 대화를 이어간다.

에 있다고 상상해보자. 이런 장소에서 타미는 어떤 결정도 못 내리고 마비 상태에 빠진다. 어떤 사과를 고를까? 어떤 빵을? 어떤 아이스크림을? 수천 개의 선택지가 소비자를 덮친다. 그 결과로 우리는 평생 동안 수백 시간을 진열대 앞에 서서 우리의 신경 연결망들이 한 선택지를 고르게 하려고 애쓰며 보낸다. 비록 우리는 대개 자각하지 못하지만, 이렇게 아찔할 정도로 복잡한 상황에서 몸이 길 찾기를 돕는다.

당신이 어떤 수프를 살지 선택한다고 해보자. 이 상황에서 당신이 고려해야 할 데이터는 열량, 가격, 소금 함량, 맛, 포장을 비롯해서 너무 많다. 만일 당신이 로봇이라면, 어떤 세부 사항들이 더 중요한지 판정할 자명한 방법이 없기 때문에 한자리에 붙박인 채 온종일 결정을 내리려고 애쓸 것이다. 당신이 결정에 도달하려면 모종의 요약이 필요하다. 당신의 몸에서 유래한 되먹임 정보가 당신에게 그 요약을 제공할 수 있다. 당신이 가진 돈을 생각하면, 당신의 손바닥에 땀이 날 수도 있을 것이다. 혹은 지난번에 먹은 저 닭고기 수프의 맛을 생각하면, 당신의 입안에 침이 고일 수도 있을 것이다. 혹은 또 다른 수프의 느끼함을 떠올리면, 당신의 장에서 경련이 일어날 수도 있을 것이다. 당신은 이 수프, 저 수프를 먹으면서 당신이 경험한 바를 시뮬레이션한다. 신체적 경험의 도움을 받아서 당신의 뇌는 A 수프에 특정한 가치를 할당하고 B 수프에 또 다른 가치를 할당하는 작업을 신속하게 수행하여 당신을 한 방향으로 쏠리게 한다. 당신은 수프 통들에서 데이터를 추출할 뿐 아니라 그 데이터를 느낀다. 이런 감정적 상태들은 으르렁거리는 개와 마주치는 것과 관련한 상태들보다 더 미묘하지만, 모든 각각의 선택에 신체적 상태가 개입한다는 기본 원리는 동일하다. 그리고 그 개입이 당신의 결정을 돕는다.

앞서 언급한 예에서 당신이 민트 향 아이스크림과 레몬 향 아이스크림 중에 하나를 선택할 때는 연결망들 사이에서 싸움이 벌어졌다. 그 싸움의 승패를 가르는 핵심 요인은 당신 몸의 생리학적 상태였다. 그 핵심 요인 때문에 한 연결망이 다른 연결망을 이길 수 있었다. 그런데 타미는 뇌 부상 때문에 신체 신호들을 의사결정에 개입시키는 능력을 잃었다. 따라서 그녀는 선택지들의 전반적인 가치를 신속하게 비교할 길이 없다. 그녀가 명확히 지목할 수 있는 수십 가지 세부 사항들의 우선순위를 매길 길이 없는 것이다. 그리하여 타미는 많은 시간을 소파 위에서 보낸다. 그녀 앞에 놓인 선택지들 중 어느 것도 특별한 감정적 가치를 보유하고 있지 않다. 한 연결망의 유세를 다른 연결망의 유세보다 더 선호할 길이 없는 것이다. 그녀의 뉴런 의회에서 벌어지는 논쟁은 교착 상태를 벗어나지 못한다.

의식적인 정신은 띠너비대역폭, bandwidth가 낮기 때문에, 당신은 결정에 개입하는 신체 신호들을 완전히 자각하는 경우가 드물다. 거의 모든 신체적 작용은 의식적 자각보다 훨씬 더 낮은 층위에서 일어난다. 그럼에도 신체 신호들은 당신이 자신의 정체성이라고 믿는 바에 광범위한 영향을 미칠 수 있다. 한 예로 신경과학자 리드 몬터규Read Montague는 개인의 정치적 견해와 감정적 반응 사이에 연관성이 있음을 발견했다. 그는 피험자들을 뇌 스캐너 안에 넣고 역겨움을 일으키는 이미지들을 보여주면서 그들의 반응을 측정한다. 예컨대 배설물, 시체, 벌레로 뒤덮인 음식의 이미지를 보여주면서 말이다. 피험자들이 스캐너에서 나오면, 연구진은 그들에게 또 다른 실험에 참여하고 싶으냐고 묻는다. “예”라고 대답한 사람들은 10분 동안 정치적 이데올로기에 관한 조사에 응한다. 그들은 총기 규제, 낙태, 혼전 성교 등에 관한 질문들에 대답한다. 몬터규는 이미지들을 보고 역겨움을 심하게 느끼는 피험자일수록 정치적으로 더 보수적일 가능성이 높음을 발견했다. 역겨움을 덜 느끼는 사람들은 더 진보적이다liberal. 이 상관성은 매우 강해서, 개인이 단 한 장의 역겨운 이미지에 어떻게 반응하는지만 봐도 그 사람의 정치적 이데올로기를 수치화한 점수를 95퍼센트의 정확도로 예측할 수 있다. 정치적 신념은 정신적 측면과 신체적 측면의 교차점에서 발생한다.

미래로 가는 여행

모든 각각의 결정은 우리의 과거 경험(우리의 신체 상태 안에 저장되어 있음) 및 현재 상황(Y가 아니라 X를 사기에 충분한 돈이 내게 있나? Z도 선택 가능할까?)과 관련이 있다. 그런데 결정에 관여하는 요소가 하나 더 있다. 그것은 미래에 관한 예측이다.

모든 동물은 보상을 추구하도록 설계되어 있다. 보상이란 무엇일까? 핵심을 말하면, 보상은 몸을 이상적인 설정 값들에 더 접근시키는 무언가를 뜻한다. 당신의 몸이 건조해질 때 물은 보상이다. 당신의 에너지 저장량이 고갈되어갈 때 먹을거리는 보상이다. 물과 먹을거리는 '일차적 보상'이라고 불린다. 일차적 보상은 생물학적 욕구들에 직접 부응한다. 그러나 더 일반적으로 인간의 행동은 이차적 보상들에 의해 조종된다. 예컨대 금속으로 된 사각형의 모습 그 자체는 당신의 뇌에 별다른 영향을 미치지 못하겠지만, 당신은 그 모습을 물통으로 인지하는 법을 학습했기 때문에, 당신이 목마를 때 그 모습은 보상이 된다. 인간에게는 매우 추상적인 개념조차도 보상일 수 있다. 이를테면 우리가 속한 지역 공동체가 우리를 소중히 여긴다는 느낌은 보상이 된다. 또한 동물과 달리 우리는 이런 보상을 생물학적 욕구보다 앞세울 수 있다. 리드 몬터규의 말마따나 "상어는 단식투쟁을 하지 않는다." 우리를 제외한 동물계 전체는 오로지 기본적인 욕구들을 추구하는 반면, 인간들은 흔히 추상적 이상을 옹호하면서 기본 욕구를 외면한다. 요컨대 우리가 다양한 선택지들을 마주했을 때, 우리는 내적인 데이터와 외적인 데이터를 종합하여 보상을 (우리 각자에게 무엇이 보상이든지 간에) 극대화하려고 애쓴다.

기본적이든 추상적이든 상관없이 모든 보상에 동반되는 걸림돌은, 대개 선택의 결실이 곧바로 주어지지 않는다는 점이다. 거의 항상 우리는 결정을 내리고 행동하고 나서 나중에 보상을 받는다. 사람들은 미래에 학위를 따는 것에 가치를 두기 때문에 몇 년 동안 학교에 다니고, 미래에 승진하리라는 희망을 품었기 때문에 하기 싫은 직장 생활을 버텨내며, 멋진 몸매를 목표로 세웠기 때문에 힘겨운 운동을 마다하지 않는다.

다양한 선택지들을 비교한다는 것은 각각의 선택지에 공통 단위로 매긴 가치(예상되는 보상의 가치)를 부여한 다음에 가치가 가장 높은 선택지를 고른다는 뜻이다. 이런 시나리오를 생각해 보자. 나는 여유 시간이 조금 생겨서 무엇을 할지 결정하려고 한다. 나는 식료품을 사야 한다. 하지만 다른 한편으로 카페에 가서 내 실험실을 위한 연구비 신청서를 작성해야 한다는 것도 안다. 신청서 제출 마감일이 임박했기 때문이다. 게다가 나는 아들과 공원에서 시간을 보내고 싶다. 나는 이 선택지들 가운데 하나를 어떻게 골라야 할까?

당연한 말이지만, 내가 각각의 선택지를 실제로 취해보고 직접 비교한 다음에 시간을 되돌려 지금으로 돌아올 수 있다면,

영화 〈백 투 더 퓨처〉에서처럼 사람들은 매일 시간 여행을 한다.

선택은 쉬운 일일 것이다. 그러나 안타깝게도 나는 시간 여행을 할 수 없다.

아니, 어쩌면 할 수 있을까?

실제로 인간의 뇌는 끊임없이 시간 여행을 한다. 결정을 내려야 할 때, 우리의 뇌는 다양한 결과들을 시뮬레이션하여 미래의 모형을 제작한다. 정신적인 측면에서 말하면, 우리는 현재를 떠나 아직 존재하지 않는 세계로 여행할 수 있다.

자, 내 정신 속에서 한 시나리오를 시뮬레이션하는 것은 첫걸음에 불과하다. 상상한 시나리오들 중에 하나를 선택하기 위해서 나는 그 잠재적 미래들 각각에서 얼마나 큰 보상이 주어질지 추정한다. 나의 주방 수납장을 식료품으로 채우는 것을 시뮬레이션할 때, 나는 알뜰한 가사 운영으로 불확실성을 피하는 것에서 안도감을 느낀다. 연구비는 다른 유형의 보상이다. 그것은 실험실을 위한 자금일 뿐 아니라 더 일반적으로 내가 속한 학과의 우두머리에게서 받는 칭찬이며 과학자로서 성취감을 안겨주는 상이다. 공원에서 아들과 노는 것을 상상하면 기쁨이 일어나고 가족 간의 친밀감이라는 형태의 보상이 느껴진다. 최종 선택은 보상 시스템들이 통용하는 공통 통화로 측정할 때 각각의 미래가 얼마나 큰 가치를 가졌느냐를 기준으로 이루어질 것이다. 물론 쉽지 않은 선택이다. 언급한 선택지들 모두에 미묘한 단점이 뒤따르기 때문이다. 식료품 구입의 시뮬레이션은 권태감을 동반한다. 연구비 신청서 작성은 불만감을 일으킨다. 공원에서 노는 상상은 할 일을 안 한다는 죄책감을 동반한다. 대개 의식적 자각의 레이더가 미치는 층위보다 더 낮은 층위에서 나의 뇌는 이 모든 선택지들을 하나씩 시뮬레이션하고 평가한다. 이것이 내가 결정을 내리는 방식이다.

어떻게 나는 이 미래들을 정확히 시뮬레이션할까? 각각의 경로로 들어서면 실제로 어떤 결과가 나올지를 나는 어떻게 예측할 수 있을까? 나는 정확한 시뮬레이션을 할 수 없고 실제 결과를 예측할 수 없다는 것이 정답이다. 나의 예측이 정확하리라는 것을 알 길은 없다. 내가 하는 모든 시뮬레이션은 나의 과거 경험들과 세계의 작동에 대한 나의 현재 모형들에 기초를 둘 뿐이다. 동물계의 모든 동물들과 마찬가지로, 우리는 무엇이 미래에 보상을 가져오고 무엇이 그렇지 않은지 무작위로 발견하리라는 희망을 품고 마냥 돌아다닐 수는 없다. 오히려 뇌의 핵심 임무는 예측이다. 예측을 잘 하려면, 모든 경험을 토대로 끊임없이 세계에 대해서 배울 필요가 있다. 앞서 언급한 예에서, 나는 과거 경험에 기초하여 선택지 각각에 가치를 부여한다. 할리우드 영화들에 빗대어 말하면, 우리는 상상 속의 미래가 얼마나 큰 가치를 가질지 알아보려고 그 미래로 시간 여행을 떠난다. 이것이 내가 가능한 미래들을 비교하고 선택하는 방식이다. 이것이 내가 경쟁하는 선택지들을 미래의 (공통 통화로 따진) 보상으로 변환하는 방식이다.

각각의 선택지에 대해서 내가 예측한 보상을 그 선택지의 결과물이 얼마나 좋을지에 대한 내적인 평가로 볼 수 있다. 식료품 구입은 나에게 먹을거리를 제공할 것이므로, 이 선택지의 가치는 보상 단위로 따져서 이를테면 10이라고 해보자. 연구비 신청서 작성은 어렵지만 나의 경력에 필수적이므로 25 보상 단위의 가치가 있다. 나는 아들과 시간을 보내는 것을 매우 좋아하므로 공원에 가는 것은 50 보상 단위의 가치가 있다.

하지만 이 대목에서 흥미로운 비틀림이 일어난다. 세계는 복잡하기 때문에, 우리의 내적인 평가는 결코 영구적으로 확정되지 않는다. 주변의 모든 것에 대한 당신의 가치 평가는 가변적이다. 왜냐하면 우리의 예측과 실제 사건이 일치하지 않는 일이 무척 흔하기 때문이다. 효과적인 학습의 열쇠는 그런 예측 오류(한 선택의 예측된 결과와 실제로 발생한 결과 사이의 차이)를 추적하는 것에 있다.

나의 뇌는 공원에서 놀기가 얼마나 큰 보상을 가져올지 예측한다. 만일 나와 아들이 공원에서 우연히 친구들을 만나서 내가 생각한 것보다 더 즐거운 시간을 보낸다면, 다음번에 유사한 결정을 내릴 때 이 선택지에 대한 평가 값은 올라갈 것이다. 반대로 공원에 갔는데 그네는 망가져 있고 비만 추적추적 내린다면, 다음번에 나의 평가 값은 내려갈 것이다.

이런 평가 값 조정은 어떻게 일어날까? 뇌 속에는 아주 작고 오래된 시스템 하나가 있다. 그것의 임무는 세계에 대한 당신의 평가 값들을 끊임없이 갱신하는 것이다. 이 시스템은 당

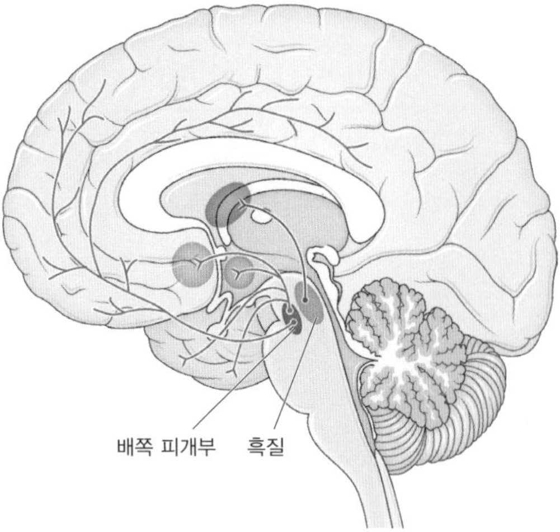

의사결정에 관여하는 도파민 방출 뉴런들은 뇌의 아주 작은 구역들에 모여 있다. 그 구역들의 명칭은 '배쪽 피개부ventral tegmental area'와 '흑질substantia nigra'이다. 크기가 작음에도 불구하고 이 구역들은 광범위한 연결선들을 지녔으며, 선택의 가치에 대한 예측 값이 너무 높거나 낮은 것으로 드러나면 그 사실을 널리 알려 예측 값을 갱신한다.

신의 중간뇌midbrain에 있는 아주 작은 세포 집단들로 이루어졌다. 그 세포들은 '도파민'이라는 신경전달물질을 통해서 다른 세포들에 정보를 전달한다.

당신의 예측과 실재 사이에 불일치가 있으면, 이 중간뇌 도파민 시스템은 신호를 퍼뜨려 평가 값을 재설정한다. 이 신호는 실제 결과가 예상보다 더 좋은지(도파민 분출량 증가) 아니면 더 나쁜지(도파민 감소) 뇌의 나머지 부분에 알려준다. 이런 예측 오류 신호 덕분에 뇌의 나머지 부분은 다음번에는 실재와 더 잘 일치하도록 예측을 조정할 수 있다. 이처럼 도파민은 오류 수정자 구실을 한다. 다시 말해, 도파민은 당신의 평가 값들을 최대한 최신화하는 일을 항상 수행하는 화학적 감정평가사인 셈이다. 이런 식으로 당신은 미래에 관한 최적의 예측에 기초하여 당신의 선택지들에 우선순위를 매길 수 있다.

기본적으로 뇌는 예상 밖의 결과들을 감지하도록 설계되어 있다. 이 민감성은 동물의 적응 및 학습 능력의 핵심에 놓여 있다. 따라서 경험을 통한 학습에 관여하는 뇌 구조물들이 종의 차이를 막론하고 꿀벌부터 인간까지 한결같다는 것은 놀라운 사실이 아니다. 이 일관성은 뇌가 보상에 기초한 학습의 기본 원리들을 오래전에 발견했음을 시사한다.

지금의 힘

지금까지 우리는 다양한 선택지들에 가치가 매겨지는 방식을 살펴보았다. 하지만 결정 과정에 흔히 끼어들어 좋은 결정을 방해하는 왜곡 요인이 하나 있다. 즉, 당장 우리 앞에 놓인 선택지는 우리가 그저 시뮬레이션하는 선택지보다 더 높게 평가되는 경향이 있다. 미래에 관한 결정을 오류로 이끄는 범인은 다름 아니라 현재다.

2008년, 미국 경제는 급격한 침체에 빠졌다. 문제의 핵심은 주택 소유자 대다수가 너무 많은 빚을 졌다는 단순한 사실이었다. 그들은 몇 년 동안 이자율이 놀랄 만큼 낮은 대출을 받아왔다. 문제는 그 시험적인 기간이 끝나고 이자율이 상승하면서 불거졌다. 이자율이 높아지자 대부분의 주택 소유자들은 자신이 이자를 지불할 형편이 아님을 발견했다. 거의 100만 채의 주택이 압류되었고, 그 여파는 전 세계 경제에 충격을 주었다.

이 재앙은 뇌 속에서 경쟁하는 연결망들과 무슨 관련이 있을까? 비우량주택담보대출subprime mortgage loan 덕분에 사람들은 고액의 이자 부담을 뒤로 미루고 지금 당장 멋진 집을 살 수 있었다. 그런 식으로 그 대출 상품은 즉각적 만족을 욕망하는 뉴런 연결망들을 완벽하게 매혹했다. 무언가를 당장 누리고 싶어 하는 연결망들을 말이다. 즉각적 만족의 유혹은 의사결정에 지대한 영향을 미치므로, 그 주택 거품은 단지 경제현상으로만이 아니라 신경학적 현상으로도 간주될 수 있다.

당연한 말이지만, 빚을 낸 사람들만 지금의 매력에 사로잡힌 것은 아니다. 상환되지 않을 대출을 제공하면서 당장은 부를 축적하던 금융업체들도 마찬가지였다. 금융업체들은 대출 채권들을 재조합하여 판매했다. 그것은 비윤리적인 행동이었지만, 수많은 사람들이 유혹에 넘어갔다.

이처럼 지금과 미래가 맞붙는 싸움은 주택 거품에만 국한되지 않고 우리 삶의 모든 측면에서 일어난다. 그 싸움은 자동차 판매원이 당신에게 시승을 권하는 이유, 옷가게 점원이 옷을 입어보라고 권하는 이유, 상인이 소비자에게 상품을 만져보라고 권하는 이유이기도 하다. 당신의 정신적 시뮬레이션은 지금 여기에서 당장 하는 경험을 따라갈 수 없다.

뇌의 입장에서 미래는 언제나 현재의 희미한 그림자일 수밖에 없다. 지금의 힘은 사람들이 당장 좋다고 느끼는 결정을 내리고 미래에 형편없는 결과에 도달하는 이유를 설명해준다. 술이나 약물을 남용하는 사람들은 그러면 안 된다는 것을 알면서도 그렇게 한다. 일부 운동선수들은 수명이 몇 년 짧아질 위험이 있는데도 아나볼릭 스테로이드(근육증강제의 한 종류—옮긴이)를 사용한다. 일부 사람들은 결혼한 뒤에도 연애의 유혹에 넘어간다.

지금의 유혹에 맞서서 우리가 무언가 할 수 있을까? 그렇다. 뇌 속에서 여러 시스템이 경쟁하는 덕분에, 우리가 할 수 있는 것이 있다. 한번 생각해보자. 규칙적으로 체육관에 가는 것과 같은 일들이 어렵다는 것을 우리는 누구나 안다. 우리는 멋진 몸매를 가지고 싶지만, 일반적으로 당장 우리 앞에는 더 즐거울 성싶은 다른 활동이 있다. 우리가 지금 하는 활동의 매력은 미래의 몸매라는 추상적 개념의 매력보다 더 강하다. 그러므로 해결책은 다음과 같다. 확실히 체육관으로 향하기 위해서, 당신은 3000년 전에 살았던 한 사람으로부터 영감을 얻을 수 있다.

지금의 힘을 극복하기: 오디세우스 계약

그 사람은 체육관 시나리오와 유사하면서 더 극단적인 상황에 처했다. 그는 무언가를 하고 싶었지만 실제로 그렇게 하면 자신이 유혹을 이겨내지 못하리라는 것을 알았다. 그에게 중요한 것은 몸매 향상이 아니었다. 넋을 잃게 만드는 처녀들로부터 자신의 목숨을 구하는 것이 그가 당면한 과제였다.

그 사람, 전설의 영웅 오디세우스는 트로이전쟁에서 승리하고 귀향하는 중이었다. 긴 여로의 어느 지점에서 그는 자신의 배가 아름다운 세이렌들이 사는 섬을 곧 지난다는 것을 알게 되었다. 세이렌들은 너무나 감미로운 노래를 불러 뱃사람들의 넋을 빼놓고 황홀경에 빠지게 하는 것으로 유명했다. 문제는 뱃사람들이 세이렌의 유혹을 이겨내지 못하고 다가가다가 바위에 부딪혀 난파를 당하곤 한다는 점이었다.

오디세우스는 그 전설적인 노래를 간절히 듣고 싶었다. 그러나 그는 자신과 선원들을 죽음으로 몰아넣고 싶지는 않았다. 그리하여 그는 계획을 꾸몄다. 자신이 그 노래를 들으면 섬의 바위들 쪽으로 배를 몰 수밖에 없을 것임을 그는 알았다. 문제는 현재의 합리적인 오디세우스가 아니라 미래의 비합리적인 오디세우스였다. 세이렌들의 노래가 들려오기 시작하면, 그는 비합리적인 오디세우스가 될 터였다. 그는 부하들에게 자신을 돛대에 단단히 묶으라고 명령했다. 또한 부하들은 세이렌들의 노래가 들리지 않게 귀를 막은 채, 오디세우스의 애원과 울부짖음과 몸부림을 깡그리 무시하고 노를 저어야 한다고 엄히 명령했다. 오디세우스는 미래의 자신이 좋은 결정을 내릴 수 있는 상태가 아닐 것임을 알았다. 따라서 정신이 멀쩡한 오디세우스가 미리 계획을 짜서 미래의 자신이 그릇된 행동을 할 수 없게 만든 것이다. 이렇게 현재의 자아와 미래의 자아가 일종의 합의를 하는 것을 일컬어 '오디세우스 계약'이라고 한다.

체육관에 가는 예에서 나의 간단한 오디세우스 계약은 미리 친구와 체육관에서 만나기로 약속하는 것이다. 사회적 계약을 지켜야 한다는 압력을 자청하는 것은 나를 돛대에 묶는 것과 같다. 마음먹고 둘러보면, 당신 주변의 모든 곳에서 오디세우스 계약을 보게 될 것이다. 기말고사 기간에 페이스북에 접속하지 않으려고 비밀번호를 바꾸는 대학생들을 보라. 학생 각각이 다른 학생의 비밀번호를 바꿔서 기말고사가 끝날 때까지 아무도 접속할 수 없게 만든다. 알코올중독자를 위한 재활 프로그램의 첫 단계는 집 안에 있는 알코올을 모두 없애는 것이다. 환자가 의기소침할 때 알코올의 유혹에 직면하지 않게 하기 위해서다. 비만 문제를 가진 일부 사람들은 위의 용량을 줄이는 수술을 받는다. 과식을 물리적으로 불가능하게 만들기 위해서다. 오디세우스 계약의 한 변형을 채택하는 사람들은 자신이 약속을 어기면 자신의 돈이 자신의 신념에 반하는 단체에 기부되도록 만든다. 예컨대 평등한 권리를 위해 평생 투쟁한 한 여성은 '큐클럭스클랜Ku Klux Klan'(흔히 KKK로 불리는 인종차별주의 단체 ―옮긴이)을 수령자로 하는 거액의 수표를 작성하여 친구에게 맡기면서 만일 자신이 또 다시 담배를 피우면 그 수표를 발송하라고 엄중하게 지시했다.

이 모든 사례에서 사람들은 미래의 자신이 그릇된 행동을 하지 못하도록 지금 조치를 취한다. 우리 자신을 돛대에 묶어놓음으로써 우리는 지금의 유혹을 이겨낸다. 이것은 우리가 스스로 되고자 하는 우리 자신에 더 가깝게 행동할 수 있게 해주는 묘수다. 오디세우스 계약의 핵심 전제는 우리가 맥락에 따라 다른 사람이 된다는 것이다. 더 나은 결정을 하려면, 당신 자신을 아는 것뿐 아니라 다양한 당신 자신들을 모두 아는 것이 중요하다.

보이지 않는 결정 메커니즘들

당신 자신을 아는 것은 싸움의 한 부분에 불과하다. 당신은 싸움의 결과가 매번 똑같지 않으리라는 것도 알아야 한다. 오디세우스 계약을 맺지 않더라도, 체육관에 가려는 당신의 의욕은 때로는 평소보다 더 왕성하고 때로는 더 시들할 것이다. 때때로 당신은 좋은 결정을 내리는 능력을 더 잘 발휘한다. 반대로 당신의 뉴런 의회에서 나중에 당신이 후회할 표결 결과가 나올 때도 있다. 왜 그럴까? 그 결과가 당신의 몸 상태나 매시간 변화할 수 있는 여러 상황과 관련이 있는 수많은 가변적 요인들에 의존하기 때문이다. 예를 들어보자. 징역형을 받은 두 사람이 가석방심의위원회에 출석할 예정이다. 한 수감자는 오전 11시 27분에 출석한다. 그의 죄는 사기이며 형량은 30개월이다. 또 다른 수감자는 오후 1시 15분에 출석한다. 그도 사기죄로 동일한 형량을 선고받고 복역 중이다.

첫째 수감자는 가석방되지 않는다. 둘째 수감자는 가석방된다. 이유가 무엇일까? 무엇이 이 결정에 영향을 미쳤을까? 인종? 외모? 나이?

2011년에 이루어진 한 연구는 가석방 조치 1000건을 분석한 끝에 방금 언급한 요인들은 중요하지 않을 개연성이 높음을 발견했다. 대체로 배고픔이 중요했다. 심의위원들이 점심을 먹고 휴식을 취한 직후에는, 수감자가 가석방 결정을 받을 확률이 65퍼센트로 최고치에 이르렀다. 반대로 심의위원회가 끝날 무렵에는, 가석방 결정이 나올 확률이 겨우 20퍼센트로 최저치를 기록했다.

바꿔 말해, 다른 욕구들의 중요성이 상승함에 따라서 선택지들의 우선순위가 재조정된 것이다. 상황이 바뀌면, 평가가 바뀐다. 수감자의 운명이 가석방심사위원의 뉴런 연결망들과 얽혀 있다는 것은 엄연한 사실이다. 그리고 그 연결망들은 생물학적 욕구들에 맞게 작동한다.

일부 생리학자들은 이 현상을 '자아 고갈ego-depletion'이라고 부른다. 고갈이라 함은, 집행과 계획을 담당하는 상위higher-level 인지 구역들(예컨대 앞이마엽 피질)이 지쳤다는 뜻이다. 의지력은 제한된 자원이다. 연료통의 연료와 마찬가지로 의지력도 바닥

의지력은 한정된 자원이다

우리는 마땅히 내려야 한다고 느끼는 결정을 내리도록 우리 자신을 구슬리는 일에 많은 에너지를 소모한다. 올바른 길을 고수하기 위해서 우리는 흔히 의지력에 기댄다. 의지력이란 당신이 쿠키를(적어도 두 번째 쿠키를) 사양할 수 있게 해주는, 또는 밖으로 나가 햇볕을 쬐고 싶은 마음이 굴뚝같은데도 마감 기한을 맞출 수 있게 해주는 내적인 힘을 말한다. 의지력이 고갈될 때 어떤 기분이 드는지 우리는 누구나 안다. 길고 고된 일과를 마치고 나면 사람들은 흔히 부적절한 결정을 내린다. 예컨대 의도했던 것보다 더 푸짐한 식사를 하거나 다음 마감 기한을 대비하는 대신에 텔레비전을 본다.

심리학자 로이 바우마이스터Roy Baumeister와 동료들은 이 현상을 더 꼼꼼히 탐구했다. 연구진은 피험자들에게 슬픈 영화를 보여주었다. 그들 중 절반은 평소처럼 반응하라는 지시를 받았고, 나머지 절반은 감정을 억누르라는 지시를 받았다. 영화 감상이 끝난 후, 연구진은 피험자들에게 악력운동기를 지급하고 최대한 오랫동안 그것을 움켜쥐고 버티라고 요청했다. 그러자 감정을 억눌렀던 피험자들이 더 먼저 포기했다. 왜 그럴까? 그들은 자제력을 발휘하기 위해 에너지를 소비했기 때문이다. 자제력을 발휘한 뒤에 우리가 사용할 수 있는 에너지는 더 적기 마련이다. 유혹에 저항하기, 어려운 결정을 내리기, 앞장서기에 필요한 에너지는 모두 동일한 원천에서 나오는 듯하다. 요컨대 의지력은 훈련되기만 하는 것이 아니라 고갈되기도 하는 힘이다.

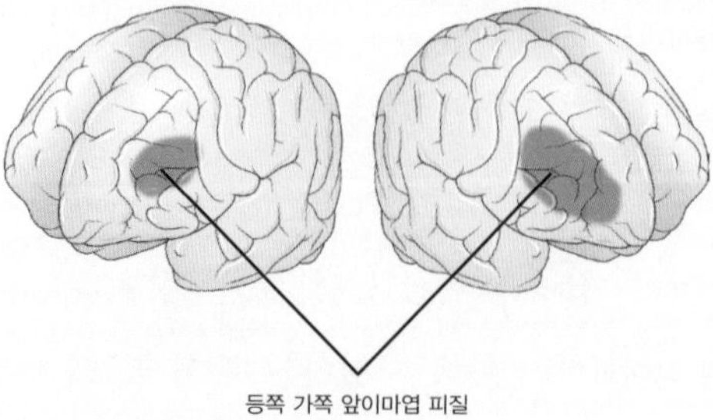

다이어트 중인 사람이 건강에 더 이로운 음식을 선택할 때, 또는 사람들이 미래의 큰 보상을 위해 현재의 작은 보상을 포기할 때, 등쪽 가쪽 앞이마엽 피질이 활성화된다.

난다. 가석방심의위원회의 사례에서, 위원들이 내려야 하는 결정들이 많을수록(1회기에 최대 35건), 위원들의 뇌는 더 심한 에너지 고갈 상태에 이른다. 그러나 샌드위치와 과일 등을 먹고 나면, 위원들의 에너지는 회복되고, 다른 욕망들이 심사 결정에서 더 큰 힘을 발휘하게 된다.

전통적으로 우리는 인간을 합리적 결정자로 여긴다. 인간은 정보를 흡수하여 처리하고 최적의 대답이나 해결책에 도달한다고 말이다. 그러나 실제 인간은 그런 식으로 작동하지 않는다. 심지어 편향에서 벗어나려 애쓰는 가석방심사위원들도 각자의 생물학적 욕구에 매여 있다.

우리가 연애 상대에게 어떻게 행동할지에 관한 결정도 생물학의 영향을 받는다. 일부일처제의 선택을 생각해보자. 단 한 명의 배우자와 결합하여 그 결합을 유지하기로 결정하는 것 말이다. 이것은 당신의 문화, 가치관, 도덕과 관련이 있는 결정처럼 보일 것이다. 물론 옳은 생각이지만, 더 심층적인 힘이 당신의 결정에 영향을 미친다. 그 힘은 당신의 호르몬들이다. 특히 '옥시토신oxytocin'이라는 호르몬은 결합의 마법을 일으키는 핵심 성분이다. 최근에 어느 실험에서, 여성 파트너와 사랑에 빠진 남성 피험자들은 소량의 옥시토신을 추가로 투여받았다. 그런 다음에 그들은 다양한 여성들의 매력을 점수로 평가하라는 요청을 받았다. 옥시토신을 추가로 투여받은 남성들은 자신의 파트너에게 더 높은 점수를 주었다. 그러나 다른 여성들에게는 그렇게 하지 않았다. 심지어 그 남성들은 실험에 참여한 매력적인 여성 연구원으로부터 약간 더 떨어진 거리를 유지했다. 옥시토신이 그들과 파트너들 사이의 결합을 강화한 것이다. 우리를 결합으로 이끄는 옥시토신 같은 화학물질들을 우리가 가지고 있는 이유는 무엇일까? 진화의 관점에서 보면, 수컷의 생물학적 임무가 자신의 유전자를 최대한 널리 퍼뜨리는 것이라면, 수컷은 일부일처제를 원하지 않아야 마땅하다는 생각이 들법하지 않은가. 그러나 자식들의 생존을 위해서는 곁에 한 부모가 아니라 두 부모가 있는 편이 더 유리하다. 이 단순한 사실이 워낙 중요하기 때문에, 뇌는 배우자에 관한 당신의 결정에 은밀히 영향을 미치는 방법들을 보유하고 있는 것이다.

의사결정과 사회

의사결정을 더 잘 이해하면, 더 나은 사회 정책을 세울 길이 열린다. 예컨대 우리 각자는 나름의 방식으로 충동을 조절하려고 애쓴다. 극단적인 경우에 우리는 즉각적이며 충동적인 갈망의 노예가 되기도 한다. 이런 사실들을 염두에 두면, '마약과의 전쟁'을 비롯한 사회적 노력들을 더 섬세하게 이해할 수 있다.

오래된 사회 문제인 마약 중독은 범죄, 생산성 감소, 정신질환, 질병의 전염을 가져온다. 최근에는 마약 중독 때문에 수감자 수가 급증하는 현상마저 나타난다. 수감자 10명 중 거의 7명이 약물 남용이나 의존을 진단하는 기준들에 부합한다. 한 조사에 따르면, 유죄 판결을 받은 수감자의 35.6퍼센트는 범죄 당시에 마약에 취한 상태였다. 마약 남용으로 인한 사회적 비용은 수백억 달러에 이르며, 그 대부분은 마약 관련 범죄에서 비롯된다.

대다수 국가들은 마약 중독에 대처하기 위해 마약 사용을 법으로 금지한다. 몇 십 년 전에 마약 관련 범죄로 수감된 미국인은 3만 8000명이었다. 오늘날, 그 숫자는 50만 명에 달한다. 얼핏 보면 마약과의 전쟁이 순조롭게 진행되는 것 같지만, 이런 대량 검거에도 마약 거래는 줄어들지 않았다. 가장 큰 이유는, 철창에 갇힌 사람들이 마약 조직의 우두머리나 마피아 거물, 또는 주요 판매자가 아니라는 사실에 있다. 오히려 수감자들은 대개 2그램도 안 되는 소량의 마약을 소지한 죄로 검거되었다. 그들은 소비자, 곧 마약 중독자다. 감옥행은 그들의 문제를 해결하지 못한다. 오히려 대개의 경우 그 문제를 악화한다.

미국의 마약 관련 수감자들은 유럽연합의 전체 수감자들보다 더 많다. 문제는 투옥이 재범과 재투옥으로 이어지는 값비싼 악순환을 유발한다는 점이다. 투옥은 사람들의 기존 사회 관계와 취업 기회를 망치면서 새로운 사회 관계와 취업 기회를 제공한다. 이 급격한 변화는 대개 사람들의 마약 중독을 심화한다.

미국은 매년 200억 달러를 마약과의 전쟁에 쏟아붓는다. 전 세계가 투여하는 금액은 1000억 달러가 넘는다. 그러나 이 투자는 효과를 내지 못했다. 마약과의 전쟁이 시작된 이후, 마약 사용은 증가했다. 그 많은 비용을 들이고도 왜 성공하지 못한 것일까? 마약 공급을 억제하려 할 때 난점은, 마약 공급이 물풍선과 같다는 점이다. 당신이 한 곳을 누르면, 다른 곳이 부풀어 오른다. 공급을 억제할 것이 아니라 수요를 조절하는 것이 더 나은 전략이다. 그리고 마약 수요는 중독자의 뇌에서 발생한다. 어떤 이들은 마약 중독의 바탕에 빈곤과 또래압력이 있다고 주장한다. 실제로 이것들도 어느 정도 역할을 하지만, 문제의 핵심은 뇌의 생물학이다. 여러 실험에서 드러났듯이, 쥐들은 스스로 자신에게 마약을 공급하기 위해 먹을거리와 마실거리를 포기하면서까지 끊임없이 마약 공급 지렛대를 건드린다. 녀석들은 재정 상태나 사회적 강요 때문에 그렇게 하는 것이 아니다. 마약이 녀석들의 뇌 속 보상 회로를 활성화하기 때문에 그렇게 하는 것이다. 사실상 마약은 뇌에게 이 결정이 다른 모든 결정보다 더 낫다고 말한다. 다른 뇌 연결망들이 싸움에 끼어들어 마약에 저항해야 할 온갖 이유를 댈 수도 있을 것이다. 그러나 중독자의 뇌에서는 마약을 갈망하는 연결망이 승리한다. 마약 중독자의 다수는 마약을 끊고 싶지만 끊지 못한다. 그들은 결국 충동의 노예로 전락한다.

마약 중독 문제의 발원지가 뇌이므로, 그 해법도 뇌에 있다는 것은 이치에 맞는 생각이다. 한 가지 접근법은 충동 통제를 강화하는 것이다. 이를 위해 처벌의 확실성과 신속성을 향상시킬 수 있다. 이를테면 마약 사용자들을 대상으로 매주 2회 약물 검사를 실시하여 적발될 경우 즉시 자동으로 투옥할 수 있을 것이다. 그렇게 하면 현재로부터 멀리 떨어진 추상적 동기에만 의존할 때보다 더 강하게 충동을 통제할 수 있을 것이다. 이와 유사한 관점에서 일부 경제학자들은 1990년대 초반 이래로 미국에서 범죄가 감소한 것은 부분적으로 거리에 경찰관이 증가했기 때문이라고 주장한다. 뇌의 관점에서 말하면, 경찰관의 모습은 장기적인 결과들을 중시하는 연결망들을 자극한다.

내 실험실에서는 효과가 있을 법한 또 다른 접근법을 연구하는 중이다. 우리는 코카인 중독자들의 뇌를 영상화하면서 실시간으로 그들에게 그 영상을 설명해준다. 중독자로 하여금 자신의 뇌 활동을 직접 보면서 그것을 조절하는 법을 학습하게 하는 것이다.

우리의 피험자들 중에서 카렌을 언급할까 한다. 그녀는 쾌활하고 지적이며 나이가 50세인데도 여전히 젊음의 에너지를 가지고 있다. 20여 년 전부터 크랙 코카인(담배처럼 불에 태워서 그 연기를 흡입함 — 옮긴이)에 중독된 그녀는 그 마약이 자신의 삶을 망쳐놓았다고 말한다. 당장 눈앞에 그 마약이 있으면, 그녀는 그것을 피우지 않을 도리가 없다고 느낀다. 내 실험실에서 진행 중인 실험들에서 우리는 카렌을 뇌 스캐너(기능성 자기공명영상기)에 집어넣는다. 그런 다음에 그녀에게 크랙 코카인의 사진들을 보여주면서 그 마약을 갈망하라고 요청한다. 이 요청에 응하는 것은 그녀에게 쉬운 일이다. 카렌이 크랙 코카인을 갈망하면, 뇌의 특정 구역들이 활성화된다. 우리는 그 구역들을 뭉뚱그려 '갈망 연결망'이라고 부른다. 이어서 우리는 그녀에게 그 갈망을 억제하라고 요청한다. 크랙 코카인 때문에 그녀가 입은 피해를 생각해보라고 요청한다. 금전적 피해, 사회적 피해, 직업에 미친 피해를 말이다. 그러면 다른 뇌 구역들이 활성화된다. 우리는 그 구역들을 '억제 연결망'이라고 부른다. 갈망 연결망과 억제 연결망은 항상 패권을 놓고 끝까지 싸운다. 임의의 순간에 어느 쪽이 이기느냐가 카렌이 크랙 코카인을 제공받았을 때 어떤 행동을 하느냐를 결정한다.

뇌 스캐너에 내장된 신속한 계산 기술들을 이용하여 우리는 어느 연결망이 우세한지 측정할 수 있다. 즉, 갈망 연결망의 단기적 생각이 우위를 점했는지, 아니면 충동 조절 연결망(억제 연결망)이 우위를 점했는지 알 수 있다. 우리는 카렌이 현재의 전황을 눈으로 보고 알 수 있도록 속도계의 바늘을 통해 실시간 정보를 제공한다. 그녀의 갈망이 우세하면, 속도계의 바늘은 빨간색 구역에 놓인다. 그녀가 성공적으로 갈망을 억제하면, 바늘은 파란색 구역으로 이동한다. 이어서 그녀는 서로 싸우는 그 연결망들의 균형에 영향을 미치는 다른 방법들을 시도해볼 수 있다.

훈련이 거듭되면 카렌은 바늘을 움직이려면 어떻게 해야 하

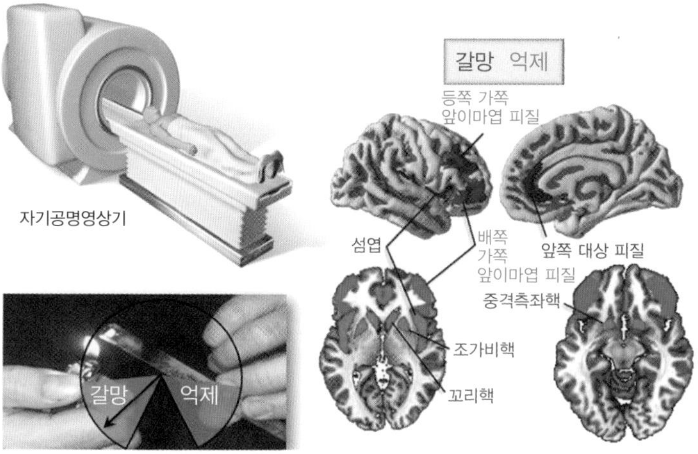

뇌 속의 일부 연결망들은 갈망을 담당하고(빨간색) 다른 연결망들은 충동 억제를 담당한다(파란색). 우리는 뇌 영상화 기술을 이용하여 그 두 연결망 집단의 활동을 측정하면서 피험자에게 그 연결망들이 얼마나 잘 싸우고 있는지에 관한 실시간 정보를 시각적 형태로 제공한다.

는지 더 잘 이해하게 된다. 그녀는 자신이 어떻게 바늘을 움직이는지 자각할 수도 있고 못할 수도 있다. 그러나 반복 훈련을 통해 그녀는 억제를 가능케 하는 뉴런 회로를 강화할 수 있다. 이 기술은 아직 걸음마 단계이지만, 우리는 그녀가 다음번에 크랙 코카인을 제공받았을 때 인지적 수단들을 활용하여 스스로 바라는 대로 즉각적 갈망을 극복하게 되기를 희망한다. 이 훈련은 카렌에게 어떤 특정한 행동도 강제하지 않는다. 단지 충동의 노예가 되지 않고 자신의 선택을 더 잘 통제하기 위한 인지적 수단들을 제공할 뿐이다.

마약 중독은 수백만 명이 당면한 문제다. 그러나 감옥은 그 문제를 해결할 장소가 아니다. 인간의 뇌가 실제로 어떻게 결정을 내리는지에 대한 지식을 갖추었으므로 우리는 처벌을 넘어서 새로운 접근법들을 개발할 수 있다. 뇌의 작동을 더 잘 이해하면, 우리의 행동과 최선의 의도를 더 잘 조화시킬 수 있다.

더 일반적으로 의사결정에 관한 지식은 더 인간적이고 효율적인 정책의 도입을 유도함으로써 마약 중독을 넘어서 사법 시스템 전반의 개선에 기여할 수 있다. 그런 정책은 어떤 모습일까? 출발점은 대량 수감보다 재활을 강조하는 것일 터이다. 환상처럼 들릴지도 모르지만, 실제로 그런 접근법으로 큰 성공을 거둔 선구적인 기관들이 있다. 예컨대 위스콘신 주 매디슨 소재 멘도타 청소년 치료 센터Mendota Juvenile Treatment Center가 그런 곳이다. 이곳에 수용된 12세에서 17세 청소년들 중 다수가 종신형을 받을 만한 범죄를 저질렀다. 하지만 그런 범죄는 이곳에 입소할 자격 요건이다. 많은 청소년들에게 이 기관은 마지막 기회다. 멘도타 프로그램은 시스템이 포기한 청소년들과 함께 살아갈 새로운 접근법을 마련하기 위해 1990년대 초반에 시작되었다. 이 프로그램은 아직 발달 중인 청소년들의 뇌에 특별한 관심을 기울인다. 1장에서 보았듯이, 앞이마엽 피질이 완전히 발달하지 않은 상태에서는, 미래의 귀결들을 딱히 숙고하지 않고 충동적으로 결정을 내리는 경우가 흔히 발생한다. 이 사실은 멘도타 센터에서 재활을 위한 접근법의 실마리다. 청소년들의 자제력 향상을 돕기 위하여 멘도타 프로그램은 체계적인 멘토링mentoring, 상담, 보상을 제공한다. 중요한 기법 하나는, 행동을 멈추고 자신의 선택이 미래에 가져올 법한 결과를 숙고하도록 청소년들을 훈련시키는 것이다. 즉, 미래에 일어날 법한 일을 시뮬레이션하도록 유도하는 것이다. 이 훈련은 즉각적 충동 만족을 차단할 수 있는 뉴런 연결들을 강화한다.

빈약한 충동 통제력은 수감된 범죄자들의 다수가 공유한 특징이다. 범죄를 저지르는 사람들은 대개 옳은 행동과 그른 행동을 구분할 줄 알뿐더러 처벌의 위협도 이해한다. 그러나 빈약한 충동 통제력이 그들의 발목을 잡는다. 값비싼 지갑을 손에 쥔 중년 여성이 보이면, 그들은 그 기회를 이용하는 것 외에 다른 선택지들을 숙고하기 위해서 행동을 멈추지 않는다. 현재의 유혹이 미래에 대한 숙고를 차단하는 것이다.

현재의 처벌 방식이 개인의 자유의지와 책임을 기반으로 삼는 반면, 멘도타 프로그램은 대안들을 실험한다. 현재의 사회들은 뿌리 깊은 처벌 충동을 지녔지만, 다른 유형의 사법 시스템(의사결정의 신경과학과 더 밀접하게 연관된 사법 시스템)을 상상할 수 있다. 그런 시스템은 곤경에 처한 사람을 구해주기까지는 못하더라도 범법자들을 그들의 과거 때문에 내치는 대신에 그들의 미래를 고려하면서 어떻게 처분할지에 더 많은 관심을 기울일 것이다. 사회계약을 어기는 사람은 사회의 안전을 위해 퇴출시킬 필요가 있다. 그러나 감옥에서의 처분이 반드시 범법자의 범죄 충동만을 기초로 삼아야 하는 것은 아니다. 오히려 과학적 증거에 기초한, 유의미한 재활도 그 처분의 기초로 삼아야 한다.

의사결정은 모든 것의 핵심이다. 우리가 누구인지, 우리가 무엇을 하는지, 우리가 주위 세계를 어떻게 지각하는지의 핵심에 의사결정이 놓여 있다. 선택지들을 평가하는 능력이 없으면, 우리는 가장 기본적인 욕망들의 인질로 전락할 것이다. 우리는 지혜롭게 현재를 지휘하거나 미래를 계획하지 못할 것이다. 당신은 물론 단일한 정체성을 지녔지만, 당신의 정신은 단일하지 않다. 오히려 당신은 경쟁하는 많은 욕망들의 집합이다. 뇌 속에서 선택지들이 어떻게 싸우는지 이해함으로써 우리는 우리 자신과 사회를 위해 더 나은 결정을 내리는 법을 배울 수 있다.

THE BRAIN 5

나는 네가 필요할까?

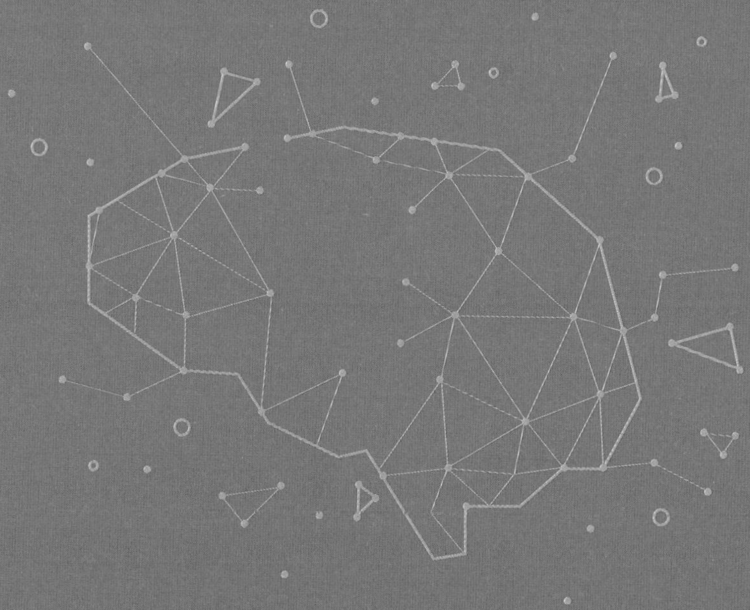

당신의 뇌가 정상으로 작동하려면
무엇이 필요할까? 당신이 먹는 식품에서 유래한
영양분 말고도, 당신이 들이쉬는 산소 말고도,
당신이 마시는 물 말고도, 이것들에 못지않게
중요한 무언가가 있다. 그것은 타인들이다.
정상적인 뇌 기능은 우리 주위의 사회적
연결망에 의존한다. 우리의 뉴런이 생존하고
번성하려면 타인들의 뉴런이 필요하다.

우리 각자의 절반은 타인들이다

현재 지구 상에서 돌아다니는 인간 뇌는 70억 개가 넘는다. 우리는 대개 자신이 독립적이라고 느끼지만, 우리의 뇌 각각은 뇌들 간 상호작용의 풍부한 연결망 안에서 작동한다. 이런 연결망 의존성이 충분히 강하기 때문에, 인류의 성취들을 단일하며 가변적인 거대 유기체의 업적으로 간주하는 것도 일리가 있다.

전통적으로 뇌 연구는 고립된 뇌를 대상으로 삼아왔다. 그러나 이 접근법은 엄청나게 많은 뇌 회로들이 다른 뇌들과 관련이 있다는 사실을 간과한다. 우리는 깊은 수준에서 사회적 동물이다. 사회는 우리의 가족들, 친구들, 동료들, 거래 상대들이 중첩되어 이룬 복잡한 상호작용으로 구성된다. 주위의 모든 곳에서 우리는 관계의 형성과 결렬, 친밀한 유대, 강박적인 사회 연결망 형성, 충동적인 동맹을 본다. 이 모든 사회적 결합을 위한 접착제는 뇌 속의 특별한 연결망들에서 생산된다. 어지럽게 퍼져 있는 그 연결망들은 타인들을 주시하고, 타인들과 소통하고, 타인들의 고통을 느끼고, 타인들의 의도를 파악하고, 타인들의 감정을 읽어낸다. 우리의 사회생활 솜씨는 뉴런 회로 속에 깊이 뿌리내려 있다. 그 회로를 이해하는 일은 사회신경과학social neuroscience이라는 신생 분야의 기초다.

잠시 마음을 가다듬고 다음 대상들이 서로 얼마나 다른지 생각해보라. 토끼, 열차, 괴물, 비행기, 아동용 장난감. 이 대상들은 정말 다양하지만 모두 인기 애니메이션의 주인공일 수 있다. 우리는 아무 어려움 없이 이것들을 의도를 가진 존재로 여긴다. 몇 개 안 되는 단서만 주어지면 관객의 뇌는 이 주인공들을 우리와 유사한 존재로 간주한다. 그래서 우리는 그들의 모험을 보며 울고 웃을 수 있다.

이렇게 인간이 아닌 캐릭터에 의도를 부여하는 성향을 연구하기 위해 심리학자 프리츠 하이더Fritz Heider와 매리언 짐멜Marianne Simmel은 1944년에 짧은 영화 한 편을 제작했다. 단순한 도형 두 개(삼각형과 원)가 만나서 함께 원을 그리며 돈다. 잠시 후, 더 큰 삼각형 하나가 몰래 등장한다. 그 삼각형이 작은 삼각형을 밀쳐낸다. 원은 천천히 물러나 사각형 구조물 속으로 들어가서 문을 닫는다. 그러는 사이에 큰 삼각형은 작은 삼각형을 멀리까지 추격한다. 이어서 큰 삼각형은 사각형 구조물의 문에 위협적으로 다가간다. 그 삼각형은 우격다짐으로 문을 열고 안으로 들어가고, 원은 필사적으로 다른 탈출구를 찾지만 소용이 없다. 상황이 최악으로 치닫는 바로 그 순간, 작은 삼각형이 돌아온다. 그가 문을 열고, 원은 황급히 뛰어나와 그와 만난다. 둘은 문을 잠가 큰 삼각형을 가둔다. 감금된 큰 삼각형은 사각형 구조물의 벽을 들이받는다. 밖에서는 작은 삼각형과 원이 함께 빙글빙글 돈다.

사람들에게 이 영화를 보여주고 무엇을 보았느냐고 물으면 사람들은 움직이는 도형들에 이야기를 부여하는 성향을 억누르지 못한다.

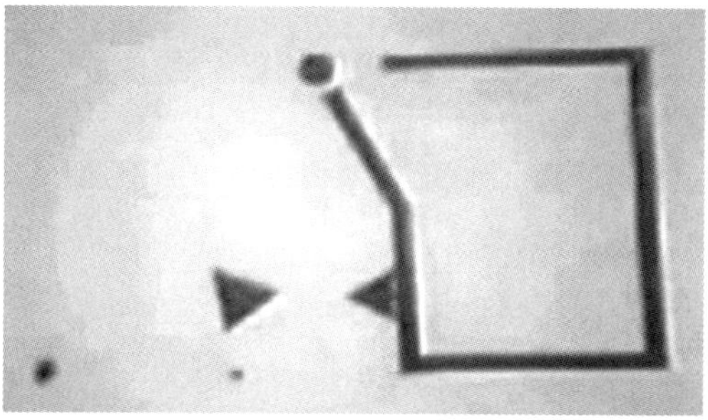

어떻게 대답할까? 그냥 단순한 도형들이 움직이는 것을 보았다는 대답을 예상할 수도 있을 것이다. 그도 그럴 것이, 영화 내내 원 하나와 삼각형 두 개가 이리저리 돌아다녔을 뿐이니까 말이다.

그러나 관객들은 그렇게 대답하지 않았다. 그들은 사랑, 싸움, 추격, 승리를 이야기했다. 하이더와 짐멜은 우리가 주위의 모든 것에서 얼마나 쉽게 사회적 의도를 지각하는지 보여주려고 이 애니메이션을 활용했다. 우리 눈에 포착되는 것은 도형들의 운동이지만, 우리는 의미와 동기와 감정을 — 하나의 사회적 이야기의 형태로 — 본다. 우리는 이야기를 부여하지 않을 수 없다. 까마득한 옛날부터 사람들은 새들의 싸움, 별들의 운동, 나무들의 흔들림을 보았고 그것들에 관한 이야기를 지었으며 그것들이 의도를 가졌다고 해석했다.

이런 유형의 이야기 짓기는 이상한 버릇에 불과하지 않다. 그 활동은 뇌 회로에 관한 중요한 단서다. 그 활동은 우리의 뇌가 사회적 상호작용을 얼마나 환영하는지 보여준다. 따지고 보면, 우리의 생존은 누가 친구이고 누가 적인지 신속하게 판단하는 것에 의존한다. 우리는 타인들의 의도를 판단함으로써 사회적 세계에서 길을 찾는다. 그 여자는 기꺼이 나를 도우려 하는가? 내가 그 남자에 대해서 걱정할 필요가 있나? 그들은 나에게 최대 이익을 안겨줄 길을 모색하고 있을까?

우리의 뇌는 끊임없이 사회적 판단을 한다. 그런데 우리는 이 솜씨를 인생 경험을 통해 학습했을까, 아니면 타고났을까? 답을 알아내기 위해서 아기들이 사회적 판단 솜씨를 지녔는지 연구할 수 있다. 예일 대학교의 심리학자들인 킬리 햄린Kiley Hamlin, 캐런 윈Karen Wynn, 폴 블룸Paul Bloom이 고안한 실험을 재현하기 위해서 나는 아기들에게 인형극을 보여주었다. 아기들은 차례로 한 명씩 혼자서 인형극을 보았다.

그 아기들은 나이가 만으로 한 살 미만으로 이제 막 주위 세계를 탐험하기 시작하는 단계에 있었다. 따라서 인생 경험이 많지 않았다. 아기들은 어머니의 무릎 위에 앉아서 인형극을 보았다. 막이 열리면, 오리 한 마리가 장난감 상자를 열려고 애쓴다. 오리는 뚜껑을 잡으려 하지만 꽉 움켜쥐지 못한다. 각각 다른 색깔의 셔츠를 입은 곰 두 마리가 그 모습을 지켜본다.

잠시 후, 곰 한 마리가 오리를 돕는다. 오리가 상자 모서리를 붙잡고 뚜껑을 힘껏 열게 해준다. 곰과 오리가 잠깐 포옹한다. 그러나 곧이어 뚜껑이 다시 닫힌다.

심지어 아기도 타자의 의도를 판단한다는 것을 인형극을 통해 확인할 수 있다.

이제 오리는 다시 뚜껑을 열려고 애쓴다. 지켜보던 다른 곰이 뚜껑 위에 올라앉아 오리를 방해한다.

여기까지가 인형극의 전부다. 간결하고 대사가 없는 이 인형극에서 곰 한 마리는 오리를 도왔고 다른 한 마리는 심술을 부렸다.

막이 닫혔다가 다시 열리면, 내가 곰 두 마리를 들고 아기에게 다가간다. 나는 곰들을 아기 앞에 내밀어 한 마리를 고르라는 신호를 보낸다. 놀랍게도 거의 모든 아기가 친절하게 행동한 곰을 고른다. 이것은 예일 대학교의 연구자들이 얻은 실험 결과와 같다. 내 실험에 참가한 아기들은 걷지도 말하지도 못했지만 타자들에 대해서 판단하는 능력을 이미 갖추고 있었다.

흔히 사람들은 우리가 타인의 신뢰성을 평가하는 법을 여러 해에 걸친 인생 경험에 기초하여 학습한다고 생각한다. 그러나 방금 언급한 것과 같은 단순한 실험들은 우리가 세상에서 길을

선택권을 주면,
아기들은 친절한
곰을 고른다.

찾는 데 필요한 사회적 안테나를 아기 때에도 이미 갖추고 있음을 보여준다. 뇌는 누가 신뢰할 만하고 누가 그렇지 않은지 탐지하는 본능을 타고난다.

우리 주위의 미묘한 신호들

성장 과정에서 우리가 직면하는 사회적 과제들은 점점 더 미묘하고 복잡해진다. 우리는 말과 행동뿐 아니라 말투, 표정, 몸짓을 해석해야 한다. 우리가 토론 주제에 의식적으로 주의를 집중하는 동안, 우리 뇌의 장치들은 복잡한 정보를 부지런히 처리한다. 이 작업은 매우 본능적이어서 사실상 의식에 포착되지 않는다.

많은 경우에 대상의 진가를 파악하는 최선의 방법은 그 대상

자폐증

자폐증은 전체 인구의 1퍼센트가 지닌 신경 발달 장애다. 유전적 원인과 환경적 원인이 둘 다 작용하여 자폐증을 일으킨다는 것이 밝혀졌지만, 최근 들어 자폐 장애인의 수가 증가한 것에 대해서는 과학적 증거를 갖춘 설명이 거의 또는 전혀 없다. 자폐 장애가 없는 사람들에서는 타인의 느낌과 생각에 관한 사회적 단서들을 탐색하는 일에 많은 뇌 구역들이 관여한다. 자폐 장애인에서는 이 뇌 활동이 비장애인에서만큼 강하게 관찰되지 않는다. 이와 더불어 자폐 장애인은 사회적 솜씨의 결핍을 나타낸다.

이 없으면 세상이 어떨지 생각해보는 것이다. 존 로빈슨이라는 남성에게 사회적 뇌의 정상 작동은 당연한 일이었다. 성장하는 동안 그는 그 작동을 아예 의식하지 않았다. 그는 다른 아이들에게 괴롭힘과 따돌림을 당했지만 자신이 기계를 좋아한다는 것을 발견했다. 본인의 말에 따르면, 그는 트랙터와 함께 시간을 보낼 수 있었고, 트랙터는 그를 놀리지 않았다. "나는 타인들과 친구가 되기 전에 기계들과 친구가 되는 법을 배운 것 같아요."라고 그는 말한다.

세월이 흐르자 존은 기술과 친한 덕분에 그를 따돌리던 아이들이 겨우 꿈만 꾸는 지위에 올랐다. 21세에 그는 이미 록밴드 '키스KISS'의 매니저였다. 그러나 전설적인 록 음악의 홍수 속에 잠겨 있을 때조차도 그의 모습은 다른 사람들과 달랐다. 사람들이 다양한 뮤지션들을 거론하면서 그들이 어떠하냐고 물으면, 존은 그들이 '선 콜리세움Sunn Coliseum' 베이스 앰프 일곱 개를 연결해놓고 연주했다고 설명하곤 했다. 그 베이스 시스템의 출력이 2200와트였다고 설명하면서, 앰프들의 개수를 꼽고 크로스오버 주파수가 얼마였다고 말할 수 있었다. 그러나 그 장치들을 통해 노래한 뮤지션들에 대해서는 한마디 말도 할 수 없었다. 그는 기술과 장치로 이루어진 세계에서 살았다. 존은 40세가 되어서야 자폐증의 일종인 아스퍼거 장애 진단을 받았다. 그후에 존의 삶을 바꿔놓은 사건이 일어났다. 2008년에 그는 하버드 의과대학에서 진행 중인 실험에 참가하라는 제안을 받았다. 알바로 파스쿠알-레오네 박사가 이끄는 연구 팀은 경두개 자기 자극술(TMS)을 이용하여 뇌의 한 구역의 활동이 다른 구역의 활동에 어떤 영향을 미치는지 연구하고 있었다. TMS 장치는 머리 근처에서 강한 자기장 펄스를 방출한다. 그 펄스는 뇌 속에서 약한 전류가 발생하게 만들어 국지적인 뇌 활동을 잠시 교란한다. 이 실험의 목적은 연구자들이 자폐 장애인의 뇌에 대해 더 잘 알도록 기여하는 것이었다. 연구 팀은 존의 뇌에서 상위 인지 기능을 담당하는 다양한 구역들을 TMS로 교란했다. 처음에 존은 그 자극이 아무 효과가 없다고 보고했다. 그러나 한 시도에서 연구진은 등쪽 가쪽 앞이마엽 피질에 TMS를 적용했다. 그곳은 최근에 진화한 뇌 구역으로 융통성 있는 생각과 추상화를 담당한다. 자극을 받은 존은 자신이 뭔가 달라졌다고 보고했다.

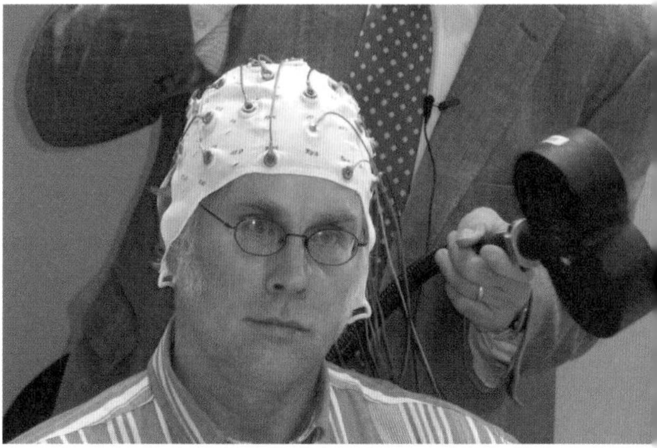

뇌파 측정용 모자를 쓴 존 로빈슨. TMS 코일을 머리 근처에 대기 직전이다.

존은 파스쿠알-레오네 박사에게 전화를 걸어 TMS가 그의 내면에서 무언가를 '해방'시킨 것 같다고 말했다. 그 효과는 실험이 끝난 뒤에도 지속되었다고 존은 보고했다. 존에게는 사회적 세계로 통하는 완전히 새로운 창이 열린 것과 같았다. 그는 타인들의 표정에서 배어나오는 메시지가 있다는 것을 전혀 알아채지 못했다. 그러나 그 실험에 참가한 후 그는 그 메시지를 알아차리게 되었다. 존의 세계 경험이 바뀐 것이다. 파스쿠알-레오네는 존의 보고가 미심쩍었다. 그 효과가 실제로 있더라도 오래 지속하지 않으리라고 생각했다. TMS의 효과는 일반적으로 몇 분에서 몇 시간만 유지되기 때문이었다. 파스쿠알 레오네는 여전히 존에게서 무슨 일이 일어난 것인지 완전히 이해하지 못하지만 이제는 그 자극이 존을 근본적으로 변화시킨 듯하다고 인정한다.

사회적 영역에서 존은 흑백 경험에서 총천연색 경험으로 이행했다. 이제 그는 과거에 전혀 감지하지 못했던 소통 통로를 안다. 존의 사연은 자폐 스펙트럼 장애의 새로운 치료법을 찾을 수 있다는 희망을 품게 할 뿐 아니라 의식 아래에서 작동하는 한 장치의 중요성을 일깨워준다. 우리가 깨어 있는 모든 순간에 작동하는 그 장치의 목적은 사회적 연결에 기여하는 것이다. 그 뇌 회로는 미묘한 표정 단서, 청각적 단서, 기타 단서들에 기초하여 끊임없이 타인들의 감정을 해독한다.

"나는 사람들이 격한 분노의 신호를 보낼 수 있다는 것을 알고 있었어요."라고 존은 말한다. "그러나 더 미묘한 표현들, 이를테면 '나는 당신이 다정하다고 생각해'라거나 '당신이 무언가 감추는 것이 아닌지 의심스러워' 또는 '나는 정말로 이것을 하고 싶은데, 단념해야 한다면, 나는 네가 저것을 해주기를 바라'와 같은 표현들에 대해서는 전혀 아는 바가 없었죠."

삶의 모든 순간에 우리의 뇌 회로는 극도로 미묘한 표정 단서들에 기초하여 타인들의 감정을 해독한다. 우리가 어떻게 그토록 신속하고 자동적으로 표정을 읽어내는지를 더 잘 이해하기 위하여 나는 실험에 참가할 사람들을 모집했다. 우리는 피험자들의 얼굴에 전극 두 개를 설치했다. 하나는 이마에, 또 하나는 뺨에 설치했는데, 이는 표정의 미세한 변화를 측정하기 위해서였다. 그런 다음에 우리는 피험자들에게 얼굴 사진들을 보여주었다.

피험자가 예컨대 미소 짓는 얼굴이나 찡그린 얼굴 사진을 볼 때, 우리는 피험자의 얼굴 근육 운동을 알려주는 단기적인 전

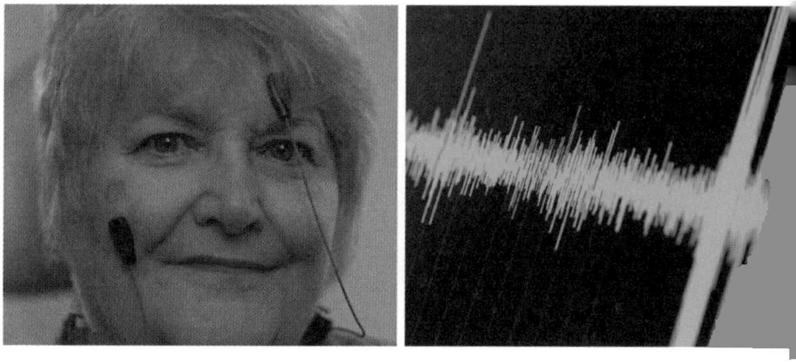

얼굴 근육의 미묘한 움직임은 근전도(EMG)로 측정할 수 있다.

기 활동을 측정할 수 있었다. 그 전기 활동은 대개 아주 미세했다. 이 현상은 이른바 '거울 효과mirroring'에서 비롯된다. 즉, 피험자는 자동적으로 얼굴 근육을 움직여 자신이 보는 표정을 흉내 낸다. 미소를 보면 미소를 짓는다. 물론 피험자의 근육들은 너무 미세하게 움직이기 때문에, 그의 미소를 시각적으로 또렷이 알아볼 수는 없지만 말이다. 의도와 상관없이 사람들은 서로를 모방한다.

거울 효과는 신기한 사실 하나를 이해할 단서를 제공한다. 오랫동안 함께 산 부부는 얼굴이 서로 닮는다는 사실 말이다. 결혼 기간이 길수록, 이 효과는 더 강하게 나타난다. 여러 연구가 시사하는 바에 따르면, 이것은 단지 부부가 같은 옷을 입거나 같은 머리모양을 하기 때문이 아니라 오랫동안 함께 살면서 서로의 표정을 흉내 내다 보니 주름의 패턴이 똑같아지기 때문에 일어나는 일이다.

왜 우리는 서로를 흉내 낼까? 무언가 목적이 있어서 그렇게 하는 것일까? 답을 알아내고자 나는 두 번째 피험자 집단을 모집했다. 이들은 첫 번째 집단과 유사했지만 다른 점이 하나 있었다. 이 새 집단의 사람들은 지구 상에서 가장 치명적인 독소에 노출된 경험이 있었다. 당신이 그 신경 독소를 두세 방울만 섭취하면, 당신의 뇌는 근육들을 수축시킬 수 없게 되고, 당신은 마비로 인해 사망할 것이다(정확히 말하면, 횡격막이 움직이지 않아서 질식사할 것이다). 따라서 사람들이 돈을 내고 이 독소를 주입받는다는 것은 거의 허무맹랑한 이야기처럼 들린다. 그러나 그것은 엄연한 사실이다. 그 독소는 바로 '보톨리눔 독소'다. 한 박테리아에서 추출하는 그 독소는 흔히 '보톡스Botox'라는 상품명으로 거래된다. 보톡스를 얼굴 근육에 주사하면, 근육이 마비되어 주름이 개선된다.

그러나 이런 미용 효과 외에 상대적으로 덜 알려진 부수효과가 하나 있다. 우리는 보톡스 사용자들에게 앞선 실험에서 사용했던 사진들을 똑같이 보여주었다. 그러면서 근전도를 측정해보니, 그들의 얼굴 근육들은 거울 효과를 더 약하게 나타냈다. 납득할 만한 결과였다. 그들의 근육들은 고의로 약화된 상태였으니까 말이다. 놀라운 것은 또 다른 결과였다. 이 결과는 2011년에 데이비드 닐David Neal과 타냐 차트랜드Tanya chartrand가 처음 보고했다. 이들의 원조 실험과 유사하게 나는 두 집단(보톡스 사용자 집단과 보톡스 비사용자 집단)의 피험자들 모두에게 여러 표정들을 보여주면서 각각의 표정에 담긴 감정과 가장 잘 어울리는 단어를 네 단어 중에서 고르라고 요청했다.

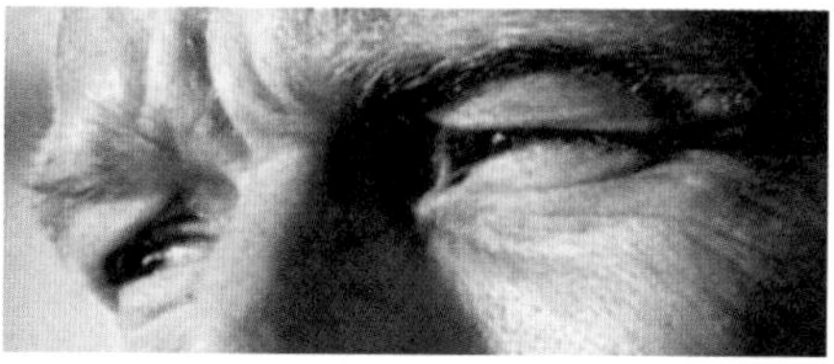

'눈빛 보고 마음 읽어내기 검사'(배런-코언 등, 2001)에서 참가자들은 표정 사진 36장과 각각의 사진에 동반된 단어 네 개를 제시받는다.

평균적으로 보톡스 사용자들은 사진 속 표정에 담긴 감정을 알아맞히는 비율이 더 낮았다. 왜 그럴까? 한 가설은 그들의 얼굴 근육에서 유래하는 되먹임의 결여가 타인의 표정을 읽어내는 그들의 능력에 해를 끼친 것이라고 주장한다. 보톡스 사용자의 얼굴은 표정 변화가 비교적 적어서 그의 감정을 읽어내기가 어려울 수 있다는 사실을 우리는 누구나 안다. 하지만 그의 얼굴 근육이 마비되어 그 자신이 타인의 감정을 읽어내기 어려울 수 있다는 것은 놀라운 일이다.

이 결과를 이렇게 이해해볼 수 있을 것이다. 나의 얼굴 근육은 나의 감정을 반영한다. 그리고 당신의 뉴런 장치는 이 사실을 이용한다. 나의 감정을 이해하려 할 때, 당신은 나의 표정을 흉내 내본다. 물론 작심하고 그렇게 하는 것은 아니다. 그 흉내 내기는 무의식적으로 신속하게 일어난다. 그러나 이 자동적인 거울 효과에서 당신은 내 감정에 관한 신속한 추정 결과를 얻는다. 이것은 당신의 뇌가 나를 더 잘 이해하고 내가 어떻게 행동할지 더 잘 예측하기 위해 사용하는 강력한 묘수다. 알고 보면 이것은 수많은 묘수들 중 하나에 불과하다.

공감의 기쁨과 슬픔

우리는 사랑과 실연과 모험과 공포의 세계로 달아나려고 영화관에 간다. 그러나 영화에 나오는 영웅들과 악당들은 한갓 2차원 영사막에 투영된 배우들일 뿐이다. 대관절 무엇 때문에 우리는 그 덧없는 허상들이 겪는 일에 관심을 기울이는 것일까? 왜 영화는 우리를 울리고 웃기고 한숨짓게 할까?

당신이 배우들에게 관심을 기울이는 이유를 이해하기 위해서 우선 당신이 통증을 느낄 때 당신의 뇌에서 무슨 일이 일어나는지 살펴보자. 누가 주삿바늘로 당신의 손을 찌른다고 상상해 보라. 그때 일어나는 통증은 뇌 속의 단일한 장소에서 처리되지 않는다. 오히려 그 사건은 여러 뇌 구역들을 활성화하고, 그 구역들 모두가 조화롭게 작동한다. 이 연결망을 일컬어 '통증 매트릭스pain matrix'라고 한다.

그런데 놀라운 사실은 이것이다. 통증 매트릭스는 우리가 타인들과 연결되는 방식에서 결정적인 구실을 한다. 누군가가 주삿바늘에 찔리는 모습을 당신이 보면, 당신의 통증 매트릭스의 대부분이 활성화된다. 당신이 실제로 찔렸다고 알려주는 구역들은 활성화되지 않지만, 통증에 대한 감정적 경험을 담당하는 구역들은 활성화된다. 다시 말해, 통증을 느끼는 타인을 지켜볼 때 사용되는 뉴런 장치는 스스로 통증을 느낄 때 사용되는 뉴런 장치와 동일하다. 바로 이것이 공감의 토대다.

타인에게 공감한다는 것은 말 그대로 타인의 통증을 느낀다는 것이다. 타인의 상황에 당신 자신이 처했다면 어떠할지를 당신은 불가항력적으로 시뮬레이션한다. 영화와 소설을 비롯

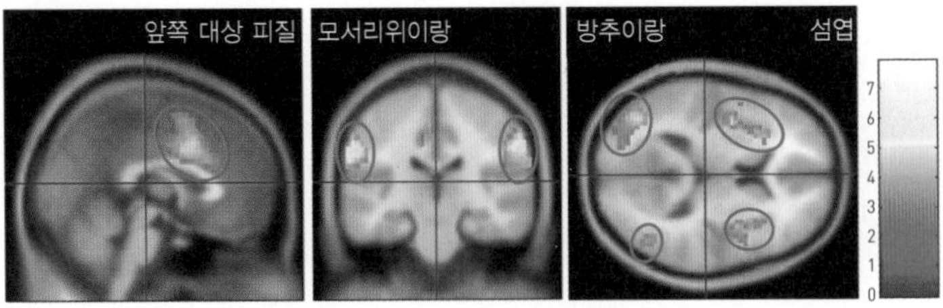

당신이 통증을 느낄 때 활성화되는 구역들을 뭉뚱그려 '통증 매트릭스'라고 부른다. 그 구역들 중 대다수는 당신이 통증을 느끼는 타인을 지켜볼 때도 활성화된다.

한 이야기들이 강력한 흡인력을 발휘하고 인류 문화의 곳곳에 스며들어 있는 이유가 바로 이같은 우리의 시뮬레이션 능력에 있다. 이야기의 주인공이 매우 낯선 인물이거나 완전히 꾸며낸 캐릭터라고 해도, 당신은 그의 고통과 황홀을 경험한다. 당신은 그 주인공 속으로 녹아들어가 그의 삶을 살고 그의 입장에 선다. 타인이 고통당하는 것을 볼 때, 당신은 이것이 그 사람 사정이지 내 사정은 아니라고 당신 자신에게 말하려 애쓸 수 있다. 그러나 당신의 뇌 속 깊숙이 자리 잡은 뉴런들은 당신의 사정과 타인의 사정을 구분할 줄 모른다.

이렇게 타인의 통증을 느끼는 천성적 장치는 우리가 아주 쉽게 타인의 입장에 설 수 있게 해주는 시스템의 한 부분이다. 그런데 우리가 애당초 이 장치를 가진 이유는 무엇일까? 진화의 관점에서 공감은 유용한 솜씨다. 공감 덕분에 우리는 타인의 감정을 더 잘 파악함으로써 타인의 다음 행동을 더 잘 예측할 수 있다.

그러나 공감의 정확성은 한계가 있다. 많은 경우에 우리는 우리 자신을 타인에 투사할 뿐이다. 수전 스미스Susan Smith의 예를 보자. 1994년에 사우스캐롤라이나 주에 사는 주부 수전은 한 남자가 자신의 차량을 강탈하여 그녀의 아들들을 그대로 태운 채 달아났다고 경찰에 신고하여 국민적 공감을 불러일으켰다. 9일 동안, 그녀는 전국 텔레비전 방송에 나와 아들들의 구조와 귀환을 바라며 호소했다. 곳곳에서 도움과 지원이 답지했다. 결국, 수전 스미스는 자신이 아이들을 살해했다고 자백했다. 모든 사람이 그녀의 차량 강탈 이야기에 빠져들었었다. 왜냐하면 그녀의 실감 나는 연기가 평범한 수준에서 예측할 만한 연기의 범위를 훌쩍 벗어나 있었기 때문이다. 돌이켜보면 그 사건의 모든 세부적 진실들은 상당히 또렷하지만, 당시에는 그것들을 알아채기 어려웠다. 왜냐하면 우리는 대개 우리가 누구이고 무엇을 할 수 있는지를 기준으로 삼아서 타인을 해석하기 때문이다.

우리는 타인들을 흉내 내고 타인들과 연결되고 타인들에게 마음을 쓸 수밖에 없다. 왜냐하면 우리는 사회적 동물로 설계되었기 때문이다. 그렇다면 이런 질문이 떠오른다. 우리의 뇌는 사회적 상호작용에 의존할까? 뇌가 타인과의 접촉에 굶주리면 어떤 일이 벌어질까?

2009년에 평화 활동가 새라 슈드Sarah Shourd와 동료 두 명은

2009년 7월 31일,
미국인 조슈아 패털,
새라 슈드, 셰인 바우어는
이란-이라크 국경 근처의
한 폭포로 도보여행을
한 후 이란 당국에 의해
감금되었다.

이라크 북부 산악 지대를 걸어서 여행하는 중이었다. 당시에 그곳은 평화로운 지역이었다. 그들은 현지인들의 추천에 따라 아메드 아와 폭포를 보러 갔다. 불행하게도 그 폭포는 이라크와 이란의 국경에 있었다. 그들은 이란 국경 경비대에 의해 미국 스파이 혐의로 체포되었다. 두 남성은 한 감방에 갇혔지만, 새라는 그들과 떨어져 독방에 감금되었다. 그녀는 무려 410일 동안 하루에 30분씩 두 차례만 빼고 모든 시간을 홀로 격리된 채 보냈다.

새라의 말을 들어보자.

독방에 갇히고 몇 주, 몇 달이 흐르면 당신은 동물과 비슷한 상태로 전락한다. 정말이다. 당신은 우리에 갇힌 동물이다. 당신은 대부분의 시간을 서성거리면서 보낸다. 동물과 비슷한 상태는 이윽고 식물과 더 비슷한 상태로 바뀐다. 당신의 정신은 느려지기 시작하고 생각은 반복된다. 당신의 뇌는 맴돌면서 극심한 고통의 원천이 되고 최악의 고문이 된다. 나는 내 삶의 모든 순간을 다시 체험하곤 했다. 그러다가 결국 당신의 기억이 고갈된다. 당신은 모든 기억을 당신 자신에게 이미 여러 번 들려주었다. 이 지경에 이르기까지 그리 오래 걸리지 않는다.

새라의 사회적 결핍은 심한 심리적 고통을 야기했다. 상호작용이 없으면, 뇌는 고통을 겪는다. 많은 나라에서 독방 감금은 불법이다. 왜냐하면 인간적 삶의 가장 필수적인 요소들 중 하나인 타인들과의 상호작용을 박탈했을 때 어떤 손상이 발생하는지 사람들이 오래전부터 보고 알아챘기 때문이다. 세계와의 접촉에 굶주린 새라 슈드는 금세 환각 상태에 진입했다.

햇빛은 하루의 특정 시간에 특정 각도로 내 창으로 들어왔다. 그러면 내 감방 안의 모든 먼지 입자들이 반짝였다. 나는 그 모든 입자들을 지구에 사는 타인들로 보았다. 그들은 삶의 흐름 속에서 상호작용하면서 서로 충돌했다. 그들은 다함께 무언가 하고 있었다. 나는 한 구석에 갇혀 있는 나 자신을 보았다. 나는 삶의 흐름에서 배제되어 있었다.

감금된 지 1년 남짓 지난 2010년 9월, 새라는 석방되어 세계와 재회했다. 그 사건의 외상(트라우마)은 그녀를 떠나지 않았다. 새라는 우울증에 시달렸고 쉽게 공황 상태에 빠졌다. 이듬해에 그녀는 도보여행 동료였던 셰인 바우어와 결혼했다. 그녀는 자신과 셰인이 서로를 진정시킬 수 있다고 보고한다. 그러나 그것이 늘 쉽지는 않다고 한다. 두 사람 다 감정적 흉터를 지닌 탓이다.

철학자 마르틴 하이데거Martin Heideger는 개인이 '존재'한다라고 말하기는 어려우며 오히려 우리는 일반적으로 '세계 안에 존재'한다고 주장했다. 해석하자면, 당신 주위의 세계가 당신 정체성의 큰 부분을 차지한다는 것이다. 자아는 진공 속에 존재하지 않는다.

과학자와 임상의사는 독방에 갇힌 사람들에게 무슨 일이 일어나는지 관찰할 수 있지만, 그 상태를 직접 실험하기는 어렵다. 그러나 신경과학자 나오미 아이젠버거Naomi Eisenberger가 고안한 실험은 그보다 약간 더 견딜 만한 상태에서 무슨 일이 일어나는지에 대한 통찰을 제공할 수 있다. 즉, 우리가 집단에서 배제되었을 때 무슨 일이 일어나는지에 대한 통찰이다.

당신이 다른 사람 두 명과 함께 공을 던져서 주고받는 놀이를 한다고 상상해보라. 놀이 도중에 특정 순간부터 당신은 놀이에서 배제된다. 다른 두 사람이 당신을 제쳐놓고 자기들끼리만 공을 주고받는다. 아이젠버거의 실험은 이 단순한 시나리오를 기초로 삼는다. 그녀는 자원한 피험자들에게 간단한 컴퓨터 게임을 시켰다. 그 게임에서 피험자는 다른 플레이어 두 명과

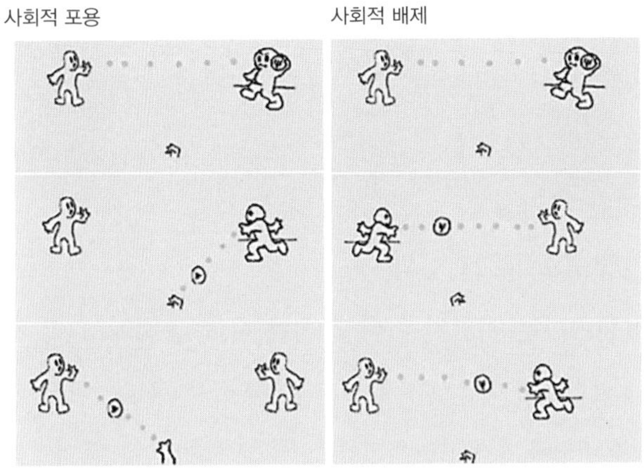

사회적 배제 실험에서 피험자는 공받기 놀이에서 배제당한다.

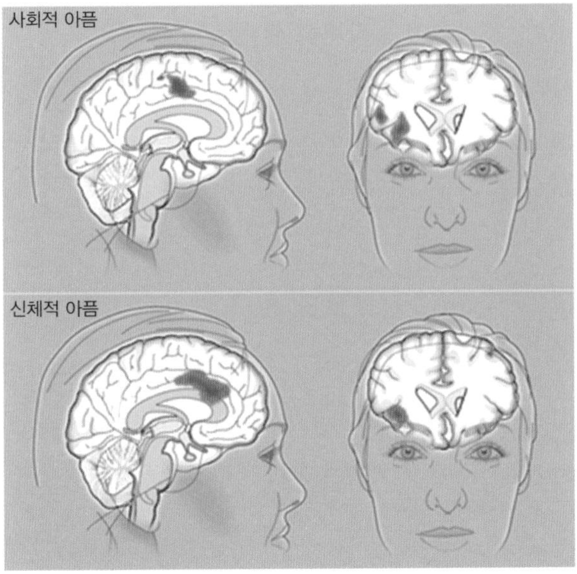

사회적 아픔(이를테면 배제당할 때 느끼는 아픔)에 의해 활성화되는 뇌 구역들은 신체적 아픔에 의해 활성화되는 구역들과 같다.

함께 공을 주고받았다. 연구진은 피험자에게 다른 플레이어들도 사람이라고 알려주었지만, 실제로 그들은 컴퓨터 프로그램에 불과했다. 처음에 그 플레이어들은 공정하게 놀이했다. 그러나 시간이 어느 정도 흐르자 그들은 피험자를 배제하고 자기들끼리만 공을 주고받았다.

아이젠버거는 피험자를 뇌 스캐너 속에 눕혀놓고 이 게임을 시켰다(이런 실험에 쓰이는 뇌 영상화 기술을 '기능성 자기공명영상법 fMRI'이라고 한다. 4장 참조). 그녀는 놀라운 발견을 했다. 피험자가 놀이에서 배제당하면, 피험자의 통증 매트릭스에 속한 구역들이 활성화되었다. 공을 못 받는 것은 대수롭지 않은 일일 것 같기도 하지만, 뇌에게 사회적 배제는 말 그대로 아플 만큼 중대한 사안이다.

왜 배제당하면 아플까? 추측하건대 이것은 사회적 연대가 진화의 관점에서 중요함을 시사하는 단서 중 하나다. 바꿔 말해 배제의 아픔은 우리를 타인들과의 상호작용 및 연대로 이끄는 메커니즘이다. 그 아픔은 우리에게 집단을 구성하라고 촉구한다.

이 사실에서 우리를 둘러싼 사회적 세계에 관한 통찰을 얻을 수 있다. 어디에서나 사람들은 끊임없이 집단을 이룬다. 우리는 가족, 우정, 노동, 유행, 스포츠 팀, 종교, 문화, 피부색, 언어, 취미, 정치적 연대를 통해 서로 결합한다. 집단에 소속되면 우리는 편안해진다. 이 사실은 인류의 역사에 관한 결정적인 정보 하나를 제공한다.

최적자의 생존을 넘어서

인간의 진화와 관련해서 우리는 누구나 최적자의 생존이라는 개념에 익숙하다. 이 개념은 싸움과 달리기와 짝짓기에서 다른 인간들을 능가하는 힘세고 영리한 개인을 연상시킨다. 바꿔 말해, 생존하고 번성하려면 유능한 경쟁자가 되어야 한다는 생각을 품게 한다. 최적자의 생존이라는 모형은 전반적으로 설명력이 우수하다. 그러나 이 모형으로는 우리 행동의 몇몇 측면을 설명하기 어렵다. 이타주의를 생각해보라. 사람들이 서로 돕는 이유를 최적자의 생존으로 어떻게 설명한단 말인가? 가장 강한 개인이 선택받는다는 모형으로는 이타주의를 설명할 수 없는 듯하다. 그리하여 이론가들은 '친족 선택'이라는 개념을 추가로 도입했다. 이 개념에 담긴 뜻은 내가 나 자신뿐 아니라 나와 유전물질을 공유한 타인들, 예컨대 형제들과 사촌들에게도 마음을 쓴다는 것이다. 진화생물학자 J. S. 홀데인J. S. Holdane의 재담을 빌리면 "형제 두 명, 또는 사촌 여덟 명을 구하기 위해서라면 나는 기꺼이 강물에 뛰어들 것이다."

그러나 친족 선택으로도 인간 행동의 모든 면모를 설명하기에는 부족하다. 왜냐하면 사람들은 혈연과 상관없이 뭉치고 협력하기 때문이다. 이 사실을 주목한 사람들은 '집단 선택'이라는 개념을 제안했다. 이 개념에 담긴 뜻은 이러하다. 만일 서로 협력하는 사람들만으로 집단이 구성된다면, 그 집단에 속한 모든 사람 각각은 그 집단 덕분에 더 잘 살 것이다. 평균적으로 볼 때, 당신이 그런 집단에 속했다면, 당신은 이웃과 그다지 협력하지 않는 사람들보다 더 잘 살 것이다. 집단의 구성원들은 서로의 생존을 도울 수 있다. 그들은 더 안전하고 더 생산적이며 위기를 더 잘 극복할 수 있다. 이 같은 상호 결속의 성향을 일컬어 '진사회성eusociality'이라고 한다. 진사회성은 혈연과 상관없는 무리, 집단, 나라의 형성을 가능케 하는 접착제 구실을 한다. 물론 개체 선택은 엄연히 일어난다. 그러나 개체 선택만 가지고는 인간의 행동을 완전히 설명할 수 없다. 사람들은 많은 경우에 경쟁적이고 이기적이지만, 우리가 삶의 상당한 부분을 집단의 이익을 위해 협력하면서 보낸다는 것도 틀림없는 사실이다. 그런 협력 덕분에 인간 집단들은 지구 상의 모든 곳에서 번성하면서 사회와 문명을 건설해왔다. 고립된 개인들은 저마다 아무리 환경에 적합하더라도 절대로 이런 성취를 이루지 못했을 것이다. 진정한 진보는 오로지 연합과 연맹을 통해서만 가능하다. 우리의 진사회성은 우리가 사는 현대 세계의 풍요와 복잡성을 낳은 주요 원인들 중 하나다.

요컨대 집단으로 뭉치려는 우리의 욕구는 생존에 유리한 장점이다. 그러나 그 욕구는 부정적인 측면도 지녔다. 모든 각각의 내집단ingroup에 대해서는 적어도 하나의 외집단outgroup이 존재할 수밖에 없다.

외집단

우리의 역사를 이해하려면 반드시 내집단과 외집단을 이해해야 한다. 지구 전역에서 사람들의 집단이 다른 집단에 폭력을 가하는 일이 거듭 발생한다. 심지어 직접적인 위협이 되지 않을뿐더러 무방비인 집단마저도 폭력의 표적이 된다. 1915년에 오스만 제국 사람들은 아르메니아인 100만 명을 조직적으로 살해했다. 1937년의 난징 대학살에서는 일본인들이 중국을 침공하여 비무장 민간인 수십만 명을 죽였다. 1994년에 르완다의 후투 족은 100일 동안 투치 족 80만 명을 죽였다. 주요 살해 도구는 칼이었다.

나는 이 참극들을 초연한 역사학자의 눈으로 보지 않는다. 내 가문의 가계도를 보면, 대다수의 가지들이 1940년대 초반에 갑자기 끊긴 것을 발견하게 된다. 그 가지들에 속한 사람들은 유대인이라는 이유로 살해당했다. 외집단으로서 나치의 마수 아래 희생양이 된 것이다.

홀로코스트 이후, "절대로 반복하지 않겠다."라는 맹세는 유럽인의 습관이 되었다. 그러나 50년 후, 또 다시 집단학살이 일

수천 명의 보스니아크가 피난 온 유엔 시설을 네덜란드 군인들이 굽어보고 있다. 하산 누하노비치는 가족들을 잃었는데, 네덜란드 지휘관들이 난민들을 추방한 이후 포위군에 의한 난민 대량학살이 일어났기 때문이다.

어났다. 홀로코스트 현장에서 겨우 1000킬로미터 떨어진 유고슬라비아에서였다. 유고슬라비아 전쟁 중이던 1992년부터 1995년까지, 세르비아인들은 '인종 청소'로 명명된 폭력 행위를 통해 10만 명이 넘는 무슬림을 학살했다. 최악으로 꼽을 만한 사건은 스레브레니차에서 일어났다. 그곳에서 열흘 동안 보스니아인 무슬림, 이른바 '보스니아크Bosniak' 8000명이 총살당했다. 그들은 스레브레니차가 포위군에 둘러싸인 후 한 유엔 시설 안으로 피난해 있었다. 그러나 1995년 7월 11일에 유엔 지휘관들이 모든 난민을 시설에서 추방하여 바로 문밖에서 기다리던 적들의 손에 넘겨주었다. 여성들은 강간당했고 남성들은 학살되었으며 아동들도 죽임을 당했다.

나는 당시 상황을 더 잘 이해하고 싶어 사라예보로 날아갔다. 그리고 그곳에서 하산 누하노비치라는 키 큰 중년의 보스

E 증후군

무엇이 타인을 해치는 것에 대한 감정적 반응을 감소하도록 하는 걸까? 신경외과 의사 이차크 프리드Itzhak Fried의 지적에 따르면, 전 세계의 폭력 사건들을 훑어보면 어디에서나 동일한 행동 특징이 발견된다. 마치 사람들이 정상적인 뇌 기능에서 이탈하여 특정한 방식으로 행동하는 것처럼 보인다. 내과 의사가 환자의 기침과 발열을 보고 폐렴을 진단할 수 있는 것과 마찬가지로, 폭력 가해자를 특징짓는 행동들을 식별할 수 있다고 프리드는 주장했다. 그는 그 특징적인 행동들을 'E 증후군syndrome'으로 명명했다. 프리드의 이론에서 E 증후군의 핵심 특징은 감정적 반응의 감소다. 이것이 반복적인 폭력 행위를 가능케 한다. 또한 E 증후군은 '과다흥분hyperarousal'(독일어로 표현하면 '라우쉬Rausch'['도취'를 뜻함 — 옮긴이])을 포함한다. 이것은 폭력 행위를 하면서 느끼는 성취감과 자만심이다. 집단 감염도 존재한다. 다들 폭력을 행사하면, 폭력이 유행하면서 확산된다. 구역 구분도 있다. 즉, 가해자가 자신의 가족은 돌보면서 타인의 가족에게는 폭력을 휘두를 수 있다.

신경과학의 관점에서 중요한 단서는 언어, 기억, 문제 풀이를 비롯한 다른 뇌 기능들은 멀쩡하다는 점이다. 이 단서는 E 증후군이 뇌 전체의 변화에서 비롯되는 것이 아니라 오직 감정과 공감을 담당하는 구역들하고만 관련이 있음을 시사한다. 마치 그 구역들에서 합선이 일어나기라도 하는 듯하다. 즉, E 증후군이 발생하면, 그 구역들은 의사결정에 참여하지 못하게 된다. 이제 가해자의 선택은 논리와 기억과 추론 등을 담당하는 뇌 구역들에 의해 주도된다. 타인의 입장에 서면 어떨지에 대한 감정적 숙고를 담당하는 연결망들은 가해자의 선택에 관여하지 못한다. 프리드가 보기에 이것은 도덕적 분리disengagement와 같다. E 증후군에 걸린 사람들은 정상적인 상황에서 그들의 사회적 의사결정을 지휘하는 감정 시스템들을 활용하지 못한다.

홀로코스트의 한 장면을 보여주는 이 사진에서 군인은 아기를 안은 여성에게 총을 겨눈다.

스레브레니차에 있는
이 묘지에 하산의 가족들이
묻혀 있다. 매년 새로운
시신들이 발견되어 신원
확인을 거쳐 이곳에
묻힌다.

니아인 무슬림과 대화할 기회를 얻었다. 하산은 그 시설에서 유엔 소속의 통역사로 일하고 있었다. 그의 가족들도 그곳의 난민들 사이에 끼어 있었다. 그러나 가족들은 추방되어 죽임을 당했다. 오로지 하산만 통역사로서의 가치 때문에 시설 안에 머무는 것이 허용되었다. 그의 어머니, 아버지, 형제가 바로 그날 살해되었다. 그를 가장 괴롭히는 부분은 이것이다. "지속적인 살인과 고문이 우리 이웃들에 의해 자행되었어요. 그들은 수십 년 동안 우리와 함께 살아온 사람들이었죠. 그들은 학교 동창들까지 죽일 수 있었어요."

정상적인 사회적 상호작용이 어느 정도로 붕괴되었는지 보여주는 예로 하산은 세르비아인들이 한 보스니아크 치과 의사를 체포한 이야기를 들려주었다. 그들은 치과 의사의 양손을 묶어 가로등 기둥에 매달아놓고 그의 척추가 부러질 때까지 철봉으로 때렸다. 하산은 그 치과 의사가 거기에 사흘 동안 매달려 있었고 세르비아인 아이들이 학교로 갈 때 그의 곁을 지나갔다고 전했다. 하산은 이렇게 말한다. “보편적인 덕목이 있어요. 그 덕목은 아주 간단해요. ‘죽이지 말라’는 것이에요. 1992년 4월에 이 ‘죽이지 말라’가 갑자기 사라졌어요. 그리고 ‘가서 죽여라’로 바뀌었어요.”

이토록 끔찍한 사회적 상호작용의 변화를 무엇이 가능하게 만들까? 어떻게 진사회성을 가진 종에게 그런 변화가 일어날 수 있을까? 왜 지구 곳곳에서 집단학살이 계속 일어날까? 전통적으로 우리는 역사와 경제와 정치의 맥락 안에서 전쟁과 학살을 연구한다. 그러나 완전한 이해를 위해서는 전쟁과 학살을 신경학적 현상으로 간주하는 것도 필요하다고 나는 믿는다. 이웃을 죽이는 것은 평소에 양심에 반하는 행동으로 느껴진다. 그렇다면 무엇이 수십만 명의 사람들로 하여금 갑자기 그 행동을 하도록 할까? 정상적인 사회적 뇌 기능을 마비시키는 상황들의 본질은 무엇일까?

차별적 공감

정상적인 사회적 뇌 기능의 붕괴를 실험실에서 연구할 수 있을까? 이를 알아보고자 나는 실험을 하나 고안했다.

우리의 첫째 질문은 간단했다. 타인에 대한 당신의 기본적 공감은 그 사람이 당신의 내집단에 속하느냐 아니면 외집단에 속하느냐에 따라서 달라질까?

우리는 피험자들을 스캐너 속에 넣었다. 그들은 스크린으로 여섯 개의 손을 보았다. 컴퓨터는 그 손들 중 하나를 무작위로 선택한다. 그러면 선택된 손이 스크린 중앙에 확대되어 나타나고, 피험자는 면봉이 손을 건드리는 모습, 또는 주삿바늘이 손을 찌르는 모습을 보게 된다. 이 두 광경은 시각 시스템에서 동일한 활동을 유발한다. 그러나 두 광경이 뇌의 나머지 부분에서 일으키는 반응은 사뭇 다르다.

앞서 언급했듯이, 타인이 통증을 느끼는 것을 보면, 관찰자 자신의 통증 매트릭스가 활성화된다. 이것이 공감의 토대다. 그러므로 우리는 이 토대를 바탕으로 공감에 관한 우리의 질문들을 한 단계 격상시킬 수 있었다. 우리는 아주 간단한 변화를 가미했다. 즉, 똑같은 손들 각각에 한 단어로 된 표찰을 붙였다. 그 표찰들은 '기독교도', '유대인', '무신론자', '무슬림', '힌두교도', '사이언톨로지scientology 교도'였다. 컴퓨터가 손 하나를 무작위로 고르자, 그 손이 스크린 중앙에 확대되어 나타나고 면봉이 그 손을 건드리거나 주삿바늘이 그 손을 찔렀다. 우리의 질문은 이것이었다. 당신의 뇌는 외집단의 일원이 통증을 느끼는 것을 볼 때에도 내집단의 일원을 볼 때만큼 관심을 기울일까?

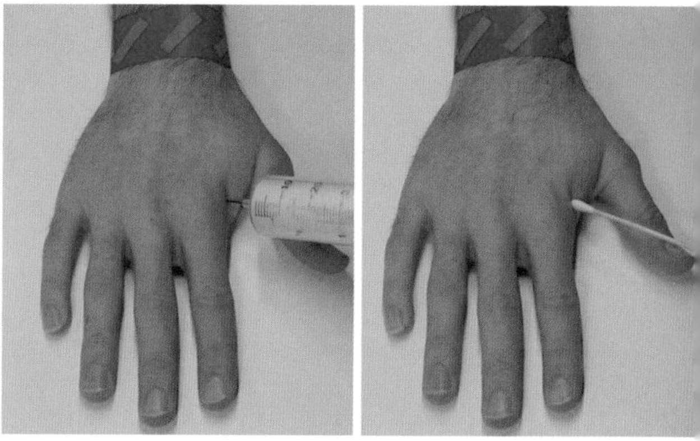

우리는 손을
바늘로 찌르거나
면봉으로 건드리는
모습을 담은 동영상을
피험자에게 보여주면서
그들의 뇌를 스캔했다.

우리는 상당히 큰 개인차를 발견했다. 그러나 평균적으로 피험자의 뇌는 내집단의 일원이 통증을 느끼는 것을 볼 때 더 강한 공감 반응을 나타냈다. 외집단의 일원을 볼 때 나타나는 공감 반응은 상대적으로 약했다. 표찰이 고작 한 단어였다는 점을 생각하면, 이 결과는 대단히 주목할 만하다. 아주 적은 정보만으로도 우리는 상대방의 소속 집단을 확인한다.

통증을 느끼는 타인에 대한 당신 뇌의 선의식적(의식에 선행하는) 반응은 기초적인 범주화에 의해서도 충분히 변화한다. 물론 종교의 편 가르기 경향에 대해서 여러 견해를 내놓을 수 있겠지만, 이와 관련해서 주목해야 할 결과는 이것이다. 우리의 실험에서, 무신론자인 피험자들조차도 '무신론자'라는 표찰이 붙은 손의 통증에 더 강하게 반응했다. 다른 표찰이 붙은 손을 볼 때 그들의 반응은 상대적으로 약했다. 요컨대 우리의 실험 결과에서 중요한 것은 종교가 아니라 당신이 속한 집단이다.

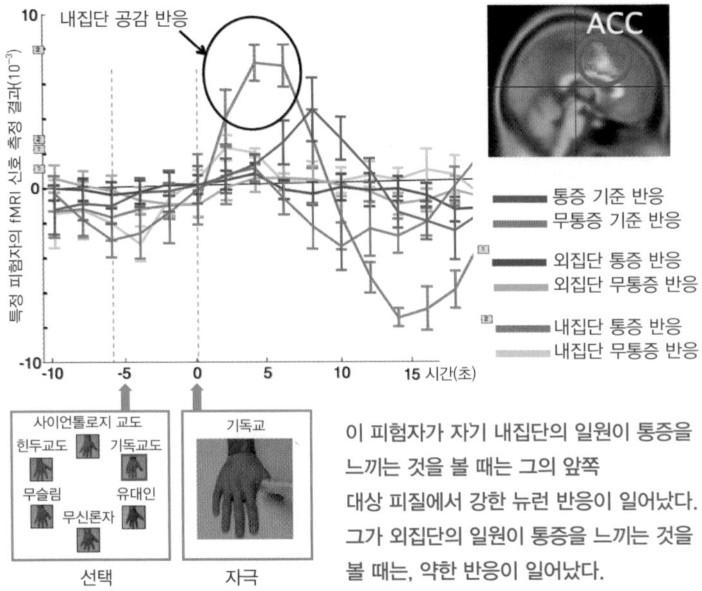

이 피험자가 자기 내집단의 일원이 통증을 느끼는 것을 볼 때는 그의 앞쪽 대상 피질에서 강한 뉴런 반응이 일어났다. 그가 외집단의 일원이 통증을 느끼는 것을 볼 때는, 약한 반응이 일어났다.

우리의 실험 결과는 사람들이 외집단의 일원에 대해서는 공감을 덜 느낄 수 있다는 것을 보여준다. 그러나 폭력이나 집단학살과 같은 것을 이해하려면 한 단계 더 깊이 파고들어 비인간화dehumanization를 탐구할 필요가 있다.

네덜란드 라이덴 대학교의 라사나 해리스Lasana Harris는 비인간화가 어떻게 일어나는지에 대한 단서를 얻기 위해 일련의 실험들을 수행해왔다. 해리스는 뇌의 사회적 연결망, 특히 안쪽 앞이마엽 피질(mPFC)에서 일어나는 변화들을 탐색한다. 이 구역은 우리가 타인들과 상호작용하거나 타인들에 대해서 생각할 때 활성화된다. 반면에 우리가 커피 잔과 같은 무생물을 다룰 때는 활성화되지 않는다.

해리스는 자원한 피험자들에게 다양한 사회 집단에 속한 사람들의 사진을 보여준다. 이를테면 노숙자나 마약 중독자의 사진을 말이다. 그는 피험자들이 노숙자를 볼 때 안쪽 앞이마엽 피질이 덜 활성화되는 것을 발견한다. 마치 노숙자가 사람이라기보다 물체에 더 가깝다는 듯한 반응이 일어나는 것이다.

해리스의 표현을 빌리면, 노숙자를 동등한 인간으로 보는 시스템들을 차단함으로써 우리는 그의 구걸을 거리낌 없이 거절할 수 있게 된다. 바꿔 말해 그 노숙자는 비인간화되는 것이다. 이럴 때 우리의 뇌는 노숙자를 사람이 아니라 물체에 더 가깝게 본다. 행인들이 노숙자를 진지하게 배려할 개연성이 낮은 것은 놀라운 일이 아니다. 해리스가 설명하듯이 "당신이 어떤 타인을 인간으로 보지 않으면, 인간에게 적용되는 도덕 규칙들이 그에게는 적용되지 않을 수도 있다."

비인간화는 집단학살의 핵심 요소다. 나치가 유대인을 인간보다 저급한 무언가로 보았듯이, 구 유고슬라비아의 세르비아인은 무슬림을 그렇게 보았다.

나는 사라예보에 갔을 때 그곳의 중심가를 산책했다. 전쟁 기간에 그 거리는 '저격수 골목'으로 불렸다. 그 주변의 언덕과 건물들 안에 웅크린 저격수들이 수많은 남성과 여성과 아동을 총으로 쏘아죽였기 때문이다. 그 거리는 전쟁의 공포를 연상시키는 가장 강력한 상징들 중 하나가 되었다. 어떻게 평범한 도

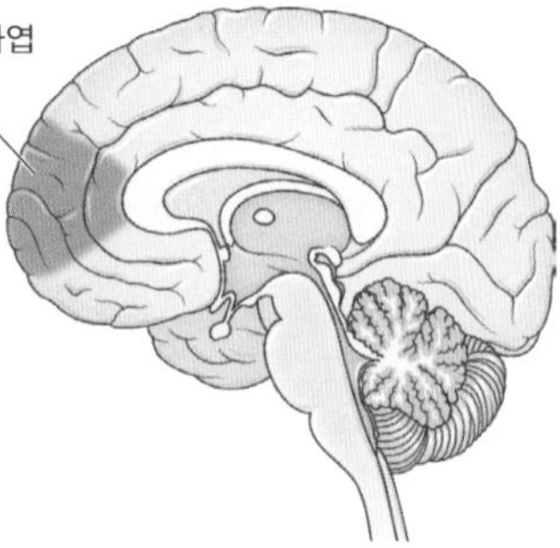

안쪽 앞이마엽 피질은 타인(적어도 대다수의 타인)에 대한 생각을 담당한다.

시의 거리가 그렇게 된 것일까?

모든 전쟁이 그렇듯이 유고슬라비아 전쟁도 신경학적 조작의 한 형태에 의해 부추겨졌다. 수백 년 전부터 실행된 그 효과적인 조작은 다름 아니라 선전propaganda이다. 유고슬라비아 전쟁 기간에 주요 뉴스 방송사인 '세르비아 라디오 텔레비전'은 세르비아 정부의 통제 아래 왜곡된 뉴스들을 시종일관 진실이라며 보도했다. 그 방송사는 보스니아인 무슬림과 크로아티아인이 인종주의적인 이유로 세르비아인을 공격했다는 허위 보도를 일삼았다. 보스니아인과 크로아티아인은 지속적으로 악마화되었으며, 무슬림을 묘사할 때는 부정적인 언어가 사용되었다. 이런 기괴한 행태가 극에 달하자, 무슬림이 세르비아인 아동들을 사라예보 동물원의 굶주린 사자들에게 먹이로 준다는 근거 없는 소문이 보도되기까지 했다.

집단학살은 오로지 비인간화가 대규모로 일어날 때만 가능하며, 대규모 비인간화를 위한 완벽한 도구는 선전이다. 선전은 타인들을 이해하는 일을 담당하는 뉴런 연결망들을 정확히 파고들어 타인들에 대한 우리의 공감을 약화한다.

우리가 이미 목격한 대로, 우리의 뇌는 정치적 의제들에 의해 조작되어 타인들을 비인간화하도록 조작될 수 있고, 그 결과로 인간 행동의 가장 어두운 측면이 현실화될 수 있다. 이런 일이 일어나지 않도록 우리 뇌를 프로그래밍하는 것이 혹시 가능할까? 1960년대에 과학실험실이 아니라 학교에서 수행된 한 실험에서 가능한 해법 하나를 엿볼 수 있다.

때는 1968년, 시민권 운동 지도자 마틴 루터 킹Martin Luther king이 암살된 이튿날이었다. 아이오와 주의 한 소도시에 사는 교사 제인 엘리엇Jane Elliot은 학생들에게 선입견이란 무엇인지를 보여주기로 마음먹었다. 제인은 학생들에게, 피부색에 의해 판단당할 때 어떤 느낌이 드는지 아느냐고 물었다. 대다수 학생들은 그 느낌을 짐작할 수 있다고 대답했다. 그 대답이 믿음직스럽지 않았던 제인은 결국 유명한 실험이 된 행동을 취했다. 그녀는 파란색 눈동자를 가진 학생들이 '이 교실의 우등생'이라고 선언했다.

제인 엘리엇: 눈동자가 갈색인 학생들은 식수대에서 곧바로 물을 마시면 안 돼요. 이제부터는 반드시 종이컵을 사용하세요. 또 갈색

눈 학생들은 놀이터에서 파란색 눈 학생들과 놀면 안 됩니다. 왜냐하면 여러분은 파란색 눈 학생들만큼 우수하지 않기 때문이에요. 오늘 교실에 있는 갈색 눈 학생들은 목줄을 착용하세요. 그래야 멀리에서도 여러분의 눈 색깔을 알 수 있으니까요. 127쪽을 봅시다. 다들 준비됐나요? 이런, 로리만 꾸물대네. 준비됐니, 로리?

아동: 로리는 갈색 눈이에요.

제인; 맞아요, 갈색 눈이죠. 오늘 보면 알겠지만, 우리는 갈색 눈 학생들을 기다리느라 많은 시간을 허비합니다.

잠시 후, 제인이 자를 찾으려고 이곳저곳을 둘러본다. 남학생 두 명이 나서서 말한다. 렉스는 제인에게 자가 어디에 있는지 알려주고, 레이먼드는 그녀를 도울 생각으로 이렇게 제안한다. "선생님, 자를 선생님 책상 위에 두는 것이 더 좋겠어요. 그래야 갈색 눈을 가진 갈색인들(!)이 자에 손을 못 댈 테니까요."

최근에 나는 이제는 어른이 된 그 두 소년과 만났다. 그들은 렉스 코자크와 레이 한센이며 둘 다 파란색 눈을 가졌다. 나는 그날 그들이 어떻게 행동했는지 기억하느냐고 물었다. 레이는 이렇게 대답했다. "내가 친구들에게 엄청나게 못된 짓을 했어요. 내가 높아지려고 일부러 갈색 눈 친구들을 괴롭혔으니까요." 그는 당시에 자신의 머리카락은 완전히 금발이었고 눈동자는 완전히 파란색이었다고 회고했다. "나는 완벽한 꼬마 나치였어요. 몇 분이나 몇 시간 전까지 나와 아주 친하게 놀았던 친구들에게 심술을 부릴 방법들을 궁리했다니까요."

이튿날 제인은 실험을 거꾸로 뒤집었다. 그녀는 학생들에게 선언했다.

> 갈색 눈 학생들은 목줄을 풀어도 돼요. 그리고 각자 자기 목줄을 파란색 눈 학생에게 매어주어도 됩니다. 갈색 눈 학생들은 휴식 시간을 5분 더 받을 거예요. 파란색 눈 학생들은 놀이터의 기구들을 이용하면 안 됩니다. 갈색 눈 학생들은 파란색 눈 학생들보다 더 우수해요.

렉스는 그 반전이 어떻게 느껴졌는지 이야기했다. "나의 세계가 산산이 부서지는 것 같았어요. 그런 느낌은 난생 처음이었습니다." 레이는 열등 집단에 속했을 때 인격과 자아를 상실한 느낌을 심하게 받았다. 거의 완전히 무능력해지는 느낌마저 들었다.

우리가 인간으로서 배우는 가장 중요한 것들 중 하나는 관점의 전환이다. 그리고 대개 아동들은 관점 전환 훈련을 딱히 하지 않는다. 타인의 입장에 서면 어떨지를 이해할 수밖에 없는 상황에 처하면, 새로운 인지 경로들이 열린다. 엘리엇의 실험은 관점 전환 훈련이었다. 그 훈련을 받고 나자 렉스는 인종주의적 발언에 더 예민해졌다. 그는 아버지에게 "그건 부적절한 말이에요."라고 말했던 것을 기억한다. 그 순간을 회상하면 렉스는 기분이 좋아진다. 그때 그는 옳은 행동을 했다고 느꼈고 자신이 한 개인으로서 변화하기 시작했음을 알아챘다.

파란색 눈/갈색 눈 훈련에서 탁월한 점은 제인이 우등한 집단을 교체한 것이다. 그 교체 덕분에 학생들은 규칙 체계란 자의적일 수 있다는 더 큰 교훈을 얻었다. 학생들은 세계에 관한 진실들이 확정되어 있지 않을뿐더러 반드시 진실인 것도 아님을 배웠다. 이 훈련을 통해 아동들은 정치 선전이 만들어놓은 연기와 거울을 꿰뚫고 세상을 보면서 나름의 견해를 구성할 능력을 키웠다. 당연한 말이지만, 이 능력을 자식들에게 전수하고 싶지 않은 부모는 없을 것이다.

교육은 집단학살의 예방에서 결정적인 역할을 한다. 오직 내집단과 외집단을 구분하려는 신경학적 욕구를(또한 그 욕구에 끼어들기 위해서 선전이 활용하는 표준적인 술수들을) 이해해야만, 결국 대량 잔혹 행위로 귀착하는 비인간화 경로들을 차단할 희망을 품을 수 있다.

디지털 과다 연결의 시대인 지금, 인간들 사이의 연결을 이해하는 일은 과거 어느 때보다 더 중요하다. 인간의 뇌들은 근본적으로 상호작용하도록 설계되어 있다. 우리는 탁월하게 사회적인 동물이다. 우리의 사회적 욕구들은 때때로 조작될 수 있는 것이 사실이다. 그러나 다른 한편으로 그 욕구들은 인류의 성공담 한가운데에 위치한다.

당신의 경계는 당신 피부의 겉면일까? 어쩌면 당신은 그렇게 생각할지도 모르지만, 당신이 끝나고 주변 세계가 시작되는 지점을 지목할 길이 없다는 말도 일리가 있다. 당신의 뉴런들과 지구 상에 존재하는 모든 사람의 뉴런들은 상호작용하면서 거대하고 변화무쌍한 초유기체를 이룬다. 우리가 경계를 그어 당신이라고 부르는 그것은 큰 연결망 속의 작은 연결망일 뿐이다. 인류의 미래가 밝기를 바란다면, 우리는 인간의 뇌들이 어떻게 상호작용하는지에 대한 연구를 계속 이어가야 마땅하다. 기회들뿐 아니라 위험들도 연구되어야 한다. 우리 뇌의 설계에 새겨진 진실을 피할 길은 없으므로, 우리는 서로가 필요하다.

THE BRAIN 6

미래에 우리는 어떤 존재가 될까?

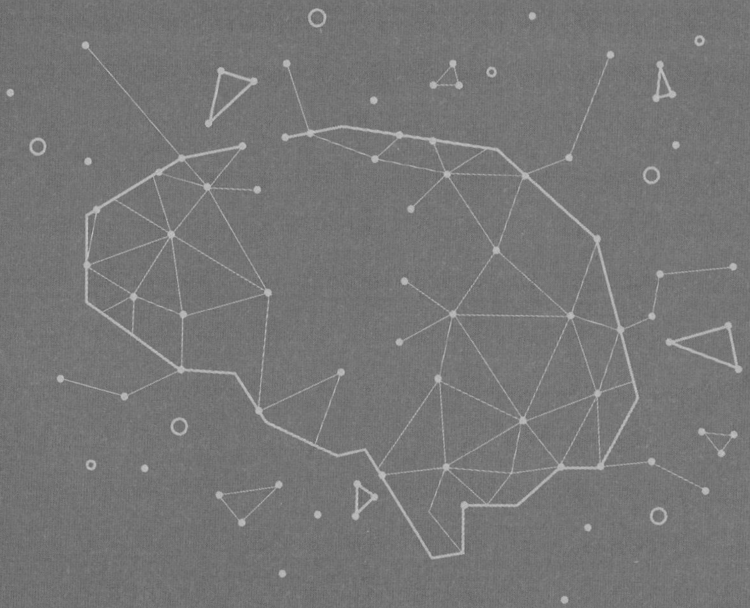

인간의 몸은 복잡하고 아름다운 걸작이다.
세포 40조 개가 조화롭게 어울려 이룬
교향곡이니까 말이다. 그러나 인체는
고유한 한계들을 지녔다. 당신의 몸은 당신이
할 수 있는 일을 제약한다. 그러나 뇌가
새로운 유형의 입력들을 이해하고 새로운
유형의 팔다리를 통제하여 우리가 사는 현실을
확장한다면 어떻게 될까? 지금 우리는
인류 역사에서 생물학과 기술이 융합하여
뇌의 한계를 막 뛰어넘으려는 순간에
살고 있다. 우리는 우리 자신의 하드웨어를
해킹하여 미래의 진로를 조종할 수 있다.
바야흐로 인간다움의 의미가 근본적으로
변화할 기미가 역력하다.

지난 10만 년 동안 인류의 역사는 대단한 여행이었다. 우리는 보잘것없는 먹을거리로 연명하는 원시적 수렵채집자의 삶에서 시작하여 자신의 운명을 스스로 결정하는 종으로서 지구를 정복하고 빽빽한 상호 연결을 이뤘다. 오늘날 우리는 조상들이 꿈도 꾸지 못한 세속적 경험들을 누린다. 마음만 먹으면 우리는 깨끗한 강물을 우리의 잘 꾸민 동굴 안으로 끌어들일 수 있다. 우리는 세상의 모든 지식을 담은 작은 돌멩이 크기의 장치를 손에 들고 다닌다. 우리가 구름의 꼭대기와 지구의 굴곡을 우주에서 보는 일도 자주 있다. 우리는 80밀리초 만에 지구 반대편으로 메시지를 보내고 지구 궤도에 떠 있는 우주 식민지에 초당 60메가비트의 속도로 파일을 업로드할 수 있다. 심지어 차를 몰고 일터로 갈 때도 우리는 흔히 치타와 같은 생물학적 걸작들을 능가하는 속도로 움직인다. 인류의 이 같은 거침없는 성공은 두개골 안에 들어 있는 1.4킬로그램의 물질이 가진 특별한 속성들에서 기인한다.

대체 인간의 뇌는 어떤 특징을 가졌기에 이런 대단한 여행을 가능케 했을까? 만일 인류가 이룬 성취들의 배후에 숨은 비밀을 이해할 수 있다면, 어쩌면 우리는 뇌의 능력들을 신중하고 합목적적인 방식으로 지휘하여 인류 역사의 새 장을 열 수 있을 것이다. 앞으로 1000년 동안 우리는 어떻게 변화할까? 먼 미래에 인류는 어떤 모습이 될까?

융통성이 뛰어난 계산 장치

우리의 성공(또한 우리의 미래 기회)을 이해하는 열쇠는 뇌의 엄청난 적응력, 이른바 '뇌 가소성brain plasticity'이다. 2장에서 보았듯이, 이 특징 덕분에 우리는 어떤 환경에 떨어져도 생존에 필요한 국지적 세부 사항들을 파악한다. 국지적 언어, 국지적 환경의 압력, 국지적 문화의 요구 등을 말이다.

뇌 가소성은 또한 우리 미래의 열쇠다. 왜냐하면 뇌 가소성은 우리 자신의 하드웨어를 수정할 길을 열어주기 때문이다. 우선 뇌가 얼마나 융통성이 뛰어난 계산 장치인지부터 살펴보자.

캐머런 모트Cameron Mott라는 소녀를 예로 들 수 있다. 그녀는 네 살 때 심한 뇌전증이 발병했다. 그녀의 발작은 파괴적이었다. 캐머런은 갑자기 바닥에 쓰러지곤 했기 때문에 항상 헬멧을 쓸 필요가 있었다. 그녀는 곧 '라스무센 뇌염'이라는, 몸을 쇠약하게 만드는 희귀병 진단을 받았다. 그녀를 진료한 신경학과 의료진은 이 형태의 뇌전증이 마비를 가져오고 결국 죽음을 초래하리라는 것을 알았다. 그리하여 그들은 과감한 수술을 제안했다. 2007년, 거의 12시간이 걸린 수술에서 신경외과 의사들의 팀은 캐머런의 뇌에서 절반을 통째로 제거했다.

뇌의 절반을 제거할 때 나타나는 장기적인 결과는 무엇이었을까? 알고 보니 그 결과는 놀랄 만큼 미미했다. 캐머런은 몸의 절반이 힘이 약하지만 나머지는 같은 학년의 다른 아이들과 사

캐머런의 뇌를 촬영한
이 사진에서 회색 여백은
제거된 뇌 반구가
있던 자리다.

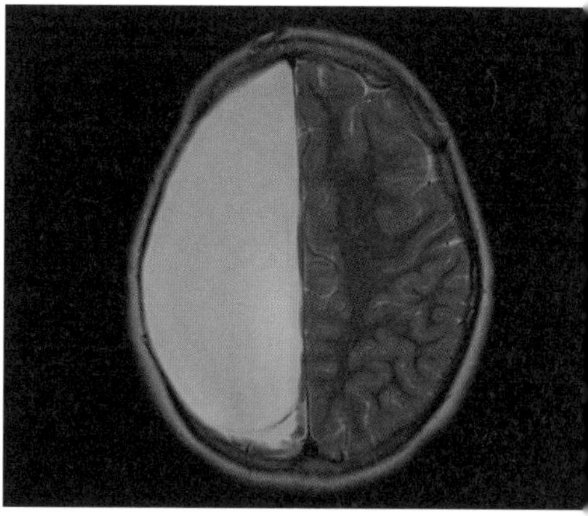

실상 다를 바 없다. 그녀는 언어, 음악, 수학, 이야기를 이해하는 데 아무 문제가 없다. 학업 성적도 우수하고 여러 스포츠에도 참여한다.

어떻게 이런 일이 가능할까? 캐머런의 뇌 절반이 애당초 불필요했던 것은 아니다. 오히려 남은 절반이 역동적으로 재구성되어 상실된 기능들을 넘겨받음으로써 사실상 뇌의 모든 기능이 그 절반에 탑재된 것이다. 캐머런의 회복은 뇌의 놀라운 능력을 여실히 보여준다. 뇌는 입력과 출력과 당면 과제에 적응하여 스스로 자신의 회로를 재구성한다.

이런 결정적인 특징 때문에 뇌는 우리가 사용하는 디지털 컴퓨터의 하드웨어와 다르다. 오히려 뇌는 '라이브웨어liveware'('살아 있는 용품'을 뜻함 — 옮긴이)다. 뇌는 자신의 회로를 재구성한다. 어른의 뇌는 비록 아동의 뇌만큼 유연하지는 않지만 여전히 놀라운 적응 및 변화 능력을 보유하고 있다. 앞선 장들에서 보았듯이, 우리가 새로운 것을 학습할 때마다, 이를테면 런던 지도를 외우거나 컵 쌓기 솜씨를 익힐 때마다, 뇌는 변화한다. 바로 이 같은 뇌의 능력(뇌 가소성) 덕분에 기술과 생물학의 새로운 융합이 가능하다.

뇌를 주변 장치들과 연결하기

기계 장치를 우리 몸에 직접 연결하는 기술은 꾸준히 발전해 왔다. 당신은 알아채지 못했을 수도 있겠지만, 지금 이 순간 인공 청각 장치나 시각 장치를 사용하는 사람들은 수십만 명에 달한다. '인공 달팽이관'이라는 장치는 외부 마이크에 포착된 소리 신호를 디지털화하여 청신경에 공급한다. 이와 유사하게 인공 망막은 카메라에 포착된 빛 신호를 디지털화하여 전극 격자를 통해 전송한다. 그 격자는 눈 뒤편의 청신경과 연결되어 있다. 이 장치들은 전 세계의 수많은 농인들과 맹인들에게 청각과 시각을 되찾아주었다.

과거에는 이런 기술이 유효할지가 불명확했다. 이 기술들이 처음 등장했을 때, 많은 연구자들은 회의적이었다. 뇌는 아주 정밀하고 전문화된 방식으로 설계되었기 때문에, 금속 전극과 생물학적 세포 사이에서 유의미한 대화가 이루어질 수 있을지

인공 청각 장치와 시각 장치

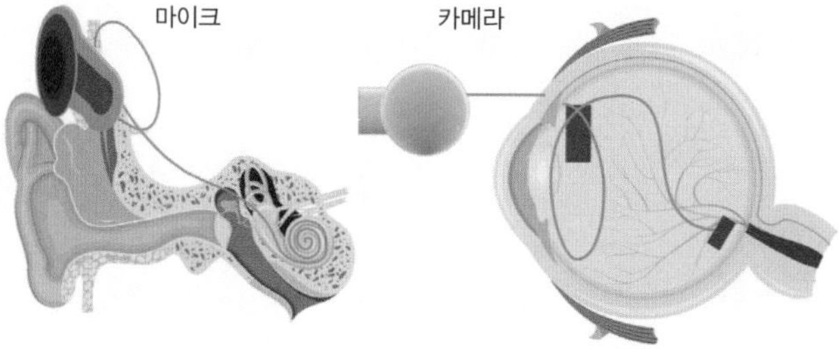

인공 달팽이관 인공 망막

인공 달팽이관은 귀의 생물학적 문제들을 우회하여 온전한 청신경으로 곧장 청각 신호를 공급한다. 청신경은 전기 임펄스를 청각 피질로 전송하는 데이터 케이블이며, 청각 피질은 그 임펄스를 해독한다. 인공 달팽이관은 외부 세계에서 소리를 포착하여 미세한 전극 16개를 통해 청신경으로 전달한다. 인공 달팽이를 이식받은 환자가 즉각 청각 경험을 하게 되지는 않는다. 환자는 뇌에 공급되는 낯선 신호들을 해석하는 법을 터득해야 한다. 인공 달팽이관을 이식 받은 마이클 코로스는 자신의 경험을 이렇게 묘사한다. "수술 후 한 달이 지나서 그 장치를 켰을 때, 내가 들은 첫 문장은 '즈즈즈 스즈 스즈비즈 우르 브르프즈즈즈?'였다. 나의 뇌는 그 낯선 신호를 해석하는 법을 차츰 학습했다. 머지않아 '즈즈즈 스즈 스즈비즈 우르 브르프즈즈즈'가 '아침으로 무엇을 드셨나요?'로 바뀌었다. 몇 달 훈련한 뒤에는 전화를 사용하고 심지어 시끄러운 술집과 식당에서도 대화할 수 있었다."

인공 망막도 비슷한 원리로 작동한다. 인공 망막의 미세한 전극들은 빛 수용기 층의 기능들을 우회하여 미세한 전기 스파크를 송출한다. 이 장치는 대개 안구의 뒤쪽 내면에 위치한 광 수용기들이 퇴화하는 병에 걸린 환자에게 이식된다. 왜냐하면 그런 환자는 시신경이 여전히 건강하기 때문이다. 인공 망막이 송출하는 신호는 익숙한 시각 시스템 신호와 정확히 동일하지 않지만, 그 시스템은 인공 망막에서 유래한 신호에서 시각에 필요한 정보를 추출하는 법을 배울 수 있다.

가 불분명했다. 뇌는 엉성한 비생물학적 신호를 이해할 수 있을까? 그런 신호는 오히려 뇌를 혼란스럽게 만들지 않을까?

이미 밝혀졌듯이 뇌는 그런 신호를 해석하는 법을 터득한다. 이 인공 장치들에 익숙해지는 것은 뇌를 위한 새 언어를 학습하는 것과 어느 정도 유사하다. 그 낯선 전기 신호들은 처음에 이해 불가능하지만, 결국 뉴런 연결망들은 입력되는 데이터에서 패턴들을 추출한다.

비록 입력 신호는 엉성하지만, 뇌는 그 신호를 이해하는 법을 터득한다. 뇌는 패턴을 찾아내고 다른 감각들을 참조하면서 해석한다. 입력 데이터 안에 구조가 존재하면, 뇌는 그 구조를 발굴한다. 여러 주가 지나면, 입력 정보는 의미를 띠기 시작한다. 비록 이식 장치들이 제공하는 신호는 우리의 자연적 감각기관이 제공하는 신호와 약간 다르지만, 뇌는 제공되는 정보를 처리하는 법을 터득한다.

연결 즉시 사용: 미래의 추가 감각

뇌의 가소성은 새로운 입력을 해석할 수 있게 한다. 이 해석 능력은 어떤 감각적 기회들을 열어줄까?

우리는 표준적인 기본 감각들을 갖추고 태어난다. 청각, 촉각, 시각, 후각, 미각, 그 밖에 균형 감각, 진동 감각, 온도 감각 등을 갖추고 말이다. 우리의 감각들은 우리가 환경으로부터 신호를 수용하는 관문들이다.

그러나 1장에서 보았듯이 이 감각들은 우리를 둘러싼 세계의 미세한 일부만 경험할 수 있게 해준다. 우리의 감각기관들이 탐지하지 못하는 모든 정보 원천들은 우리에게 포착되지 않는다.

나는 감각 관문들을 '연결 즉시 사용(플러그-앤드-플레이plug-and-play)' 방식의 주변 장치에 비유한다. 중요한 것은 뇌가 데이터의 출처를 알지도 못하고 신경 쓰지도 않는다는 점이다. 어떤 정보가 입력되든지 뇌는 그 정보로 무엇을 할지 알아낸다. 이 비유에서 뇌는 범용 계산 장치다. 이 장치는 공급되는 정보가 무엇이든지 그 정보를 처리한다. 요컨대 자연은 뇌의 작동 원리를 딱 한 번만 고안해야 했다. 그런 다음에 자연은 새로운 입력 통로들을 자유롭게 설계했다.

따라서 우리가 알고 사랑하는 이 모든 감각기관들은 끼우고 뺄 수 있는 장치들에 불과하다. 감각기관을 끼우면, 뇌는 그 감각기관을 이용할 수 있다. 사정이 이러하므로 진화는 끊임없이 뇌를 재설계할 필요가 없다. 단지 주변 장치들만 재설계하면 된다. 그러면 뇌는 그 장치들을 활용하는 법을 알아낸다.

동물계를 둘러보면, 동물들의 뇌가 활용하는 주변 감각기관들이 아찔할 정도로 다양함을 알게 될 것이다. 뱀은 열 감각기관을 가졌다.

'유리 나이프피시glass knifefish'는 전기 감각기관으로 국지적

자기장의 변화를 포착하여 해석한다. 소와 새들은 자석의 구실을 하는 감각기관을 이용하여 지구 자기장을 기준 삼아 길을 찾는다. 일부 동물들은 자외선을 볼 수 있다. 코끼리는 아주 먼 곳에서 나는 소리를 들을 수 있고, 개가 경험하는 실재는 온갖 냄새를 풍긴다. 자연선택의 도가니는 최고의 정보 사냥꾼들이 성장하는 온실이다. 방금 언급한 감각기관들은 외부 세계의 데이터를 내부 세계로 끌어들이기 위해 유전자들이 고안한 수많은 방법들 중 일부에 불과하다. 진화는 실재의 다양한 단면들을 경험할 수 있는 뇌를 제작했다.

이런 진화의 귀결로 내가 강조하고 싶은 것은 우리에게 익숙한 감각기관들에 어떤 특별한 구석이나 근본적인 의미가 없을 가능성이다. 그것들은 단지 우리가 복잡한 진화 역사로부터 물려받은 감각기관들일 뿐이다. 우리는 그것들에 매여 있지 않다.

이 생각에 대한 주요 증명은 이른바 '감각 대체sensory substitution'라는 개념에서 나온다. 감각 대체란 이례적인 감각 통로로 감각 정보(이를테면 촉각기관을 통해 시각 정보)를 공급하는 것을 말한다. 뇌는 그 정보로 무엇을 할지 알아낸다. 왜냐하면 뇌는 그 데이터가 어떤 경로로 입력되는지에 연연하지 않기 때문이다.

감각 대체는 과학 허구처럼 들릴지도 모르지만 이미 잘 확립된 기술이다. 최초의 사례는 1969년에 과학 저널 〈네이처

Nature〉에 발표되었다. 그 보고서에서 신경과학자 폴 바흐-이-리타Paul Bach-y-Rita는 시각 장애인 피험자들이 '보는' 법을 학습할 수 있음을 보여주었다. 비록 그들은 시각 정보를 이례적인 방식으로 공급받았지만 말이다. 그 시각 장애인들은 개조된 치과용 의자에 앉았고, 카메라가 공급하는 비디오는 그들의 등허리에 닿는 작은 돌기들의 패턴으로 변환되었다. 예컨대 연구진이 카메라 앞에 원을 놓으면, 피험자는 등허리의 촉감으로 원을 느낀다. 카메라 앞에 얼굴을 놓으면, 피험자는 등허리의 촉감으로 그 얼굴을 느낀다. 놀랍게도 시각 장애인 피험자들은 카메라에 포착되는 대상들을 해석할 수 있게 되었으며 대상이 다가옴에 따라 그 상의 크기가 커지는 것도 경험할 수 있었다. 그들이 등허리를 통해서 볼 수 있게 되었다는 말은 최소한 일리가 있다.

이 최초의 감각 대체 사례에 이어 많은 사례들이 보고되었다. 최신 사례들은 비디오를 소리의 흐름으로 변환하거나 이마나 혀에 가해지는 약한 전기 충격들의 연쇄로 변환하는 것을 포함한다.

후자의 예로 '브레인포트BrainPort'라는 우표 크기의 장치가 있다. 이 장치는 혀에 닿은 작은 격자를 통해 미세한 전기 쇼크를 전달한다. 시각 장애인 사용자는 소형 카메라가 장착된 선글라스를 착용한다. 카메라에 포착되는 이미지는 혀에 가해지는 전기 펄스들로 변환되고, 혀는 탄산음료처럼 톡 쏘는 감각을 느

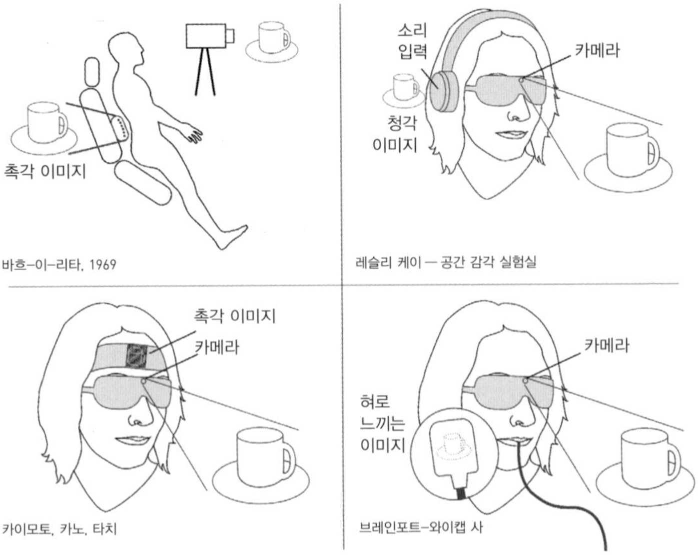

시각 정보를 이례적인 감각 통로들로 뇌에 공급하는 방법 네 가지. 각각 등허리, 귀, 이마, 혀를 이용한다.

낀다. 시각 장애인들이 브레인포트를 사용하는 솜씨는 아주 능숙한 수준에 도달할 수 있다. 이를테면 걸어가면서 장애물을 피하거나 공을 던져 바구니에 집어넣는 수준에 이른다. 시각 장애인 등반가 에릭 와이언마이어Erik Weihenmayer는 브레인포트를 이용하여 암벽에 기어오른다. 그는 혀로 느끼는 패턴을 해석하여 바위에 있는 홈과 턱의 위치를 파악한다.

혀로 '본다'는 이야기가 영 괴상하다면, 일반적인 시각 활동도 두개골 내부의 어둠 속으로 흘러드는 전기 신호들을 해석하는 것일 뿐이라는 점을 상기하라. 일반적으로 그 신호의 유입은 시신경을 통해 일어나지만, 다른 신경들을 통해서 그 신호가 유입되지 못할 이유는 없다. 감각 대체가 보여주듯이, 뇌는 어떤 데이터든지 들어오는 대로 수용하며 그 데이터로 무엇을 할 수 있는지 알아낸다.

내 실험실에서 진행되는 프로젝트들 중 하나는 감각 대체를 위한 플랫폼을 마련하는 것이다. 구체적으로 우리는 '가변성 추가 감각 변환기Variable Extra-Sensory Transducer', 줄여서 '베스트VEST'를 제작해놓았다. 내의처럼 눈에 띄지 않게 착용하는 장치인 베스트는 미세한 진동 모터들로 뒤덮여 있다. 그 모터들은 데이터 흐름을 역학적 진동 패턴으로 변환하여 몸통에 전달한다. 현재 우리는 청각 장애인에게 듣기 능력을 제공할 목적으로 VEST를 사용하고 있다.

베스트를 닷새 정도 사용하고 나면, 선천성 청각 장애인 피험자는 사람이 말하는 단어들을 정확하게 식별할 수 있다. 이 실험은 아직 초기 단계에 불과하지만, 우리는 베스트를 여러 달 착용한 피험자들이 소리를 직접 지각하게—사실상 들을 수 있게—되리라고 기대한다.

사람이 몸통으로 느끼는 진동 패턴을 통해 소리를 지각할 수 있다는 말은 언뜻 이상하게 들릴지 모른다. 그러나 앞서 언급한 치과용 의자나 혀에 닿는 격자에서와 마찬가지로 핵심 원리는 이것이다. 뇌는 정보를 얻기만 한다면 어떻게 얻는지에 연연하지 않는다.

감각 증강

감각 대체는 망가진 감각 시스템을 우회하는 방편으로 매우 효과적이다. 그러나 이 기술로 기존 감각을 대체하는 것을 넘어서 우리의 감각을 확장할 수 있다면 어떨까? 현재 내가 지도하는 학생들과 나는 우리의 세계 경험을 증강하기 위해 새로운 감각들을 개발하는 실험을 진행하는 중이다.

한 예를 보자. 인터넷은 1000조 바이트의 흥미로운 데이터를 제공하지만, 현재 우리는 스마트폰이나 컴퓨터 스크린을 주시해야만 그 정보에 접근할 수 있다. 만일 실시간 데이터가 당신의 몸속으로 흘러들어서 당신의 직접적 세계 경험의 일부가 될 수 있다면 어떨까? 바꿔 말해 당신이 데이터를 느낄 수 있다면 어떨까? 데이터는 날씨 데이터일 수도 있고, 주식 거래 데이터, 트위터 데이터, 비행기의 조종실 데이터, 공장의 가동 상태에 관한 데이터일 수도 있다. 이 모든 데이터를 새로운 진동 언어로 코드화하고, 뇌가 그 언어를 이해하는 법을 터득한다면 어떨까?

당신은 일상의 일들을 처리하면서, 200킬로미터 떨어진 곳에서 비가 오는지 또는 내일 눈이 올 것인지 직접 지각할 수 있을 것이다. 혹은 주식 시장의 움직임에 관한 직관들을 개발하여 세계 경제의 흐름을 잠재의식적으로 파악할 수 있을 것이다. 또는 현재 트위터 공간에서 무엇이 유행하는지 지각함으로

베스트

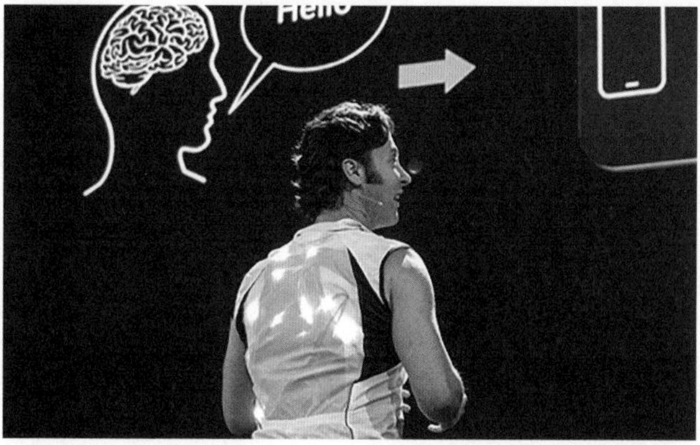

청각 장애인에게 감각 대체를 통해 소리 지각을 제공하기 위하여 내가 지도하는 대학원생 스코트 노비치Scott Novich와 나는 '베스트VEST'를 제작했다. 몸에 착용하는 이 장치는 주변의 소리를 포착하여 사용자의 몸통 전체를 둘러싼 작은 모터들의 진동 패턴으로 변환한다. 모터들은 소리의 진동수에 반응하여 작동한다. 이런 식으로 소리를 가변적인 진동 패턴으로 바꾸는 것이다.

처음에 사용자는 그 진동 신호들을 전혀 이해하지 못한다. 그러나 충분한 훈련을 거치면, 사용자의 뇌가 그 신호로 무엇을 할지 알아낸다. 청각 장애인 피험자들은 몸통으로 느끼는 복잡한 패턴들을 이해 가능한 말소리로 번역할 수 있게 된다. 뇌는 진동 패턴을 무의식적으로 해독하는 법을 터득한다. 이것은 시각 장애인이 점자를 어려움 없이 읽게 되는 것과 유사하다.

베스트는 시각 장애인들의 생활을 혁명적으로 변화시킬 가능성이 있다. 인공 달팽이관과 달리 베스트는 외과 수술을 필요로 하지 않는다. 게다가 인공 달팽이관보다 최소한 20배 저렴하기 때문에 전 세계적인 해법이 될 만하다.

그러나 더 원대한 전망은 이것이다. 베스트는 소리를 넘어서 임의의 정보 흐름이 뇌에 진입하기 위한 플랫폼의 구실을 할 수 있다.

웹사이트 eagleman.com에서 베스트의 작동을 촬영한 동영상들을 보라.

써 인류의 의식에 접속할 수도 있을 것이다.

과학 허구처럼 들리는 이야기이지만, 이런 미래는 그리 멀지 않다. 이 모든 것은 우리가 애쓰지 않을 때에도 패턴들을 추출해내는 뇌의 재능 덕분에 가능하다. 그 재능 덕분에 우리는 복잡한 데이터를 흡수하여 우리의 감각적 세계 경험에 통합할 수 있다. 새로운 데이터 흐름을 흡수하는 일은 이 글을 읽는 것처럼 쉽게 느껴질 것이다. 그러나 읽기와 달리 감각 추가는 의식적으로 주의를 집중하지 않고도 세계에 관한 정보를 받아들이는 방법이 될 것이다.

현재 우리는 뇌가 소화할 수 있는 데이터 유형의 한계를 모르고, 그 한계가 존재하는지조차도 모른다. 그러나 확실히 우리는 감각적 적응을 위해 진화론적 규모의 시간을 기다려야 하는 자연적 종이 이제 더는 아니다. 미래로 나아가면서 우리는 세계로 통하는 우리 자신의 감각적 관문들을 점점 더 많이 고안하게 될 것이다. 우리는 확장된 감각적 실재에 맞게 우리 자신을 설계하게 될 것이다.

더 나은 몸을 얻는 방법

우리가 세계를 어떻게 감각하느냐는 전체 이야기의 절반에 불과하다. 나머지 절반은 우리가 세계와 어떻게 상호작용하는가 하는 것이다. 우리가 우리의 감각적 자아를 교정하기 시작한 것과 마찬가지로 뇌의 융통성을 지렛대로 삼아서, 우리가 세계와 상호작용하는 방식을 교정할 수 있을까?

잔 슈어만Jan Scheuermann의 사례를 보자. 그녀의 뇌와 근육들을 연결하는 척수신경들은 '척수소뇌 장애spinocerebellar disorder'라는 드문 유전병 탓에 퇴화해버렸다. 그녀는 자신의 몸을 느낄 수 있지만 움직일 수 없다. "내 뇌는 팔에게 '올라가'라고 말하지만, 팔은 '나는 네 말이 안 들려'라고 대꾸해요."라고 잔은 말한다. 전신마비 장애인인 그녀는 피츠버그 의과대학에서 진행하려던 새로운 실험에 참여하기에 가장 적합한 인물이었다.

연구진은 그녀의 좌뇌 운동 피질에 전극 두 개를 이식했다. 정확히 말하면, 뇌 신호가 척수를 타고 내려가 팔 근육을 통제하기 전에 거치는 마지막 정거장이 전극 이식 지점이었다. 연구진은 잔의 피질에서 발생하는 전류들을 측정하여 컴퓨터로 번역함으로써 그녀의 의도를 파악하고 그 의도에 따라 로봇 팔이 움직이도록 만들었다. 실험에 쓰인 로봇 팔은 세계 최고의 성능을 갖춘 제품이었다.

로봇 팔을 움직이고 싶으면 잔은 그 팔을 움직이는 것을 생각하기만 하면 된다. 로봇 팔을 움직일 때 잔은 사람에게 말하는 것처럼 중얼거리곤 한다. "올라가. 내려가. 아래로, 더 아래로. 오른쪽으로. 잡아. 놔." 그리고 로봇 팔은 그녀의 말대로 움직인다. 그녀는 명령들을 큰 소리로 말하지만, 꼭 그래야 하는

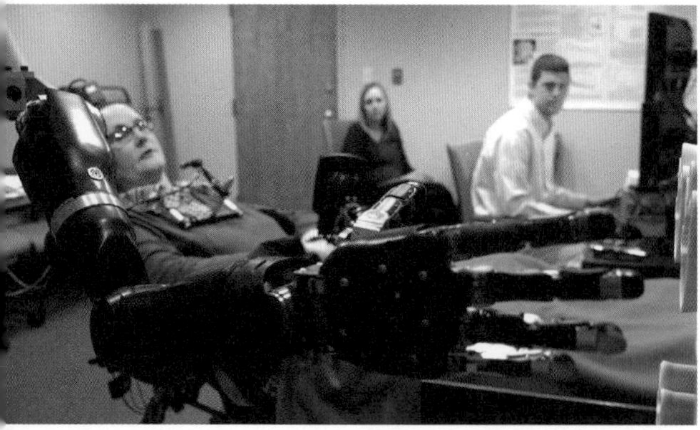

잔의 뇌에서 발생하는 전기 신호들이 명령으로 해독되고, 그 명령에 따라 생체공학 팔이 움직인다. 잔은 생각으로 그 팔을 조종한다. 팔을 움직일 뿐 아니라, 손목과 손가락도 부드럽게 구부리고 펼 수 있다.

것은 아니다. 그녀의 뇌와 로봇 팔은 물리적으로 직접 연결되어 있다. 잔은 자신의 뇌가 팔을 움직이는 법을 잊어버리지 않았다고 보고한다. 그녀의 뇌는 10년 동안 팔을 움직이지 않았는데도 말이다. 그녀는 말한다. "자전거 타기와 비슷해요."

잔의 능숙한 솜씨는 미래에 우리가 기술을 이용하여 몸을 강화하고 확장하리라는 것을 시사한다. 팔다리나 장기를 대체할 뿐 아니라 개량하리라는 것을 말이다. 즉, 미래에 우리는 인간의 연약한 팔다리와 장기를 무언가 더 내구적인 것들로 격상시킬 것이다. 잔의 로봇 팔은 다가오는 생체공학 시대의 첫 단서에 불과하다. 그 시대에 우리는 타고난 피부와 근육과 잘 부러지는 뼈보다 훨씬 더 강하고 영구적인 장비를 부리게 될 것이다. 그 결과들 중 하나는 우리의 허약한 몸으로는 감당하기 힘든 새로운 우주여행의 가능성들이 열리는 것이다.

팔다리 대체 정도는 아무것도 아니다. 발전하는 뇌-기계 접속 기술은 더 기이한 가능성들을 시사한다. 당신의 몸을 확장하여 도저히 인간의 몸이라고 보기 어렵게 만든다고 상상해보라. 우선 이것을 생각해보자. 당신이 뇌의 신호를 이용하여 저쪽 방구석에 있는 기계를 무선으로 조종할 수 있다면 어떨까? 책상 앞에 앉아 이메일 답장을 보내면서 동시에 당신의 운동피질을 이용하여 진공청소기를 작동시킨다고 상상해보라. 얼핏 들으면 말도 안 되는 이야기 같겠지만, 뇌는 과제들을 무의식적으로 수행하는 능력이 뛰어나다는 점을 상기하라. 당신이 자동차를 몰면서 동행과 대화하고 라디오 다이얼을 돌리는 일을 얼마나 쉽게 해내는지만 생각해봐도 충분하다.

적당한 뇌-기계 접속 기술과 무선통신 기술이 있다면, 당신이 크레인이나 지게차 같은 대형 장비를 멀리서 당신의 생각을 통해 무선으로 조종하지 못할 이유는 없다. 당신은 삽질을 하거나 기타를 치면서 딴 생각을 할 때와 마찬가지로, 다른 일을 하면서 그런 기계들을 조종할 수 있을 것이다. 거기에 감각적 되먹임까지 제공된다면, 당신의 기계 조종 솜씨는 더 향상될 것이다. 그 되먹임은 시각적으로 제공될(기계가 어떻게 움직이는지를 당신이 지켜보는 방식일) 수도 있고 심지어 당신의 체감각 피질에 데이터를 공급하는(당신이 기계의 움직임을 느끼는) 방식으로 제공될 수도 있다. 그런 기계를 팔다리처럼 부리려면 훈련이 필요하고 처음에는 어색할 것이다. 이것은 아기가 몇 달 동안 마구잡이로 움직여야만 팔다리를 정교하게 놀리는 법을 터득하는 것과 마찬가지다. 시간이 흐르면, 그런 기계는 사실상 추가된 팔다리가 되어 (이를테면 유압식 구동장치를 통해) 당신에게 엄청난 힘을 제공할 것이다. 당신은 그 기계를 당신의 팔다리처럼 느낄 것이다. 한마디로 그 기계는 당신의 또 다른 팔다리, 당신 자신의 확장된 부분이 될 것이다.

우리는 뇌가 학습을 통해 소화할 수 있는 신호의 유형에 어떤 이론적 한계가 있는지 모른다. 어쩌면 우리가 원하는 거의 모든 유형의 물리적 몸과 세계와의 상호작용 방식이 실현 가능할지도 모른다. 당신의 확장된 부분이 지구 반대편에서 임무를 수행하거나 달에서 암석을 채취하는 동안 당신은 여기에서 샌드위치를 맛있게 먹는 것도 불가능할 이유가 없다.

타고난 몸은 인간다움의 출발점에 불과하다. 먼 미래에 우리는 우리의 물리적 몸뿐 아니라 자아감도 근본적으로 확장할 것이다. 새로운 감각 경험들과 새로운 유형의 몸놀림에 익숙해짐에 따라 우리는 근본적인 변화를 겪을 것이다. 왜냐하면 우리의 물리적 속성들은 우리가 느끼는 방식, 생각하는 방식, 우리의 정체성의 바탕을 이루기 때문이다. 표준적인 감각들과 표준적인 몸의 제약이 사라지면, 우리는 다른 사람들이 될 것이다. 우리의 먼 후손들은 어쩌면 우리가 누구였고 우리에게 무엇이 중요했는지 이해하느라 애를 먹을 것이다. 인류 역사의 현 시점에서 우리는 가까운 미래의 후손들보다 석기 시대의 조상들과 더 많은 공통점을 가지고 있을지도 모른다.

불멸

우리는 이미 인간의 몸을 확장하기 시작했지만, 우리 자신을 아무리 강화하더라도 피하기 어려운 문제가 하나 있다. 우리의 뇌와 몸은 물질로 이루어졌다. 그것들은 퇴화하고 죽을 것이다. 당신의 뉴런 활동이 모두 멈추는 순간이 올 것이며, 그러면 의식을 가진 존재로서 당신의 찬란한 경험은 종말을 맞을 것이다. 당신이 누구이고 무엇을 하는지는 중요하지 않다. 죽음은 우리 모두의 운명이다. 아니, 모든 생물의 운명이다. 그러나 오직 인간만이 유별난 예지력을 지녀서 죽음을 미리 알고 고뇌한다.

모든 사람이 기꺼이 고뇌하는 것은 아니다. 일부는 죽음에 맞서 싸우는 쪽을 선택했다. 곳곳에 흩어진 과학자 집단들은 우리의 생물학을 더 잘 이해하면 죽음을 극복할 수 있다는 생각에 관심을 기울인다. 미래에 우리가 반드시 죽을 운명에서 해방된다면 어떨까? 나의 친구이자 스승이었던 프랜시스 크릭이 죽어 화장되었을 때, 나는 그의 뇌 전체가 불타버리는 것은 대단히 수치스러운 일이라는 생각에서 한동안 헤어나지 못했다. 그 뇌는 20세기 생물학의 최대 거장들 중 한 명의 지식, 지혜, 지능을 모두 담고 있었다. 크릭의 삶에 관한 모든 자료인 그의 기억, 통찰력, 유머 감각이 그 뇌의 물리적 구조 안에 저장되어 있었다. 그런데 단지 그의 심장이 멈췄다는 이유만으로 모든 사람이 그 하드드라이브를 기꺼이 불구덩이로 내던졌다. 그 모습을 보면서 나는 의문을 품었다. 그의 뇌가 보유한 정보를 어떤 식으로든 보존할 길이 없을까? 뇌를 보존하면 그 소유자의 생각과 의식과 개성을 언젠가 되살릴 수 있지 않을까?

지난 50년 동안 알코어 생명 연장 재단Alcor Life Extension Foundation은 지금 살아 있는 사람들에게 두 번째 인생을 허락할 것이라고 믿고 있는 자체 기술을 개발해왔다. 현재 그 재단은 129명의 시신을 생물학적으로 부패하지 않게 냉각 보존 중이다.

냉각 보존 절차는 이렇다. 첫째, 냉각 보존을 원하는 의뢰인은 자신의 생명보험금 수익자를 알코어 재단으로 지정한다. 그 후 그가 법적인 사망선고를 받으면, 알코어 재단이 바빠진다. 시신 관리를 위해 현지 팀이 투입된다.

그 팀은 즉시 시신을 얼음 욕조로 옮긴다. 이어서 '항냉동 관류cryoprotective perfusion'라는 과정이 진행되는데, 이때 팀원들은 시신이 냉각되는 동안 세포들이 파괴되지 않게 16가지 화학물질을 시신의 혈관 속으로 주입한다. 다음으로 시신을 최대한 신속하게 알코어 재단의 수술실로 옮겨 마지막 절차에 들어간다. 즉, 컴퓨터의 통제 아래 극저온 질소 기체를 순환시키는 환풍기를 이용하여 시신을 급속 냉각한다. 목표는 몸의 모든 부위를 최대한 신속하게 영하 124도 아래로 냉각함으로써 얼음이 얼지 않게 하는 것이다. 이 과정은 세 시간쯤 걸리는데, 과정이

법적 죽음과 생물학적 죽음

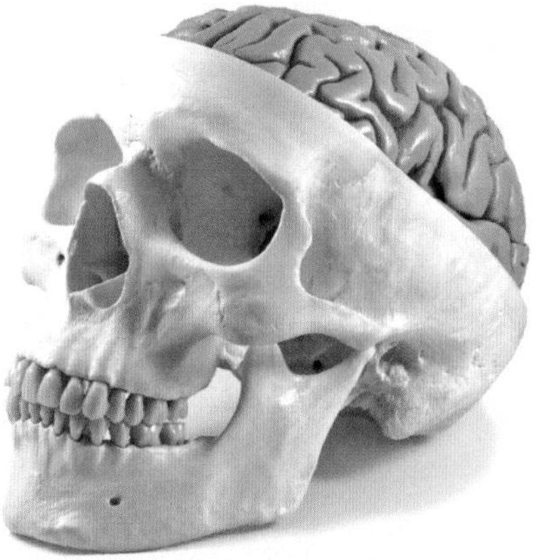

어떤 사람의 뇌가 임상적으로 죽었거나 몸에서 호흡과 혈액 순환의 불가역적 중지가 일어났다면, 그 사람은 법적으로 사망을 선고받는다. 뇌가 죽었다는 판정(뇌사 판정)을 받으려면, 상위 기능을 담당하는 피질의 모든 활동이 멈춰야 한다. 뇌사 후에도 생명에 필수적인 기능들은 유지될 수 있다. 이 사실은 장기와 신체의 기증을 가능케 할뿐더러 알코어 재단의 입장에서 결정적으로 중요하다. 반면에 생물학적 죽음은 법적 죽음을 겪은 인체를 방치할 때 일어난다. 생물학적 죽음이란 몸 전체의 — 장기들과 뇌를 이루는 — 세포들이 죽는 것이다. 생물학적 죽음을 겪은 장기들은 기증에 적합하지 않다. 혈류를 통해 산소가 공급되지 않으면, 몸의 세포들은 신속하게 죽기 시작한다. 몸과 뇌를 가장 덜 손상된 상태로 보존하려면 가능한 한 신속하게 세포들의 죽음을 멈추거나 최소한 늦춰야 한다. 한마디 보태자면, 알코어 재단에서 시신을 냉각할 때 가장 우선시하는 점은 얼음 결정의 형성을 막는 것이다. 얼음이 얼면 세포의 섬세한 구조물들이 파괴될 수 있기 때문이다.

끝나면 시신은 '유리화된vitrified' 상태, 즉 얼음이 얼지 않은 안정 상태에 이른다. 이어서 시신은 더 냉각되어 2주 동안 영하 196도에 머문다.

모든 의뢰인이 전신 보존을 선택하는 것은 아니다. 비용이 덜 드는 선택지는 머리만 보존하는 것이다. 머리를 몸으로부터 분리하는 작업은 수술대 위에서 이루어진다. 이때 혈액과 체액들은 말끔히 제거되고, 그 대신에 전신 보존 의뢰인의 경우와 마찬가지로 조직을 원래 모양으로 고정시키는 액체들이 주입된다.

모든 처리가 끝나면, 의뢰인의 시신은 대형 스테인레스 원통('듀어dewar'라고 불림)에 들어찬 극저온 액체 속에 담긴다. 그 시신은 그곳에서 오래 머물 것이다. 지금 지구 상에는 그 시신을 성공적으로 되살릴 방법을 아는 사람이 아무도 없다. 그러나 이것은 중요하지 않다. 알코어 재단과 의뢰인들은 냉각 보존된 시신을 되살릴 기술이 언젠가 개발되기를 바란다. 먼 미래의 문명은 의뢰인들의 몸을 황폐화한 질병들을 치유할 수 있으리라고 그들은 전제한다.

알코어 재단 관계자들은 냉각 보존된 시신을 되살릴 기술이 영영 개발되지 않을 가능성을 인정한다. 알코어 듀어에 들어간 의뢰인 각각은 언젠가 그 기술이 실현되어 자신을 되살려 두 번째 삶의 기회를 선사하리라는 꿈과 희망으로 신앙의 도약을 실천한 것이다. 이 모험은 필요한 기술이 미래에 개발되리라는 이 듀어 각각에 시신 네 구와 최대 다섯 개의 머리가 영하 196도로 냉각된 채 들어 있다.

쪽을 선택하는 도박인 셈이다. 나는 재단의 회원(때가 되면 듀어에 들어가기로 예약한 사람) 한 명과 대화했다. 그는 이 모든 것이 도박이라고 인정했다. 그러면서도 이것을 선택하면 죽음을 모면할 확률이 최소한 0보다 커진다는 점을 강조했다.

알코어 재단의 시설을 운영하는 맥스 모어Max More 박사는 "불멸"이라는 단어를 사용하지 않는다. 대신에 그는 알코어 재단의 목표는 사람들에게 두 번째 삶의 기회를 제공하는 것이며 그 삶은 수천 년 이상 지속될 가능성이 있다고 말한다. 그날이 올 때까지, 알코어 재단의 시설은 의뢰인들의 최후 안식처다.

디지털 불멸

삶에 애착하는 사람들이 모두 냉각 보존을 좋아하는 것은 아니다. 다른 길을 모색해온 사람들도 있다. 뇌에 저장된 정보에 접근하는 다른 방법들이 있다면 어떨까? 죽은 사람을 되살리는 대신에 그의 뇌 속 데이터를 직접 읽어내는 기술을 개발할 수도 있을 것이다. 따지고 보면 당신의 모든 지식과 기억은 뇌의 미시적 세부구조에 들어 있다. 그렇다면 마치 정보가 담긴 책과도 같은 당신의 뇌를 해독할 수 있지 않겠는가?

뇌 속의 정보를 해독하려면 무엇이 필요할지 생각해보자. 우선 개인의 뇌가 보유한 정보를 일일이 저장하기 위해서 성능이 탁월한 컴퓨터들이 필요할 것이다. 다행히 컴퓨터들의 성능은 지수적으로 향상되고 있으므로, 획기적인 가능성들이 열리리라고 기대할 만하다. 지난 20년 동안, 컴퓨터의 계산 능력은 1000배 넘게 향상되었다. 컴퓨터 칩들의 성능은 약 18개월마다 두 배로 향상되며, 이 경향은 지속된다. 현대의 기술은 상상할 수 없을 만큼 막대한 데이터의 저장과 거대한 시뮬레이션의 작동을 허용한다.

컴퓨터의 잠재력을 감안할 때, 언젠가 우리는 인간 뇌의 복사본을 컴퓨터에 저장할 수 있을 것 같다. 이 가능성을 가로막는 이론적 장애물은 없다. 그러나 이 가능성에 대한 현실적인 검토는 필요하다.

이 슈퍼컴퓨터의 성능은 20년 전에 지구에 존재했던 컴퓨터들의 성능을 다 합친 것과 같다. 앞으로 20년이 지나면 이 정도 성능도 대수롭지 않게 될 것이다. 당신은 이 슈퍼컴퓨터를 축소하여 몸에 착용하게 될지도 모른다.

전형적인 뇌는 약 860억 개의 뉴런을 가졌고, 그 뉴런 각각은 약 1만 개의 연결선을 형성한다. 뉴런들은 매우 특수한 방식으로 연결된다. 그 방식은 개인마다 다르다. 당신의 경험들과 기억들, 한마디로 당신을 이루는 모든 재료는 당신의 뇌세포들 사이의 연결선 수천조 개가 이룬 유일무이한 패턴에 의해 대표된다. 한눈에 굽어보기에는 너무 방대한 이 패턴을 일컬어 당신의 '커넥톰connectome'이라고 한다. 프린스턴 대학교의 서배스찬 승Sebastian Seung(한국 이름 승현준) 박사와 그의 팀은 커넥톰을 마지막 세부까지 밝혀내는 야심찬 연구를 진행 중이다.

미시적이고 복잡한 연결망인 커넥톰의 지도를 완성하는 것은

기술의 발전 속도

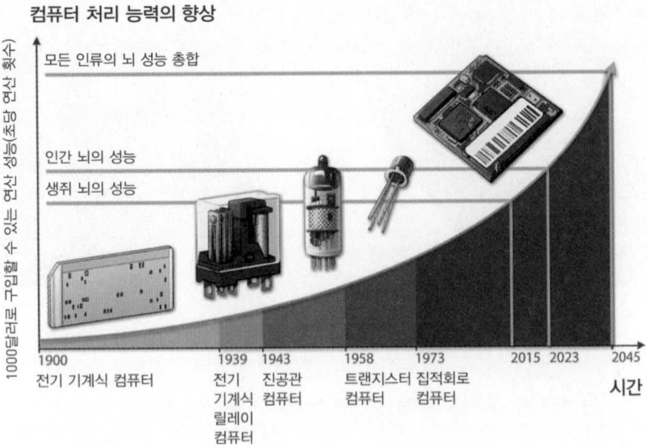

1965년, 컴퓨터 업계의 강자 인텔의 공동 창업자 고던 무어Gordon Moore는 컴퓨터 성능의 발전 속도에 관한 예측을 내놓았다. '무어의 법칙'으로 알려진 그 예측은 트랜지스터가 더 작아지고 정확해짐에 따라서 컴퓨터 칩에 탑재할 수 있는 트랜지스터의 개수가 2년마다 2배로 증가하리라는 것이다. 이는 컴퓨터의 성능이 지수적으로 향상된다는 것을 의미한다. 그후 수십 년 동안, 무어의 예측은 옳은 것으로 입증되었고 기술 일반의 지수적 발전을 대표하게 되었다. 무어의 법칙은 컴퓨터 업계에서 장기적 계획 수립과 기술 향상 목표 설정에 쓰인다. 그 법칙은 기술이 선형으로 발전하는 게 아니라 지수적으로 발전하리라고 예측하기 때문에, 일부 사람들은 지금의 속도로 2만 년 동안 발전해야 도달할 기술 수준이 향후 100년 안에 달성되리라고 예측한다. 이 예측대로라면, 우리도 기술의 근본적인 발전들을 목격하리라고 예상할 수 있다.

어마어마하게 어려운 작업이다. 승은 연쇄 단면 전자현미경 관찰법serial-section electron microscopy을 이용한다. 이 기법은 초정밀 칼날로 뇌 조직을 아주 얇은 조각들로 저미는 작업을 포함한다(현재는 인간의 뇌가 아니라 생쥐의 뇌가 재료로 쓰인다). 각각의 조각은 미세한 구역들로 세분되고, 이 구역 각각이 탁월한 성능의 전자현미경으로 스캔된다. 이 스캔 각각의 결과물은 '전자현미경 사진electron micrograph'이며, 이 사진은 10만 배로 확대된 뇌의 한 부분을 보여준다. 이 해상도에서는 뇌의 미세한 특징들을 식별하는 것이 가능하다.

이런 얇은 조각들의 모습을 컴퓨터에 저장하고 나면, 더 어려운 작업이 시작된다. 즉, 조각들을 하나씩 살펴보면서 세포들의 윤곽을 그려야 한다. 이 작업은 원래 사람이 손으로 했지만, 지금은 컴퓨터 알고리즘을 점점 더 많이 활용하고 있다. 이

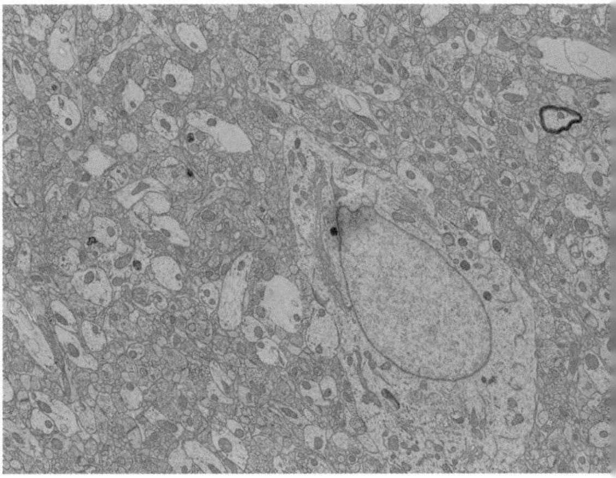

커넥톰을 얇게 저민 조각 하나: 이런 인상적인 2차원 사진들을 얻는 것은 우리가 아는 세계에서 가장 복잡한 회로도를 그리는 작업의 첫 단계다. 작고 검은 점들은 개별 세포 하나의 내부에 있는 DNA다. 완벽한 원들은 신경전달물질이 담긴 미세한 구형 소포들이다.

생쥐의 뇌 조직에서 떼어낸 이 미세한 덩어리 속에는 약 300개의 연결부(시냅스)가 있다. 이만큼 큰 덩어리는 생쥐 뇌 전체의 20억분의 1, 인간 뇌의 5조분의 1에 해당한다.

어서 이미지들을 포개어 쌓으면서 개별 세포들의 윤곽을 연결하여 온전한 3차원 모형을 만들어야 한다. 이렇게 공들여 만든 모형은 무엇이 무엇과 연결되어 있는지 보여준다.

빽빽하게 들어찬 국수 가락 같은 연결선들의 굵기는 10억분의 몇 미터에 불과하다. 그러므로 인간 뇌 속의 모든 연결선들을 나타낸 지도를 완성하는 일이 엄청난 과제이며, 왜 가까운 미래에 성취될 가망이 없는지 그 이유를 쉽게 납득할 수 있다. 필요한 데이터의 양은 실로 어마어마하다. 인간 뇌 하나의 고해상도 구조를 저장하려면 제타바이트(10의 21제곱 바이트)의 용량이 필요할 것이다. 이 양은 현재 지구에 존재하는 디지털 데이터의 총량과 같다.

과감하게 먼 미래를 상상해보자. 우리가 당신의 커넥톰을 스캔할 수 있다면 어떻게 될까? 그 정보는 당신을 대신하기에 충분할까? 당신 뇌의 모든 회로를 촬영한 사진과도 같은 그 정보는 실제로 의식을, 그것도 당신의 의식을 가질까? 아마도 그렇지 않을 것이다. 왜냐하면 (무엇이 무엇과 연결되는지 보여주는) 회로도는 뇌의 작동에 필요한 마법의 절반에 불과하기 때문이다. 나머지 절반은 그 연결망을 기반으로 일어나는 온갖 전기적·화학적 활동이다. 생각, 느낌, 의식의 연금술은 매초 뇌세포들 사이에서 일어나는 수천조 회의 상호작용에서 비롯된다. 화학물질의 방출, 단백질의 모양 변화, 뉴런의 축삭돌기를 따라 이동하는 전기 활동의 파동 등에서 말이다. 커넥톰의 엄청난 규모를 생각해보라. 더구나 그 엄청난 규모에다가, 커넥톰을 이루는 연결들 각각에서 매초 일어나는 일들의 방대한 개수를 곱해보라. 그러면 당신은 이 문제가 얼마나 거대한지 감을 잡을 것이다. 안타깝게도 인간의 뇌는 이 정도로 거대한 시스템을 파악할 수 없다. 그러나 다행스럽게도 우리의 컴퓨터 성능은 언젠가 열릴 한 가능성, 곧 뇌의 시뮬레이션을 향해 나아가는 중이다. 다음 과제는 뇌 시스템을 읽어내 모형을 만드는 것에 그치지 않고 그 모형을 작동시키는 것이다.

스위스 로잔 연방공과대학(EPFL)의 한 연구팀은 바로 그런 시뮬레이션을 추구한다. 그들의 목표는 인간 뇌의 완전한 시뮬레이션을 위한 소프트웨어 및 하드웨어의 기초를 2023년까지 마련하는 것이다. 이 '인간 뇌 프로젝트Human Brain Project'는 전 세계의 신경과학 연구소들로부터 데이터를 수집하는 야심 찬 연구 사업이다. 수집되는 데이터는 개별 세포들(세포의 내용물과

연쇄 단면 전자현미경 관찰법과 커넥톰

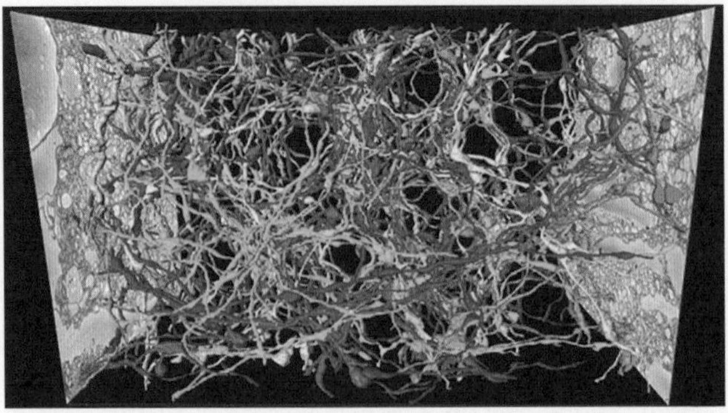

환경에서 유래한 신호는 뇌세포들이 주고받는 전기화학적 신호로 번역된다. 이것은 뇌가 몸 바깥의 세계에서 유래한 정보에 접근하는 첫걸음이다.

서로 연결된 뉴런 수십억 개가 복잡하게 엉켜 이룬 뭉치를 정확하게 파악하려면 특별한 기술과 세상에서 가장 예리한 칼날이 필요하다. '연쇄 블록면 스캔 전자현미경 관찰법Serial block-face scanning electron microscopy'이라는 기술은 미세한 뇌 조직 절편들에 기초하여 완전한 신경 경로들의 고해상도 3차원 모형을 산출한다. 이것은 뇌의 3차원 이미지를 나노(10억분의 1 미터) 규모의 해상도로 산출하는 최초의 기술이다.

이 기술에 쓰이는 칼날은 정육점에서 보는 원반형 기계 칼날과 유사하다. 스캔 전자현미경 내부에 설치된 초정밀 다이아몬드 칼날이 미세한 뇌 조직 블록을 극도로 얇은 절편들로 저민다. 절편 각각은 전자현미경에 의해 스캔된다. 이어서 산출된 스캔 이미지들을 디지털 방식으로 포개서 원래 블록의 고해상도 3차원 모형을 만든다.

이런 식으로 절편들을 하나씩 스캔하여 뉴런들이 얽히고설켜 이룬 뭉치의 모형을 만든다. 평균적인 뉴런이 길이가 4~100나노미터이고 가지를 1만 개 뻗을 수 있다는 점을 감안할 때, 이 작업은 어마어마한 과제다. 인간의 커넥톰 지도는 수십 년이 지나야 완성될 것으로 보인다.

인간 뇌 프로젝트: 스위스의 한 대규모 연구팀은 전 세계의 실험실들에서 얻은 데이터를 수집하고 있다. 최종 목표는 뇌 전체의 시뮬레이션을 제작하는 것이다.

구조)에 관한 데이터, 커넥톰 데이터, 뉴런 집단에서의 대규모 활동 패턴에 관한 데이터 등을 아우른다.

전 세계에서 이루어지는 실험들 각각에서 하나씩 얻은 데이터가 거대한 퍼즐의 미세한 조각들로 천천히 축적된다. 인간 뇌 프로젝트의 목표는 구조와 행동에서 실제 뉴런들을 상세히 모방한 요소들을 사용하는, 그러한 뇌 시뮬레이션을 성취하는 것이다. 이런 야심 찬 목표와 유럽연합이 지원하는 10억 유로의 자금에도 불구하고, 인간 뇌는 여전히 우리가 도달할 수 있는 범위를 훌쩍 벗어나 있다. 현재의 목표는 쥐 뇌의 시뮬레이션을 제작하는 것이다.

인간의 뇌 전체를 지도로 묘사하고 시뮬레이션하는 작업은 이제 시작 단계에 불과하지만, 우리가 목표에 도달하지 못할 이론적 이유는 없다. 하지만 핵심 질문은 이것이다. 인간 뇌의 시뮬레이션은 의식을 가질까? 인간 뇌의 세부 사항들을 정확히 파악하여 시뮬레이션한다면, 그 결과로 의식 있는 존재가 만들어질까? 그 결과물은 생각하고 자기를 의식할까?

의식은 물리적 재료를 필요로 할까?

컴퓨터 소프트웨어가 다양한 하드웨어를 기반으로 작동할 수 있는 것과 마찬가지로, 정신이라는 소프트웨어도 다양한 플랫폼을 기반으로 작동할 가능성이 있다. 한번 생각해보자. 생물학적 뉴런들 그 자체는 특별할 것이 없고 오히려 그 뉴런들이 서로 소통하는 방식이 개인의 정체성을 산출한다면 어떨까?

이 생각을 일컬어 '뇌에 관한 계산학적 가설computational hypothesis of the brain'이라고 한다. 핵심 발상은 뉴런과 시냅스와 기타 생물학적 물질은 결정적 요소들이 아니며, 그것들을 통해 구현되는 계산이 관건이라는 것이다. 실제로 뇌가 물리적으로 무엇이냐는 중요하지 않고 뇌가 무엇을 하느냐가 중요할 가능성이 있다.

만일 이 가설이 참이라면, 뇌의 작동을 임의의 기반 위에서

쥐의 뇌

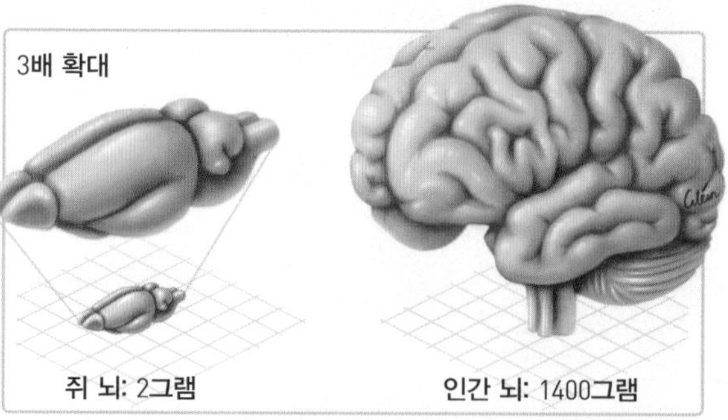

쥐는 인류 역사에서 오랜 동안 끔찍한 존재로 취급당했지만 현대 신경과학의 많은 연구 분야에서 생쥐와 더불어 결정적인 구실을 한다. 뇌의 크기는 쥐가 생쥐보다 더 크지만, 쥐와 생쥐의 뇌는 둘 다 인간의 뇌와 중요한 유사성들을 지녔다. 특히, 추상적인 사고를 위해 매우 중요한 뇌의 겉층, 곧 피질의 구조가 인간, 쥐, 생쥐에서 유사하다.

인간 뇌의 겉층인 피질은 한정된 두개골 내부의 공간에 더 많이 들어갈 수 있도록 주름이 잡혀 있다. 평균적인 성인의 피질을 반반하게 펼치면 그 면적이 (작은 식탁보와 맞먹는) 2500제곱센티미터에 달한다. 반면에 쥐의 뇌는 표면에 주름이 전혀 없다. 이처럼 외관과 크기에서 현격한 차이가 있기는 하지만, 인간 뇌와 쥐 뇌는 세포 수준에서 근본적인 유사성들을 지녔다.

현미경으로 관찰하면, 쥐 뉴런과 인간 뉴런을 구별하기가 거의 불가능하다. 양쪽 뇌 모두 배선 구조가 대체로 같고 동일한 발달 단계들을 거친다. 쥐에게 인지 과제들(냄새 구별부터 미로 찾기까지)을 수행하게끔 훈련시킬 수 있다. 이 덕분에 과학자들은 특정한 과제를 쥐의 세부적 뉴런 활동과 관련지을 수 있다.

계산 장치의 재료가 꼭 실리콘일 필요는 없다. 움직이는 물방울이나 레고로도 계산 장치를 만들 수 있다. 중요한 것은 컴퓨터의 재료가 아니라 부분들이 상호작용하는 방식이다.

구현하는 것이 이론적으로 가능하다. 계산들이 제대로 이루어지기만 한다면, 임의의 새로운 재료 내부에서 일어나는 복잡한 소통의 산물로 당신의 생각들, 감정들, 복잡성들이 발생해야 마땅하다. 이론적으로 당신은 세포들을 전기회로로, 산소를 전력으로 대체할 수 있을 것이다. 모든 부품들과 부분들이 적절히 연결되고 상호작용하기만 한다면, 그것들의 재료가 무엇인지는 중요하지 않다. 이런 식으로 우리는 완전히 제구실을 하는 당신의 시뮬레이션을 생물학적 뇌에 의지하지 않고도 '작동시킬' 가능성이 있다. 계산학적 가설에 따르면, 그런 시뮬레이션은 정말로 당신일 것이다.

뇌에 관한 계산학적 가설은 그저 가설일 뿐이다. 우리는 이 가설이 참인지 아닌지 여부를 아직 모른다. 생물학적 재료에 아직 발견되지 않은 특별한 속성이 있을 가능성은 열려 있으며, 만일 그런 속성이 있다면, 우리는 생물학적 제약을 벗어날 수 없을 것이다. 그러나 계산학적 가설이 참이라면, 정신은 컴퓨터 속에서도 살 수 있을 것이다.

만일 정신을 시뮬레이션하는 것이 가능하다고 밝혀진다면, 다음과 같은 새로운 질문이 제기될 것이다. 우리는 기존 정신과 유사한 정신을 낳는 전통적이며 생물학적인 방식을 고수해야 할까? 혹시 다른 유형의 지능을 우리의 발명품으로서 처음부터 창조할 수는 없을까?

인공지능

생각하는 기계를 창조하려는 노력은 꽤 오래전부터 시작되었다. 최소한 1950년대가 이 분야, 곧 인공지능 연구의 기점이다. 최초 개척자들은 의기양양하게 낙관론을 품었지만, 인공지능의 실현은 예상외로 어렵다는 것이 밝혀졌다. 우리는 곧 자율 주행 자동차를 갖게 될 것이고, 컴퓨터가 체스 최고수를 처음 이긴 것은 거의 20년 전의 일이지만, 진정한 지각 능력과 의식을 갖춘 기계는 아직 등장하지 않았다. 어릴 적에 나는 지금쯤이면 로봇들이 우리와 상호작용하리라고 예상했다. 로봇들이 우리를 돌보고 우리와 더불어 의미 있는 대화도 나누리라고 말이다. 이런 성취가 여전히 꽤 먼 미래의 목표라는 사실은 뇌가 어떻게 작동하는가라는 수수께끼의 심오함을, 또 대자연의 비밀들을 해독하려면 우리가 여전히 머나먼 길을 가야 함을 웅변한다.

인공지능을 창조하려는 최신의 노력들 중 하나를 영국 플리머스 대학교에서 만날 수 있었다. 그곳에서 개발 중인 인간형 로봇 '아이컵iCub'은 인간 어린이처럼 학습하도록 설계되고 제작되었다. 전통적으로 로봇들은 임무를 수행하기 위해 알아야 할 것들을 이미 내장한 상태로 제작된다. 그러나 로봇이 인간 아기처럼 세계와 상호작용하면서 사례들을 보고 모방하고 학습함으로써 발달할 수 있다면 어떨까? 실제로 아기들은 말하는 법과 걷는 법을 아는 상태로 태어나지 않는다. 대신에 아기들은 호기심을 가지고 태어나서 세계에 주의를 기울이고 온갖 것을 모방한다. 아기들은 자신이 속한 세계를 사례를 통해 학습하는 교과서로 활용하는 것이다. 로봇도 아기와 같은 방식으로 학습할 수 없을까?

아이컵은 덩치가 대략 만 세 살짜리 꼬마와 같다. 이 로봇은 양쪽 눈과 귀, 그리고 촉각 센서들이 있어서 세계와 상호작용하고 세계에 대해서 학습할 수 있다.

당신이 아이컵에게 새로운 물체를 내밀고 그 명칭을 말하면 ("이건 빨간 공이야.") 컴퓨터 프로그램은 그 물체의 시각적 이미

“어른의 정신을 흉내 내는 프로그램을 제작하려 애쓰는 대신에, 아이를 흉내 내는 프로그램을 제작하면 어떨까?” 1950년에 앨런 튜링이 제기한 질문이다. 전 세계의 여러 연구소에 똑같은 아이컵 29대가 있다. 각각의 아이컵은 공통 플랫폼의 한 부분이며, 그 플랫폼은 아이컵들의 학습 성과를 통합할 수 있다.

지와 언어적 표찰을 관련짓는다. 따라서 다음번에 당신이 빨간 공을 내밀면서 “이게 뭐지?”라고 물으면, 아이컵은 “이건 빨간 공이야.”라고 대답할 것이다. 프로젝트의 목표는 아이컵이 각각의 상호작용을 통해 끊임없이 지식을 늘려가는 것이다. 자신의 코드 안에서 연결과 변화를 이룸으로써 아이컵은 적절한 반응들을 터득한다.

아이컵은 자주 오류를 범한다. 당신이 여러 물체들을 내밀고 그 명칭들을 말한 다음에 아이컵에게 모든 명칭을 말해보라고 하면, 아이컵은 여러 번 오류를 범할뿐더러 “모르겠어.”라는 대답도 많이 할 것이다. 이 모든 것들도 학습 과정의 일부다. 또한 아이컵의 오류는 인공지능 제작이 얼마나 어려운지 보여준다.

나는 아이컵과 상호작용하면서 꽤 오랜 시간을 보냈다. 그것은 인상적인 프로젝트였다. 그러나 시간이 지날수록, 아이컵을 작동시키는 프로그램의 배후에 정신이 없다는 것이 점점 더 명백해졌다. 그 로봇의 큰 눈과 친절한 목소리, 아이 같은 동작에도 불구하고, 아이컵은 지각 능력과 의식을 가진 존재가 아니라는 사실이 뚜렷해졌다. 아이컵은 생각에 의해서가 아니라 코드에 의해서 작동한다. 물론 우리는 지금 인공지능의 초창기를 목격할 뿐이지만, 오래되고 심오한 철학의 질문 하나를 곱씹지 않을 수 없다. 컴퓨터 코드의 행들이 언젠가는 생각할 수 있게 될까? 아이컵은 "빨간 공"이라고 말할 수 있다. 하지만 그 로봇은 빨간색이나 둥글다는 개념을 정말로 경험할까? 컴퓨터는 그저 프로그래밍된 대로 작동할 뿐일까, 아니면 정말로 내적인 경험을 가질 수 있을까?

컴퓨터가 생각할 수 있을까?

컴퓨터가 의식과 정신을 가지도록 프로그래밍할 수 있는 날이 언젠가 올까? 1980년대에 철학자 존 설John Searle은 이 질문의 핵심을 찌르는 사고 실험을 고안했다. 그는 그 사고 실험에 '중국어 방 논증'이라는 명칭을 붙였다.

설의 사고 실험은 대략 다음과 같다. 나는 어떤 방에 갇혀 있

중국어 방 사고 실험에서,
방 안의 사람은
정해진 지시들에 따라
중국어 문자들을 처리한다.
바깥에 있는 중국인은
방 안의 사람이 중국어를
할 줄 안다고 착각한다.

다. 작은 구멍을 통해서 나에게 질문지들이 전달된다. 질문들은 온통 중국어로 적혀 있다. 나는 중국어를 모르기 때문에 그 종이들에 적힌 글을 전혀 이해하지 못한다. 그러나 방 안에는 책들이 있고, 그 책들 속에는 내가 그 중국어 문자들을 가지고 무엇을 해야 하는지를 단계별로 정확하게 알려주는 지시들이 내가 아는 언어로 적혀 있다. 나는 중국어 문자들의 조합을 살펴보고 그냥 책의 지시를 차근차근 따른다. 즉, 책이 일러주는 대로 중국어 문자들을 골라 베껴 써서 대답지를 작성한다. 그런 다음에 그 대답지를 구멍을 통해 제출한다.

질문지를 작성한 중국인이 밖에서 내 대답지를 살펴보니, 그 내용이 사리에 맞는다. 방에 있는 사람이 누구인지 몰라도, 그 사람은 그 중국인 자신이 던진 질문들에 완벽하게 대답하는 듯하다. 그러므로 그 사람은 중국어를 이해하는 것이 틀림없는 듯하다. 하지만 당연히 그 중국인은 나에게 속은 것이다. 왜냐하면 질문지를 받고 대답지를 제출하는 나는 어떤 질문과 대답이 오가는지 전혀 이해하지 못하는 채로 일련의 지시들을 따를 뿐이니까 말이다. 충분한 시간과 충분히 많은 지시들이 있다면 나는 중국어로 주어진 거의 모든 질문에 대답할 수 있을 것이다. 그러나 나는 중국어를 이해하지 못한다. 나는 하루 종일 중국어 문자들을 처리하지만, 그 문자들이 무엇을 의미하는지 전혀 모른다.

바로 이것이 컴퓨터 내부에서 일어나는 일이라고 설은 주장했다. 아이컵 같은 프로그램이 제아무리 지능이 높은 것처럼 보일지라도, 프로그램은 단지 일련의 지시들에 따라 대답을 제출할 뿐이다. 즉, 실은 자신이 무엇을 하는지 전혀 이해하지 못하는 채로 기호들을 처리할 뿐이다.

검색 사이트 구글은 이 원리를 적용한 프로그램의 한 예다. 당신이 구글에 질문을 보내면, 그 사이트는 당신의 질문이나 자신의 대답을 이해하지 못한다. 구글은 단지 0들과 1들을 이리저리 움직여 논리 게이트들로 보내고 당신에게 0들과 1들을 되돌려줄 뿐이다. 구글 번역기Google Translate 같은 놀라운 프로그램을 이용해서 나는 스와힐리어 문장을 말할 수 있다. 또한 그 프로그램은 내가 건넨 영어 문장을 헝가리어 문장으로 번역해서 되돌려줄 수 있다. 그러나 그 프로그램은 온통 알고리즘일 뿐이다. 중국어 방 안에 있는 사람과 똑같이, 그저 기호들을 처리할 뿐이다. 구글 번역기는 자신이 처리하는 문장을 전혀 이해하지 못한다. 구글 번역기의 입장에서는 어떤 기호도 의미를 가지지 않는다.

중국어 방 논증은 인간 지능을 흉내 내는 컴퓨터들이 계속 발달한다 하더라도 그것들은 자신이 말하는 바를 실은 이해하지 못할 것임을 시사한다. 그것들이 하는 어떤 행동도 의미와 무관할 것임을 말이다. 이 사고 실험을 이용하여 설은 인간 뇌에는 무언가 특별한 측면이 있고 그 측면은 인간 뇌를 간단히 디지털 컴퓨터에 비유하는 방식으로는 설명되지 않을 것이라고 주장했다. 요컨대 의미 없는 기호들과 우리의 의식적 경험 사이에 간극이 있다는 것이다.

중국어 방 논증의 해석을 둘러싼 논쟁은 지금도 진행 중이지만, 어떻게 해석하든 간에 이 논증은, 물리적 요소들과 부분들이 과연 어떻게 우리의 (세계 안에서 사는 우리 자신에 대한) 자기 경험과 대등한 수준으로 오를 수 있을까라는 난제를 주목하게 만든다. 인간형 지능을 시뮬레이션하거나 창조하려는 모든 노력에도 불구하고, 우리는 다음과 같은 신경과학의 주요 미해결 질문에 봉착해 있다. 내가 나라는 주관적 느낌(내가 겪한 통증을, 빨간색의 빨강을, 자몽의 맛을 경험한다는 느낌)만큼 풍부한 무언가가, 각자 자신의 임무를 수행하는 단순한 뇌세포 1000억 개로부터 대체 어떻게 발생할까? 따지고 보면, 뇌세포 각각은 그저 세포일 따름이다. 뇌세포는 국지적 규칙들에 따라서 기초적인 기능들을 수행할 뿐이다. 뇌세포 하나가 할 수 있는 것은 그리 많지 않다. 그런데도 뇌세포 1000억 개가 모이면 내가 나라는 주관적 경험이 발생한다. 대체 어떻게 이런 일이 일어날까?

총합보다 더 큰

1714년, 고트프리트 빌헬름 라이프니츠Gottfried Wilhelm Leibniz는 물질 혼자서는 절대로 정신을 산출할 수 없다고 주장했다. 라이프니츠는 독일의 철학자, 수학자, 과학자였다. 오늘날 어떤 사람들은 그를 "모든 것을 알았던 최후의 인물"로 칭한다. 라이프니츠가 보기에 뇌 조직은 독자적으로 내면의 삶을 가질 수 없었다. 그는 오늘날 '라이프니츠의 방앗간'으로 불리는 사고 실험을 제안했다. 대형 방앗간을 상상해보라. 그 안에서 돌아다니면 당신은 톱니바퀴들과 수직막대들과 수평막대들이 부지런히 움직이는 것을 볼 것이다. 그러나 그 움직임을 근거로 방앗간이 생각한다거나 느낀다거나 지각한다고 주장한다면, 그것은 터무니없는 주장일 것이다. 어떻게 방앗간이 사랑에 빠지거나 일몰의 아름다움을 즐길 수 있겠는가? 방앗간은 그저 부품들과 부분들로 이루어졌을 뿐이다. 그리고 뇌도 마찬가지라고 라이프니츠는 단언했다. 당신이 뇌를 방앗간 크기로 확대해놓고 그 내부에서 이리저리 돌아다닌다면, 당신은 그저 부품들과 부분들만 볼 것이다. 지각과 명확히 대응하는 것은 없다. 단

방앗간은 기계적으로 상호작용하는 부품들과 부분들이 있지만, 방앗간이 생각한다고 주장할 사람은 없을 것이다. 그렇다면 방앗간과 다름없이 부품들과 부분들로 이루어진 뇌에서는 과연 어디에서 마법이 일어나 생각이 발생하는 것일까?

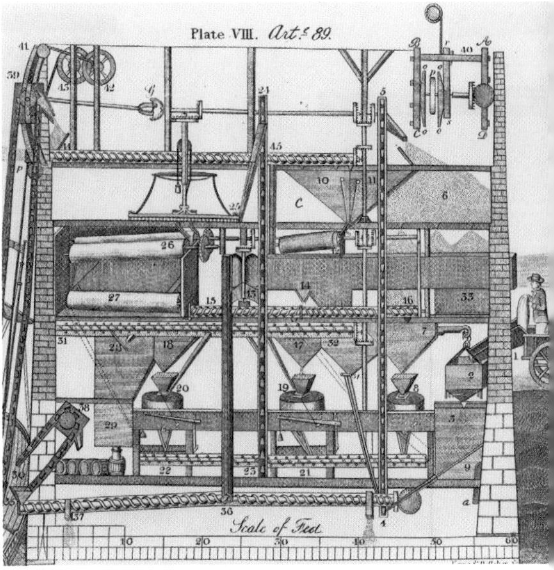

지 모든 요소가 모든 요소에 영향을 미칠 뿐이다. 당신이 모든 상호작용을 기록한다 하더라도, 생각과 느낌과 지각이 깃든 자리는 불분명할 것이다.

뇌를 들여다보면 뉴런, 시냅스, 신경전달물질, 전기 활동이 보인다. 무수한 세포들이 활발하게 소통하는 것이 보인다. 그럼 당신은 어디에 있을까? 당신의 생각들은 어디에 있을까? 당신의 감정들은? 행복감과 남색의 색감은? 당신은 과연 물질만으로 이루어진 존재일 수 있을까? 라이프니츠가 보기에 정신은 역학적 원인들로는 설명할 수 없는 듯했다.

혹시 라이프니츠가 논증을 구성하면서 무언가를 간과했을 수도 있을까? 뇌의 개별 부품들과 부분들을 주목하면서 그는 한 가지 묘수를 간과했을지도 모른다. 어쩌면 방앗간 안에서 돌아다닌다는 발상 자체가 의식의 문제에 접근하는 방식으로서 부적절할 가능성이 있다.

창발적 속성으로서의 의식

인간의 의식을 이해하려면, 뇌의 부분들과 부품들을 중심에 놓지 말고 이 요소들이 어떻게 상호작용하는지를 중심에 놓고 생각할 필요가 있을지도 모른다. 어떻게 단순한 부분들이 자신들보다 더 큰 무언가를 발생시킬 수 있는지 보고 싶다면, 멀리 갈 필요 없이 가까운 개미집을 살펴보라.

한 집단에 수백만 마리가 함께 사는 잎꾼개미leaf-cutter ant는 먹을거리를 스스로 재배한다. 인간과 마찬가지로 녀석들은 농사꾼이다. 일부 개미들은 집에서 나와 신선한 식물을 찾아다닌다. 그런 식물을 발견하면, 녀석들은 식물을 큼직한 조각들로 잘라서 집으로 운반한다. 하지만 그것들을 먹지는 않는다. 대신에 더 작은 일개미들이 그 잎 조각들을 더 작게 잘라서 지하의 큰 '밭들'에서 키우는 버섯의 비료로 사용한다. 개미들은 버섯을 먹고, 버섯의 포자낭은 다음 농사를 위해 보존한다. (잎꾼개미와 녀석들이 키우는 버섯은 매우 강한 공생관계를 맺고 있다. 그 버섯은 독자적인 번식력을 잃은 채로 전적으로 잎꾼개미에 의존해서 번식한다.) 이 성공적인 농사 전략에 힘입어 잎꾼개미는 지하에 어마어마한 집을 건설한다. 그 집의 면적은 수백 제곱미터에 달한다. 인간과 마찬가지로 잎꾼개미는 완벽한 농업 문명에 도달했다.

중요한 대목은 이것이다. 잎꾼개미 집단은 마치 초유기체처럼 대단한 성취들을 이루지만, 개별 잎꾼개미 각각은 아주 단순하게 행동한다. 개체는 국지적인 규칙들을 따를 뿐이다. 여왕개미는 명령을 내리지 않는다. 여왕개미가 하향식으로 개미들의 행동을 조율하는 것은 아니다. 오히려 개미 각각은 다른

잎꾼개미 각각은 국지적으로 소통하며 더 큰 그림을 전혀 모른다. 그러나 집단의 수준에서는 복잡하고 부지런한 농업이 발생한다.

개미, 애벌레, 침입자, 먹을거리, 쓰레기, 나뭇잎에서 유래한 국지적 · 화학적 신호들에 반응한다. 각각의 개미는 대단할 것 없는 자동적 단위이며, 그 단위의 반응은 전적으로 국지적 환경과 유전적으로 코드화된 규칙들에 의존한다. 중앙집권적 의사결정이 없음에도, 잎꾼개미 집단이 나타내는 행동은 대단히 수준 높게 보인다. (농사 외에도 잎꾼개미는 집 안에서 모든 입구들로부터 가장 멀리 떨어진 장소를 알아내 그곳에 시체들을 버리는 것과 같은 대단한 성취들을 보여준다. 그 장소를 알아내는 과제는 수준 높은 기하학 문제다.)

여기에서 중요한 교훈은, 집단의 복잡한 행동이 개체들이 가진 복잡성에서 유래하지 않는다는 점이다. 개별 개미는 자신이 성공적인 농업 문명의 한 부분이라는 것을 모른다. 녀석은 자신의 작고 단순한 프로그램들을 수행할 따름이다.

개미들이 충분히 많이 모이면, 하나의 초유기체가 발생한다. 그 초유기체는 자신의 기초 단위들보다 더 수준 높은 속성들을 가진다. 이런 현상을 일컬어 '창발emergence'이라고 한다. 창발이란 단순한 단위들이 적절하게 상호작용함으로써 더 큰 무언가가 발생하는 것을 의미한다.

열쇠는 개미들 사이의 상호작용이다. 뇌에서도 마찬가지다. 뉴런 하나는 몸에 있는 다른 세포들처럼 그저 특화된 세포일 따름이다. 물론 뉴런은 돌기들을 뻗을 수 있고 전기 신호를 퍼뜨릴 수 있다는 점에서 어느 정도 특별한 구석이 있기는 하

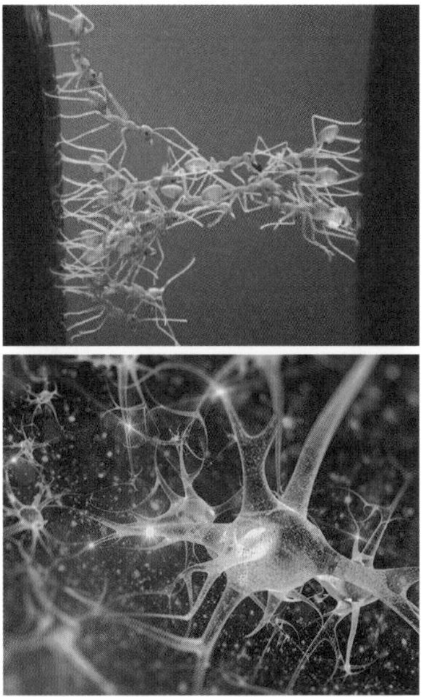

개미들과 뉴런들은
국지적 규칙들에 따라서 평생을 산다.
무의식적인 개미들은
집단의 수준 높은 행동을 발생시키고,
뉴런들은 우리를 발생시킨다.

지만 말이다. 개별 개미와 마찬가지로 개별 뇌세포는 평생 동안 자신의 국지적 프로그램을 수행할 따름이다. 즉, 자신의 막을 따라 전기 신호를 운반하고 적절한 때에 신경전달물질을 방출하고 다른 뇌세포들이 방출한 신경전달물질에 반응할 따름이다. 그것이 전부다. 개별 뉴런은 어둠 속에서 산다. 뉴런 각각은 다른 뉴런들과 함께 이룬 연결망 속에서 단순히 신호들에 반응하면서 평생을 보낸다. 개별 뉴런은 자신이 셰익스피어를 읽는 당신의 눈을 움직이는 일에 참여하는지, 혹은 베토벤을 연주하는 당신의 손을 움직이는 일에 참여하는지 알지 못한다.

애당초 당신이라는 존재 자체를 모른다. 당신의 목표, 의도, 능력은 이 작은 뉴런들의 존재에 전적으로 의존하지만, 이 뉴런들은 자신들이 모여서 이루는 결과를 알아채지 못하는 채로 더 작은 세계에서 산다.

그러나 이 기초적인 뇌세포들이 충분히 많이 모여서 적절하게 상호작용하면, 정신이 발생한다.

당신은 어디에서나 창발적 속성들을 가진 시스템을 발견할 수 있다. 비행기를 이루는 쇳조각들 중에 독자적으로 비행 능력을 지닌 조각은 하나도 없다. 그러나 그 조각들을 옳게 배열하면, 비행 능력이 발생한다. 시스템의 부품들과 부분들은 개별적으로 무척 단순할 수 있다. 중요한 것은 그것들의 상호작용이다. 많은 경우에 부분들은 교체 가능하다.

의식이 존재하려면 무엇이 필요할까?

이론적인 세부 사항들은 아직 밝혀지지 않았지만, 정신은 뇌를 이루는 무수한 부품들과 부분들의 상호작용에서 발생하는 듯하다. 그렇다면 다음과 같은 근본적인 질문이 제기된다. 무수한 부분들이 상호작용하기만 한다면 어디에서라도 정신이 발생할 수 있을까? 예컨대 도시가 의식을 가질 수 있을까? 따지고 보면 도시는 무수한 요소들의 상호작용을 기반으로 삼으니까 말이다. 도시를 가로지르는 온갖 신호들을 생각해보라. 전화선들, 광섬유들, 폐수가 흐르는 하수관들, 사람들이 나누는 악수 하나하나, 모든 교통신호등 불빛 따위를 말이다. 도시는 그 안에서 일어나는 상호작용의 규모에서 인간의 뇌와 대등하다. 당연한 말이지만, 도시가 의식을 가졌는지 확인하기는 매우 어려울 것이다. 도시가 자신의 의식 소유 여부를 우리에게 어떻게 알려줄 수 있겠는가? 우리가 어떻게 도시에게 그의 의식 소유 여부를 물을 수 있겠는가?

이런 질문에 답하려면 다음과 같은 더 심오한 질문에 답할 필요가 있다. 한 연결망이 의식을 가지려면 수많은 부분들뿐 아니라 어떤 매우 특수한 구조의 상호작용들도 필요할까?

위스콘신 대학교의 줄리오 토노니Giulio Tononi 교수는 바로 이 질문에 답하기 위해 연구하는 중이다. 그는 의식의 정량적quantitative 정의를 내놓았다. 상호작용하는 부품들과 부분들이 존재하는 것만으로는 부족하다고 그는 생각한다. 오히려 그 상호작용의 바탕에 특정한 조직성이 존재해야 한다는 것이다.

실험실에서 의식을 연구하기 위하여 토노니는 깨어 있는 뇌의 활동과 숙면 중인 뇌의 활동을 비교한다(1장에서 보았듯이, 숙면 중일 때 뇌는 의식이 없다). 이를 위해 그는 경두개 자기 자극술(TMS)을 이용한다. 토노니와 그의 팀은 대뇌 피질에서 전류 펄스가 발생하도록 유도한 다음에 그 전기 활동이 어떻게 퍼져나가는지 추적할 수 있다.

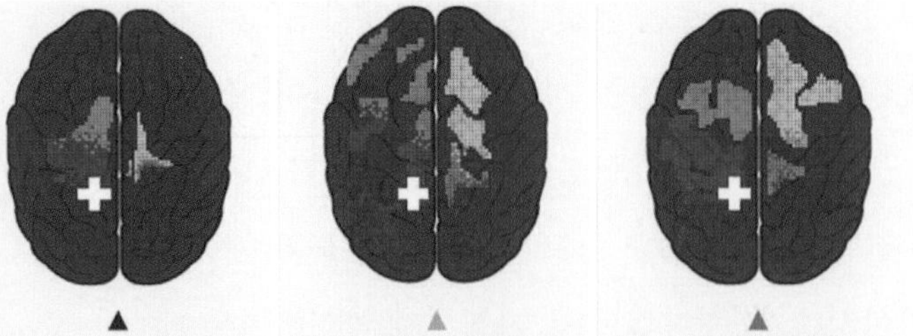

환자가 혼수 상태에서 회복하기 시작한 날에 가한 첫째 펄스는 국지적이며 금세 잦아드는 패턴들을 산출했다.

11일 후에 가한 둘째 펄스는 더 널리 퍼지고 더 오래 지속하는 패턴들을 산출했다.

환자가 완전히 깨어난 후에 마지막으로 가한 셋째 펄스는 가장 복잡하고 오래 지속하는 패턴들을 산출했다.

더 높은 의식 수준은 신경 활동의 더 넓은 확산과 관련이 있다.

피험자가 깨어 있을 때, 즉 의식이 있을 때는 TMS 펄스의 초점으로부터 복잡한 패턴의 신경 활동이 퍼져나간다. 잔물결 같은 신경 활동이 오래 지속하면서 다른 피질 구역들까지 퍼져나가는 것에서 뇌 연결망의 폭넓은 연결성을 확인할 수 있다. 반면에 피험자가 숙면 중일 때는, 똑같은 TMS 펄스가 매우 국소적인 구역만 활성화하고, 그 활동은 신속하게 잦아든다. 뇌 연결망이 연결성의 대부분을 잃은 상태인 것이다. 환자가 혼수 coma 상태일 때도 똑같은 결과가 나타난다. 즉, 신경 활동이 아주 조금만 퍼져나간다. 그러나 여러 주가 지나서 환자가 의식을 회복하면, 신경 활동이 더 널리 퍼져나간다.

토노니의 믿음에 따르면, 이는 우리가 깨어 있고 의식이 있을 때는 다양한 피질 구역들 사이에 폭넓은 소통이 존재하기 때문이다. 반면에 우리가 잠들어 의식이 없는 상태의 특징은 그런 소통의 부재다.

의식과 신경과학

개인적이며 주관적인 경험에 대해서 생각해보자. 오직 당사자의 머릿속에서만 일어나는 쇼에 대해서 말이다. 예컨대 내가 떠오르는 해를 바라보며 복숭아를 한입 베어 물 때 내면적으로 경험하는 바를 당신은 정확히 알 수 없다. 당신은 다만 당신의 과거 경험들에 기초해 나의 경험을 추측할 수 있을 뿐이다. 나의 의식적 경험은 나의 것, 당신의 의식적 경험은 당신의 것이다. 그렇다면 어떻게 이런 개인적인 경험을 과학적 방법으로 연구할 수 있을까?

최근 몇 십 년 동안 과학자들은 의식의 '신경 상관항들neural correlates' — 즉 당사자가 특정한 경험을 할 때 그리고 오직 그때만 나타나는 뇌 활동 패턴들 — 을 포착하려고 애썼다.

한 예로 위의 애매한 오리/토끼 그림을 보자. 4장에서 본 늙은 여자/젊은 여자 그림과 마찬가지로, 이 그림의 흥미로운 속성은 관찰자가 한 번에 한 해석을 경험하는 것만 허용하지, 한꺼번에 두 해석을 모두 경험하는 것을 허용하지 않는다는 점이다. 그렇다면 당신이 토끼를 경험할 때, 당신의 뇌에서 일어나는 활동의 특징은 정확히 무엇일까? 당신이 해석을 바꿔 오리를 경험할 때, 당신의 뇌에서는 어떤 변화가 일어날까? 그림 자체는 변함없이 그대로이므로, 유일하게 변화하는 것은 당신의 의식적 경험을 산출하는 뇌 활동의 세부 사항들일 수밖에 없다.

나름의 이론에 입각하여 토노니는 시스템이 의식을 가지려면 충분한 복잡성과 충분한 연결성의 완벽한 균형이 필요하다고 주장한다. 충분한 복잡성은 시스템이 매우 다양한 상태들을 띨 수 있기 위해서 필요하고(이른바 '세분화differentiation'), 충분한 연결성은 연결망 안에서 멀리 떨어진 부분들이 긴밀히 소통할 수 있기 위해서 필요하다(이른바 '통합integration'). 토노니의 이론에서 세분화와 통합의 균형은 정량화될 수 있다. 그리고 그는 그 균형의 값이 특정한 범위 안에 드는 시스템만 의식을 가진다고 주장한다.

만일 토노니의 이론이 옳은 것으로 밝혀진다면, 혼수 환자의 의식 수준을 비외과적으로non-invasive 검사할 길이 열릴 것이다. 더 나아가 무생물 시스템이 의식을 가졌는지 여부를 판정할 길도 열릴 가능성이 있다. 예컨대 특정한 도시가 의식을 가졌는가라는 질문에 대답할 길이 열릴 수도 있다. 그 질문의 대답은, 그 도시의 정보 흐름이 적절한 패턴을 이루는지(세분화 값과 통합 값이 완벽한 균형을 이루는지) 여부에 달려 있을 것이다.

토노니의 이론은 인간의 의식이 생물학적 출처들을 벗어날 수 있다는 생각과 양립 가능하다. 이 생각에 따르면, 진화가 특정한 경로를 따라서 뇌에 도달한 결과로 의식이 발생한 것은 맞지만, 의식이 꼭 유기물질을 기반으로 삼아야 하는 것은 아니다. 상호작용들이 적절히 조직화되기만 한다면, 실리콘에서도 의식이 얼마든지 발생할 수 있다.

의식을 업로드하기

만일 뇌의 소프트웨어가 정신의 핵심 요소라면(하드웨어의 세부 사항들은 그렇지 않다면) 우리가 우리 자신을 몸이라는 기반에서 분리하여 다른 곳으로 옮기는 것이 이론적으로 가능하다. 우리의 뇌에서 일어나는 상호작용들을 시뮬레이션하기에 충분할 만큼 성능이 좋은 컴퓨터가 있다면, 우리는 우리 자신을 그 컴퓨터에 업로드할 수 있을 것이다. 우리는 우리의 출처인 생물학적 물질을 벗어나 우리 자신을 시뮬레이션으로 작동시킴으로써 디지털 방식으로 존재할 수 있을 것이다. 다시 말해 우리는 비생물학적 존재가 될 수 있을 것이다. 초인간의 시대era of transhumanism를 여는 이 변화는 인류 역사에서 가장 중요한 단 하나의 도약일 터이다.

당신의 몸을 버리고 시뮬레이션된 세계 속의 새로운 존재가 된다는 것이 무엇일지 상상해보라. 디지털화된 당신의 모습은 당신의 바람대로 무엇이든 될 수 있을 것이다. 프로그래머들은 당신을 위해 어떤 가상 세계라도 만들어줄 수 있을 것이다. 그 가상 세계들에서 당신은 날아다닐 수도 있고 물속에서 살 수도 있고 다른 행성의 바람을 느낄 수도 있을 것이다. 우리는 우리의 가상 뇌가 작동하는 속도를 원하는 대로 높이거나 낮춰서 우리의 정신이 까마득한 세월을 굽어볼 수 있게 하거나 몇 초의 계산 시간을 수십억 년의 세월로 늘릴 수도 있을 것이다.

의식의 업로드:
업로드된 당신은 여전히 당신일까?

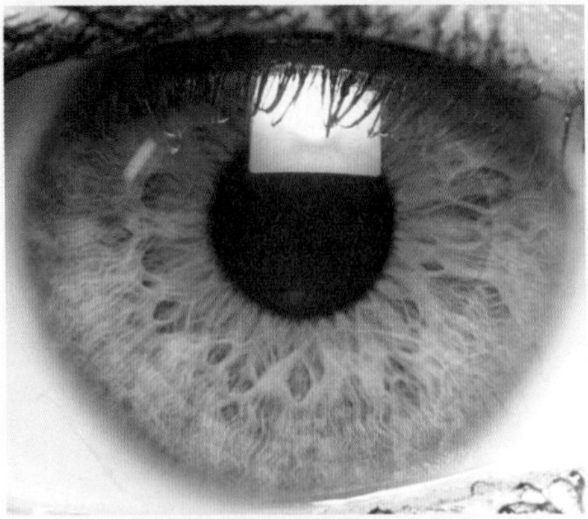

만일 물리적 재료가 아니라 생물학적 알고리즘들이 우리의 본질이라면, 언젠가 우리가 우리의 뇌를 복사하고 업로드하여 실리콘 속에서 영원히 사는 것이 하나의 가능성으로 열린다. 하지만 다음과 같은 중요한 질문이 제기된다. 업로드된 당신은 정말로 당신일까? 정확히 그렇지는 않다. 물론 업로드된 복사본은 당신의 기억들을 모두 가졌을 테고 자신 자신이 당신이라고 믿겠지만 말이다. 그 복사본은 자신이 바로 여기, 컴퓨터 바깥에, 당신의 몸 안에 존재하는 당신이라고 믿을 것이다. 그런데 조금 더 생각해보면 문제가 간단하지 않음을 알게 된다. 당신이 죽고 1초 후에 우리가 당신의 시뮬레이션을 켠다면, 사실상 전송의 효과가 날 것이다. 이것은 영화 〈스타트렉〉에 나오는 '빔 전송beam up'(한 위치의 사람을 분해하고 곧바로 다른 위치에서 그 사람의 새 버전을 재구성하는 작업)과 다르지 않다. 어쩌면 의식의 업로드는 당신이 밤마다 경험하는 일과 그리 다르지 않을지도 모른다. 매일 밤 잠들 때 당신은 의식의 죽음을 경험한다. 그리고 이튿날 아침 당신의 잠자리에서 깨어나는 사람은 당신의 기억들을 모두 가졌고 자신이 당신이라고 믿는다.

성공적인 업로드를 위해 넘어야 할 기술적 난관 하나는 시뮬레이션된 뇌가 스스로 자신을 변형할 수 있어야 한다는 점이다. 이 조건을 충족시키려면, 뇌의 부품들과 부분들에 대한 지식뿐 아니라 그것들 간 상호작용들의 물리학에 대한 지식도 필요할 것이다. 예컨대 세포핵으로 이동하여 유전자를 발현시키는 전사 인자들transcription factors의 활동, 시냅스의 위치와 세기가 역동적으로 변화하는 현상 등을 물리학의 수준에서 이해할 필요가 있을 것이다. 시뮬레이션된 당신의 경험들이 시뮬레이션된 당신 뇌의 구조를 변화시키지 못한다면, 당신은 새로운 기억들을 형성하지 못할 테고 시간의 경과를 느끼지 못할 것이다. 사정이 이렇다면, 불멸이 무슨 의미가 있겠는가?

만일 의식의 업로드가 가능하다고 밝혀진다면, 다른 별들로 가는 여행의 가능성이 열릴 것이다. 우리 우주에는 제각각 1000억 개의 별들을 거느린 은하가 최소 1000억 개나 있다. 우리는 그 별들 주위를 도는 외계 행성들을 이미 수천 개 발견했다. 그것들 중 몇몇은 지구와 꽤 유사하다. 문제는 우리가 현재 지닌 생물학적 몸으로는 그 외계 행성들로 가는 여행이 영영 불가능하리라는 점이다. 우리가 그토록 먼 시공을 가로질러 그곳들에 도달할 전망이 전혀 없다. 그러나 당신이 디지털화되어 있다면, 당신의 시뮬레이션을 중단시킨 상태로 먼 우주로 발사한 다음에 1000년 후 어느 외계 행성에 도착할 때 재가동할 수 있을 것이다. 그러면 당신의 의식은 당신이 지구에서 발사된

다음에 곧바로 새 행성에 도착했다고 느낄 것이다. 의식을 업로드하는 기술의 등장은 웜홀worm hole의 발견과 마찬가지일 것이다. 그 기술은 우리가 우주의 한 위치에서 다른 위치로 (주관적인 관점에서) 순식간에 이동하는 것을 가능케 해줄 테니까 말이다.

우리는 이미 시뮬레이션 속에서 사는 것이 아닐까?

당신이 시뮬레이션을 선택할 수 있다면, 당신은 어쩌면 지금 당신이 지상에서 누리는 삶과 매우 유사한 시뮬레이션을 선택할지도 모른다. 이 간단한 생각에 착안한 여러 철학자들은 혹시 우리가 이미 시뮬레이션 속에서 사는 것이 아닐까라는 의문을 품게 되었다. 엉뚱한 공상 같지만, 우리로 하여금 가짜 실재를 진짜 실재로 받아들이도록 속이기가 얼마나 쉬운지를 우리는 이미 안다. 매일 밤 우리는 기괴한 꿈들을 꾼다. 그러면서 그 꿈 세계가 실재라고 철석같이 믿는다.

우리의 실재성에 대한 물음은 새로운 것이 아니다. 2300년 전, 중국 철학자 장자는 자신이 나비가 된 꿈을 꾸었다. 꿈에서 깨자마자 그는 이런 의문을 품었다. 내가 방금 나비 꿈을 꾼 장자인지, 아니면 바로 지금 나비 한 마리가 자신이 장자가 된 꿈을 꾸고 있는 것인지, 어떻게 알겠는가?

"언젠가 나, 장주는 나비가 되어 여기저기 날아다니는 꿈을 꾸었다. 나비는 원하는 대로 어디든 날아갔다. 나는 나비로서 내 욕망들을 좇는 것만 의식했지, 사람으로서의 나 자신을 의식하지 못했다. 불현듯 꿈에서 깨어보니, 내가 다시 나 자신으로서 누워 있었다. 이제 와 생각하면, 내가 그때 나비 꿈을 꾸었던 사람인지 아니면 지금 사람 꿈을 꾸는 나비인지, 나는 모르겠다."

프랑스 철학자 르네 데카르트는 똑같은 문제의 다른 버전을 붙들고 씨름했다. 우리가 경험하는 바가 진짜 실재인지 여부를 어떻게 알 수 있을까라고 그는 물었다. 문제를 명확히 하기 위해서 그는 사고 실험 하나를 고안했다. 내가 통 속에 들어 있는 뇌가 아니라고 단언할 수 있을까? 어쩌면 누군가가 그 뇌를 적절히 자극하여 나로 하여금 내가 여기에 존재하면서 이렇게 땅바닥을 만지고 저 사람들을 보고 저 소리들을 듣는다고 믿게 만드는 것이 아닐까? 데카르트는 이 질문에 답할 길이 어쩌면 없을지도 모른다는 결론을 내렸다. 하지만 다른 한편으로 그는 깨달음도 얻었다. 즉, 이 모든 것을 알아내려고 애쓰는 '나'라는 놈이 중심에 있음을 데카르트는 깨달았다. 내가 통 속의 뇌든 아니든 상관없이, 나는 바로 그 문제를 고민하는 중이다. 나는 그 문제를 생각하는 중이다. 그러므로 나는 존재한다.

미래로

앞으로 우리는 인간의 뇌에 대해서 현재의 이론들로 설명할 수 있는 범위보다 더 많은 것들을 알아내게 될 것이다. 지금은 수수께끼들이 우리를 둘러싸고 있다. 우리가 알아챈 수수께끼들도 많지만, 아직 알아채지 못한 수수께끼들도 많을 것이다. 우리 앞에는 아직 어떤 해도에도 나오지 않는 광활한 바다가 펼쳐져 있다. 과학에서 늘 그렇듯이, 중요한 것은 실험을 하고 결과를 평가하는 것이다. 그러면 '대자연Mother Nature'은 어떤 길들이 막다른 골목이고 어떤 길들이 우리 자신의 정신에 대한 지식을 증진시킬지 말해줄 것이다.

확실한 것은 이것 하나뿐이다. 우리 종은 지금 무언가의 출발점에 섰을 뿐이며, 그 무언가가 무엇인지를 지금 우리는 완전하게는 모른다. 지금은 역사에서 전례가 없는 순간이다. 뇌과학과 기술은 지금 함께 진화하는 중이다. 기술과 뇌과학의 접촉면에서 벌어지는 일은 우리의 본성을 바꿔놓을 태세다.

수천 세대에 걸쳐 인류는 똑같은 유형의 생애주기를 되풀이해서 살아왔다. 우리는 태어나고, 연약한 몸을 통제하고, 감각적 실재의 좁은 구역을 누리고, 결국 죽는다.

이 진화의 굴레를 초월할 수단들이 과학에서 나올 가능성이 있다. 지금 우리는 우리 자신의 하드웨어를 해킹할 수 있다. 덕분에 우리의 뇌는 타고난 상태에 붙박이지 않을 수 있다. 우리는 새로운 유형의 감각적 실재와 상호작용하고 새로운 유형의 몸을 가질 수 있다. 언젠가 우리는 우리의 물리적 형상을 완전히 내던질 수 있을지도 모른다.

지금 우리 종은 우리 자신의 운명을 주무를 수단들을 발견하는 중이다.

우리가 누가 될지는 우리 자신에게 달려 있다.

뇌의 마법이 수많은 부분들의 상호작용에서 나오는 것과 마찬가지로 『더 브레인*The Brain*』이라는 책과 텔레비전 프로그램도 많은 사람들의 협력에서 나왔다.

제니퍼 비미시는 프로젝트의 한 기둥으로서 지칠 줄 모르고 사람들을 감독하면서 그녀의 머릿속에서 진화하는 텔레비전 프로그램의 내용을 조직하고 여러 인물들의 미묘한 성격을 한꺼번에 관리했다. 비미시는 다른 누구로도 대체할 수 없었다. 그녀가 없었다면, 이 프로젝트는 아예 존재하지 못했을 것이다. 둘째 기둥은 저스틴 커쇼였다. 저스틴이 대형 프로젝트들을 구상하고 회사('블링크 필름스Blink Films')를 운영하고 수많은 사람들을 관리하면서 보여준 전문성과 용맹성에 나는 끊임없이 감탄했다. 텔레비전 프로그램을 촬영하는 과정 내내 우리는 터무니없을 정도로 유능한 감독들의 팀과 일하는 기쁨을 누렸다. 토비 트랙먼, 닉 스테이시, 줄리언 존스, 캣 게일, 조하나 기번이 그들이다. 나는 그들이 감정, 색채, 조명, 무대, 소리의 패턴 변화를 얼마나 잘 파악하는지에 매번 경탄했다. 아울러 우리는 시각 세계의 전문가들인 촬영 감독 두에인 매클런, 앤디 잭슨, 마크 슈워츠바드와 함께 일하는 기쁨을 누렸다. 지혜와 열정을 겸비한 보조 제작자 앨리스 스미스, 크리스 베이런, 엠마 파운드는 날마다 텔레비전 프로그램에 필요한 연료를 공급했다.

이 책을 만드는 과정에서는, '캐넌게이트 북스Canongate Books' 출판사의 캐티 폴레인, 제이미 바잉과 함께 일하는 것이 나의 기쁨이었다. '캐넌게이트 북스'는 세계에서 가장 용감하고 통찰력이 뛰어난 출판사들 중 한 곳이다. 마찬가지로 나는 '판테온 북스Pantheon Books' 출판사에서 나의 글을 담당하는 편집자 댄 프랭크와 함께 일하는 것을 기쁘고 영광스럽게 여긴다. 그는 나의 친구이자 조언자다.

내게 영감을 주는 부모님께 한없이 감사한다. 나의 아버지는 정신과 의사, 어머니는 생물학 교사인데, 두 분 모두 교육과 배움을 사랑한다. 부모님은 내가 과학자 겸 해설자로 성장하도록 끊임없이 격려하고 응원했다. 내가 어릴 적에 우리 가족은 텔레비전을 거의 보지 않았지만, 부모님은 내가 칼 세이건의 〈코스모스〉만큼은 꼭 보게 했다. 이 프로젝트의 뿌리는 〈코스모스〉를 보던 저녁들에 닿을 만큼 깊다.

내가 텔레비전 프로그램을 촬영하고 책을 쓰는 동안, 나의 신경과학 실험실에 소속된 명석하고 부지런한 학생들과 박사

후 연구원들이 본말이 전도된 나의 일정을 감내해준 것에 감사한다.

마지막으로 또한 가장 중요하게 언급하거니와 내가 이 프로젝트를 맡은 동안 나의 아름다운 아내 사라가 나를 지지하고 응원하고 참아주고 내 일을 대신 맡아준 것에 감사한다. 나와 마찬가지로 그녀도 이 작업이 중요하다고 믿는다는 점에서 나는 행운아다.

대중성이 뛰어난 뇌과학 입문서

뇌과학 종합 입문서라고 할 만한 책이다. 처음 펼쳤을 때, 여러 사진에 등장하는 저자 데이비드 이글먼의 잘생긴 얼굴과 잘 관리한 몸매가 인상적이었다. 과연 방송인으로 나서도 성공할 만한 인물이다.

방송 프로그램을 기반으로 삼은 책인 만큼, 풍부한 그림, 사례 중심의 서술, 최신 기술에 대한 소개가 이 책의 장점이다. 한마디로 대중성이 뛰어나다. 뇌에 대해서, 혹은 자기 자신에 대해서 관심이 있는 독자라면 흥미롭게 읽고 후속편까지 기대하게 될 성싶다.

철학적인 논의도 상당히 주목할 만하다. 뇌에 대한 논의는 철학과 맞물리기 마련인데, 그 이유를 이 책에서 엿볼 수 있다. 저자는 하이데거, 라이프니츠, 장자 등의 철학자뿐 아니라 철학 문제들도 여럿 언급한다. 사회학적 관점도 적절히 가미되어 있다. 선전propaganda, 대량학살, 사이코패스, 도시, 인간관계에서의 포용과 배제를 중요하게 거론한다.

예상 밖의 장점으로 꼽을 만한 것은 설명의 구체성이다. 여기저기에서 주워들은 이야기가 이 책에서는 더 상세하게 등장한다고 느꼈다. 이를테면 미래에 다시 깨어나 치료를 받겠다는 고객의 의뢰로 사망선고를 받은 몸을 극저온으로 냉각 보존하는 사업체, 런던 택시 운전사 시험, 커넥톰 연구에 관한 서술이 그러했다. 아무래도 폭넓은 대중을 염두에 두다 보니 구체성에 더욱 신경을 쓴 모양이다.

과학 연구의 초점이 뇌에 맞춰진 때를 1990년대로 보면, 어느새 뇌는 한 세대 가까이 과학적 패권을 누리는 셈이다. 현재 우리나라 과학 출판계에서 뇌과학이 차지하는 비중도 가히 압도적이지 않을까 싶다. 아마도 중고등학생 독자의 수요가 많은 수학 정도가 유일한 경쟁자일 듯하다.

이런 뇌과학 쏠림은 물리학과 철학을 공부한 나로 하여금 양면적인 감정을 갖게 한다. 물리학을 공부한 사람으로서는 이 쏠림이 마냥 반가울 리 없다. 그러나 철학을 공부한 번역자로서 나는 뇌가 과학의 중심을 차지하는 것을 반기는 편이다. 어떤 의미에서 그것은 과학의 중심에 마치 블랙홀과 같은 큰 구멍이 뚫리는 것과 같다고 느낀다. 뇌라는 주제는 과학자를 자연스럽게 철학과 사회과학과 예술로 이끈다. 과학 안에 머물면서, 심지어 생물학 안에 머물면서 뇌를 이해하겠다는 생각은 어리석음이거나 오만이다.

원서의 부제는 'the story of you'다. 번역하자면 '바로 당신의 이야기'쯤 되겠다. 자기 자신에 관심을 두고 마음을 쓰는 것은 사람다움의 필수요소일 것이다. 사람답기 위해서 반드시 뇌과학 지식을 갖춰야 한다고 할 수는 없겠지만, 뇌과학에 대한 식견과 논의가 우리 자신에 대한 관심을 강화함으로써 우리를 더 사람답게 만든다는 것은 명백한 사실이라고 본다. 다만, 우리 자신에 대한 관심이 과학의 틀 안에 갇히는 것은 경계해야 한다. 사람을 위해서 과학이 있지, 과학을 위해서 사람이 있는 것은 아니다. 그리고 뇌과학의 흥행은 이 명백한 원리를 더 강화하면 강화했지 약화할 리 없다. 적어도 나는 그렇게 믿는다. 저자의 말마따나 "우리가 누가 될지는 우리 자신에게 달려 있다."

1장 나는 누구일까?

〈10대 청소년의 뇌와 자기의식의 증가〉

Somerville, LH, Jones, RM, Ruberry, EJ, Dyke, JP, Glover, G & Casey, BJ (2013) "The medial prefrontal cortex and the emergence of self-conscious emotion in adolescence." *Psychological Science*, 24(8), 1554–1562.

이 논문의 저자들은 안쪽 앞이마엽 피질과 또 다른 뇌 구역인 '선조체 striatum' 간 연결의 세기가 증가한 것도 발견했다는 점을 주목하라. 선조체와 그것이 속한 연결망은 동기를 행동으로 옮기는 과정에 관여한다. 이 연결성 강화는 10대 청소년들이 사회적 고려를 행동의 추진력으로 삼는 이유, 또래들이 있는 자리에서 10대 청소년들이 위험을 감수할 가능성이 더 큰 이유일 수 있다고 그 저자들은 주장한다.

Bjork, JM, Knutson, B, Fong, GW, Caggiano, DM, Bennett, SM & Hommer, DW (2004) "Incentive-elicited brain activation in adolescents: similarities and differences from young adults." *The Journal of Neuroscience*, 24(8), 1793–1802.

Spear, LP (2000) "The adolescent brain and age-related behavioral manifestations." *Neuroscience and Biobehavioral Reviews*, 24(4), 417–463.

Heatherton, TF (2011) "Neuroscience of self and self-regulation." *Annual Review of Psychology*, 62, 363–390.

〈택시운전사와 '런던 지식' 시험〉

Maguire, EA, Gadian, DG, Johnsrude, IS, Good, CD, Ashburner, J,

Frackowiak, RS & Frith, CD (2000) "Navigation-related structural change in the hippocampi of taxi drivers." *Proceedings of the National Academy of Sciences of the United States of America*, 97(8), 4398–4403.

〈뇌 속에 있는 세포의 개수〉

뇌 속에는 뉴런의 개수만큼 많은 교세포glial cell도 있다는 점을 잊지 말라. 인간의 뇌 속에는 뉴런과 교세포가 각각 약 860억 개씩 있다.

Azevedo, FAC, Carvalho, LRB, Grinberg, LT, Farfel, JM, Ferretti, REL, Leite, REP & Herculano-Houzel, S (2009) "Equal numbers of neuronal and nonneuronal cells make the human brain an isometrically scaled-up primate brain." *The Journal of Comparative Neurology*, 513(5), 532–541.

뉴런 간 연결부(시냅스)의 개수 추정치들은 매우 들쭉날쭉하지만, 거의 1000억 개의 뉴런들 각각 약 1만 개의 연결부를 가졌다고 가정하면, 합리적인 추정치는 1000조 개다. 몇몇 유형의 뉴런은 1만 개보다 더 적은 시냅스를 지녔지만, 다른 유형들(예컨대 '푸르키네 세포Purkinje cell')은 훨씬 더 많은 시냅스를 지녔다. 그런 뉴런들 각각이 지닌 시냅스의 개수는 약 20만 개다.

추가로 에릭 처들러Eric Chudler가 작성한 "뇌에 관한 사실들과 수치들Brain Facts and Figures": faculty.washington.edu/chudler/facts.html을 참조하라.

〈음악가들은 기억력이 일반인보다 우수하다〉

Chan, AS, Ho, YC & Cheung, MC (1998) "Music training improves verbal memory." *Nature,* 396(6707).

Jakobson, LS, Lewycky, ST, Kilgour, AR & Stoesz, BM (2008) "Memory for verbal and visual material in highly trained musicians." *Music Perception,* 26(1), 41–55.

〈아인슈타인의 뇌와 오메가 기호〉

Falk, D (2009) "New information about Albert Einstein's Brain." *Frontiers in Evolutionary Neuroscience,* 1.

또한 Bangert, M & Schlaug, G (2006) "Specialization of the specialized in features of external human brain morphology." *The European Journal of Neuroscience*, 24(6), 1832–1834 참고.

〈미래에 대한 기억〉

Schacter, DL, Addis, DR & Buckner, RL (2007) "Remembering the past to imagine the future: the prospective brain." *Nature Reviews Neuroscience*, *8*(9), 657–661.

Corkin, S (2013) *Permanent Present Tense: The Unforgettable Life Of The Amnesic Patient*. Basic Books.

〈성직자들을 대상으로 삼은 뇌의 노화 연구〉

Wilson, RS et al "Participation in cognitively stimulating activities and risk of incident Alzheimer disease." *Jama* 287.6 (2002), 742–748.

Bennett, DA et al "Overview and findings from the religious orders study." *Current Alzheimer Research* 9.6 (2012): 628.

성직자들의 뇌를 부검하여 얻은 표본들에서 연구진은 인지 문제를 겪지 않은 사람들의 절반은 뇌 병리의 징후를 가졌고 3분의 1은 알츠하이머병 진단의 병리학적 기준에 부합함을 발견했다. 요컨대 연구진은 사망자들의 뇌들에서 병의 징후를 폭넓게 발견했지만, 그 병적 징후는 당사자가 인지 감퇴를 겪었을지 여부를 약 50퍼센트의 정확도로만 알려주었다. '수도회 연구'에 관한 더 많은 정보를 알고 싶다면, www.rush.edu/services-treatments/alzheimers-disease-center/religiousorders-study를 참조하라.

〈심신 문제〉

Descartes, R (2008) *Meditations on First Philosophy* (Michael Moriarty translation of 1641 ed.). Oxford University Press.

2장 실재란 무엇일까?

〈시각적 환각〉

Eagleman, DM (2001) "Visual illusions and neurobiology." *Nature Reviews Neuroscience*. 2(12), 920 – 926.

〈프리즘 고글〉

Brewer, AA, Barton, B & Lin, L (2012) "Functional plasticity in human parietal visual field map clusters: adapting to reversed visual input." *Journal of Vision,* 12(9), 1398.
실험이 완료된 후 고글을 벗은 피험자들은 하루나 이틀이 지나야 정상적인 상태로 복귀한다.

〈세계와의 상호작용을 통해서 이루어지는 뇌의 배선〉

Held, R & Hein, A (1963) "Movement-produced stimulation in the development of visually guided behavior." *Journal of Comparative and Physiological Psychology*, 56 (5), 872 – 876.

〈감각 신호들을 동기화하기〉

Eagleman, DM (2008) "Human time perception and its illusions." *Current Opinion in Neurobiology.* 18(2), 131 – 36.

Stetson C, Cui, X, Montague, PR & Eagleman, DM (2006) "Motor-sensory recalibration leads to an illusory reversal of action and sensation." *Neuron*. 51(5), 651 – 659.

Parsons, B, Novich SD & Eagleman DM (2013) "Motor-sensory recalibration modulates perceived simultaneity of cross-modal events." *Frontiers in Psychology*. 4:46.

〈우묵한 가면 착시〉

Gregory, Richard (1970) *The Intelligent Eye*. London: Weidenfeld & Nicolson.

Króliczak, G, Heard, P, Goodale, MA & Gregory, RL (2006) "Dissociation of perception and action unmasked by the hollow-face illusion." *Brain Res.* 1080 (1): 9–16.
흥미롭게도 조현병 환자들은 우묵한 가면 착시를 덜 겪는다.

Keane, BP, Silverstein, SM, Wang, Y & Papathomas, TV (2013) "Reduced depth inversion illusions in schizophrenia are state-specific and occur for multiple object types and viewing conditions." *J Abnorm Psychol* 122 (2): 506–512.

〈공감각〉

Cytowic, R & Eagleman, DM (2009) *Wednesday is Indigo Blue: Discovering the Brain of Synesthesia.* Cambridge, MA: MIT Press.
Witthoft N, Winawer J, Eagleman DM (2015) "Prevalence of learned grapheme-color pairings in a large online sample of synesthetes." *PLoS ONE*. 10(3), e0118996.
Tomson, SN, Narayan, M, Allen, GI & Eagleman DM (2013) "Neural networks of colored sequence synesthesia." *Journal of Neuroscience*. 33(35), 14098–14106.
Eagleman, DM, Kagan, AD, Nelson, SN, Sagaram, D & Sarma, AK (2007) "A standardized test battery for the study of Synesthesia." *Journal of Neuroscience Methods*. 159, 139–145.

〈시간 굴곡〉

Stetson, C, Fiesta, M & Eagleman, DM (2007) "Does time really slow down during a frightening event?" *PloS One*, 2(12), e1295.

3장 누가 통제권을 쥐고 있을까?

〈무의식적 뇌의 능력〉

Eagleman, DM (2011) *Incognito: The Secret Lives of the Brain.* Pantheon.

내가 『더브레인*The Brain*』에 집어넣기로 한 내용 중 일부는 『인코그니토 *Incognito*』의 내용과 겹친다. 구체적으로 마이크 메이, 찰스 휘트먼, 케네스 파크스의 사례, 야르부스의 눈 운동 추적 실험, 전차 딜레마, 주택담보대출 사태, 오디세우스 계약이 그러하다. 이 프로젝트의 얼개를 짜는 과정에서 이 같은 내용의 중복은 어느 정도 용인될 수 있다고 여겼다. 왜냐하면 같은 내용이라도 다른 방식으로 논의되고, 논의의 목적이 흔히 다르기 때문이다.

〈확대된 눈동자와 매력〉

Hess, EH (1975) "The role of pupil size in communication," *Scientific American,* 233(5), 110 – 112.

〈몰입〉

Kotler, S (2014) *The Rise of Superman: Decoding the Science of Ultimate Human Performance*. Houghton Mifflin Harcourt.

〈의식보다 더 낮은 층위에서 의사결정에 영향을 끼치는 요인들〉

Lobel, T (2014) *Sensation: The New Science of Physical Intelligence.* Simon & Schuster.

Williams, LE & Bargh, JA (2008) "Experiencing physical warmth promotes interpersonal warmth." *Science*, 322(5901), 606 – 607.

Pelham, BW, Mirenberg, MC & Jones, JT (2002) "Why Susie sells seashells by the seashore: implicit egotism and major life decisions," *Journal of Personality and Social Psychology* 82, 469 – 487.

4장 나는 어떻게 결정할까?

〈의사결정〉

Montague, R (2007) *Your Brain is (Almost) Perfect: How We Make Decisions*. Plume.

〈경쟁하는 뉴런 집단들〉

Crick, F & Koch, C (2003) "A framework for consciousness." *Nature Neuroscience*, 6(2), 119 – 126.

〈전차 딜레마〉

Foot, P (1967) "The problem of abortion and the doctrine of the double effect." *Reprinted in Virtues and Vices and Other Essays in Moral Philosophy (1978)*. Blackwell.

Greene, JD, Sommerville, RB, Nystrom, LE, Darley, JM & Cohen, JD (2001) "An fMRI investigation of emotional engagement in moral judgment." *Science*, 293(5537), 2105 – 2108.

감정emotion은 현재 일어나는 일에 의해 유발되는 측정 가능한 신체적 반응이라는 점에 유의하라. 반면에 느낌feeling은 이 신체적 반응에 때때로 동반되는 주관적 경험이다. 사람들은 흔히 신체적 반응을 주관적으로 경험하면서 행복, 질투, 슬픔 등을 감각한다고 여긴다.

〈도파민과 예상 밖의 보상〉

Zaghloul, KA, Blanco, JA, Weidemann, CT, McGill, K, Jaggi, JL, Baltuch, GH & Kahana, MJ (2009) "Human substantia nigra neurons encode unexpected financial rewards." *Science*, 323(5920), 1496 – 1499.

Schultz, W, Dayan, P & Montague, PR (1997) "A neural substrate of prediction and reward." *Science*, 275(5306), 1593 – 1599.

Eagleman, DM, Person, C & Montague, PR (1998) "A computational role for dopamine delivery in human decision-making." *Journal of Cognitive Neuroscience*, 10(5), 623 – 630.

Rangel, A, Camerer, C & Montague, PR (2008) "A framework for studying the neurobiology of value-based decision making." *Nature Reviews Neuroscience,* 9(7), 545–556.

〈가석방 결정에 대한 연구〉

Danziger, S, Levav, J & Avnaim-Pesso, L (2011) "Extraneous factors in judicial decisions." *Proceedings of the National Academy of Sciences of the United States of America,* 108(17), 6889–6892.

〈의사결정에서 감정의 역할〉

Damasio, A (2008) *Descartes' Error: Emotion, Reason and the Human Brain.* Random House.

〈지금의 힘〉

Dixon, ML (2010) "Uncovering the neural basis of resisting immediate gratification while pursuing long-term goals." *The Journal of Neuroscience,* 30(18), 6178–6179.

Kable, JW & Glimcher, PW (2007) "The neural correlates of subjective value during intertemporal choice." *Nature Neuroscience,* 10(12), 1625–1633.

McClure, SM, Laibson, DI, Loewenstein, G & Cohen, JD (2004) "Separate neural systems value immediate and delayed monetary rewards." *Science*, 306(5695), 503–507.

바로 지금뿐 아니라 바로 여기도 즉각성의 힘을 발휘한다. 철학자 피터 싱어Peter Singer가 제시한 다음 시나리오를 보라. 당신은 샌드위치를 한입 베어 물기 직전에 창밖으로 길거리의 아이를 본다. 굶주린 아이의 여윈 뺨 위에 눈물이 흘러내리고 있다. 당신은 샌드위치를 그 아이에게 양보하겠는가, 아니면 그냥 먹겠는가? 대다수 사람들은 샌드위치를 그 아이에게 주면서 행복을 느낀다. 그러나 바로 지금 아프리카에는 그 길거리의 소년과 똑같이 굶주린 아이가 있다. 필요한 일은 당신이 마우스를 클릭하여 5달러를 보내는 것뿐이다. 그 금액은 샌드위치의 값과 같다. 그러나 당신은 오늘, 또는 최근에 그 아이에게 샌드위치 값을 보내지 않았을 가능성이 높다. 첫 번째 시나리오에서 당신이 보인 자비로움에도 불구하고 말이다. 왜 당신은 그 아이를 돕는 행동에 나서지 않았을까? 왜냐하면 첫 번째 시나리오는 그 아이를 바로 당신 앞에 세운 반면, 두 번째 시나리오는 당신이 그 아이를 상상할 것을 요구하기 때문이다.

〈의지력〉

Muraven, M, Tice, DM & Baumeister, RF (1998) "Self-control as a limited resource: regulatory depletion patterns." *Journal of Personality and Social Psychology,* 74(3), 774.

Baumeister, RF & Tierney, J (2011) *Willpower: Rediscovering the Greatest Human Strength*. Penguin.

〈정치적 견해와 역겨움 반응〉

Ahn, W-Y, Kishida, KT, Gu, X, Lohrenz, T, Harvey, A, Alford, JR & Dayan, P (2014) "Nonpolitical images evoke neural predictors of political ideology." *Current Biology,* 24(22), 2693–2699.

〈옥시토신〉

Scheele, D, Wille, A, Kendrick, KM, Stoffel-Wagner, B, Becker, B, Güntürkün, O & Hurlemann, R (2013) "Oxytocin enhances brain reward system responses in men viewing the face of their female partner." *Proceedings of the National Academy of Sciences,* 110(50), 20308–20313.

Zak, PJ (2012) *The Moral Molecule: The Source of Love and Prosperity.* Random House.

〈의사결정과 사회〉

Levitt, SD (2004) "Understanding why crime fell in the 1990s: four factors that explain the decline and six that do not." *Journal of Economic Perspectives,* 163–190.

Eagleman, DM & Isgur, S (2012). "Defining a neurocompatibility index for systems of law". In *Law of the Future*, Hague Institute for the Internationalisation of Law. 1(2012), 161 – 172.

〈뇌를 촬영하면서 실시간 되먹임을 통해 충동 억제를 훈련하기〉

Eagleman, DM (2011) *Incognito: The Secret Lives of the Brain.* Pantheon.

5장 나는 네가 필요할까?

〈타인들의 의도 읽어내기〉

Heider, F & Simmel, M (1944) "An experimental study of apparent behavior." *The American Journal of Psychology*, 243 – 259.

〈공감〉

Singer, T, Seymour, B, O'Doherty, J, Stephan, K, Dolan, R & Frith, C (2006) "Empathic neural responses are modulated by the perceived fairness of others." *Nature*, 439(7075), 466 – 469.

Singer, T, Seymour, B, O'Doherty, J, Kaube, H, Dolan, R & Frith, C (2004) "Empathy for pain involves the affective but not sensory components of pain." *Science*, 303(5661), 1157 – 1162.

〈공감과 외집단〉

Vaughn, DA, Eagleman, DM (2010) "Religious labels modulate empathetic response to another's pain." Society for Neuroscience abstract.

Harris, LT & Fiske, ST (2011). "Perceiving humanity." In A. Todorov, S. Fiske, & D. Prentice (eds.). *Social Neuroscience: Towards Understanding the Underpinnings of the Social Mind,* Oxford Press.

Harris, LT & Fiske, ST (2007) "Social groups that elicit disgust are differentially processed in the mPFC." *Social Cognitive Affective Neuroscience*, 2, 45 – 51.

〈다른 뇌들에 할애된 뇌 회로〉

Plitt, M, Savjani, RR & Eagleman, DM (2015) "Are corporations people too? The neural correlates of moral judgments about companies and individuals." *Social Neuroscience*, 10(2), 113–125.

〈아기들과 신뢰〉

Hamlin, JK, Wynn, K & Bloom, P (2007) "Social evaluation by preverbal infants." *Nature*, 450(7169), 557–559.

Hamlin, JK, Wynn, K, Bloom, P & Mahajan, N (2011) "How infants and toddlers react to antisocial others." *Proceedings of the National Academy of Sciences*, 108(50), 19931–19936.

Hamlin, JK & Wynn, K (2011) "Young infants prefer prosocial to antisocial others." *Cognitive Development*. 2011, 26(1):30–39. doi:10.1016/j.cogdev.2010.09.001.

Bloom, P (2013) *Just Babies: The Origins of Good and Evil*. Crown.

〈타인의 표정을 흉내 냄으로써 감정을 읽어내기〉

Goldman, AI & Sripada, CS (2005) "Simulationist models of face-based emotion recognition." *Cognition*, 94(3).

Niedenthal, PM, Mermillod, M, Maringer, M & Hess, U (2010) "The simulation of smiles (SIMS) model: embodied simulation and the meaning of facial expression." *The Behavioral and Brain Sciences*, 33(6), 417–433; discussion 433–480.

Zajonc, RB, Adelmann, PK, Murphy, ST & Niedenthal, PM (1987) "Convergence in the physical appearance of spouses." *Motivation and Emotion*, 11(4), 335–346.

존 로빈슨을 대상으로 한 TMS 실험에 관해서 파스쿠알-레오네 교수는 이렇게 보고한다. "신경생물학적으로 무슨 일이 일어났는지 우리는 정확히 모른다. 그러나 이제 우리가 [존의 사례로부터] 어떤 행동 교정법들과 개입 방식들을 배워서 다른 사람들에게 적용할 수 있을지 이해할 기회가 제공되었다고 나는 생각한다."

〈보톡스 주사가 타인의 표정을 이해하는 능력의 감소를 가져온다는 것〉

Neal, DT & Chartrand, TL (2011) "Embodied emotion perception amplifying and dampening facial feedback modulates emotion perception accuracy." *Social Psychological and Personality Science*, 2(6), 673–678.

표정 이해 능력이 감소하는 효과는 작지만 무시할 수 없다. 보톡스 사용자들은 감정 알아맞히기 시험에서 정답률 70퍼센트를 기록한 반면, 대조군은 77퍼센트를 기록했다.

Baron-Cohen, S, Wheelwright, S, Hill, J, Raste, Y & Plumb, I (2001) "The 'Reading the Mind in the Eyes' test revised version: A study with normal adults, and adults with Asperger syndrome or high-functioning autism." *Journal of Child Psychology and Psychiatry,* 42(2), 241–251.

〈루마니아 고아들〉

Nelson, CA (2007) "A neurobiological perspective on early human deprivation." *Child Development Perspectives,* 1(1), 13–18.

〈사회적 배제가 일으키는 고통〉

Eisenberger, NI, Lieberman, MD & Williams, KD (2003) "Does rejection hurt? An fMRI study of social exclusion." *Science*, 302(5643), 290–292.

Eisenberger, NI & Lieberman, MD (2004) "Why rejection hurts: a common neural alarm system for physical and social pain." Trends in *Cognitive Sciences*, 8(7), 294–300.

〈독방 감금〉

텔레비전 프로그램에서 우리가 새라 슈드와 나눈 대담 외에 아래 자료도 참조하라.

Pesta, A (2014) 'Like an Animal': Freed U.S. Hiker Recalls 410 Days in Iran Prison. NBC News.

〈사이코패스와 앞이마엽 피질〉

Koenigs, M (2012) "The role of prefrontal cortex in psychopathy." *Reviews in the Neurosciences,* 23(3), 253–262.

사이코패스는 앞이마엽 중앙부의 인접한 두 구역, 곧 배쪽 안쪽 앞이마엽 피질ventromedial PFC과 앞쪽 대상 피질anterior cingulate cortex이 일반인과 다르게 활동한다. 이 구역들은 사회적 감정적 의사결정에 대한 연구들에서 흔히 등장하며, 사이코패스는 이 구역들의 활동이 저하되어 있다.

〈파란색 눈동자 갈색 눈동자 실험〉

인용된 발언들의 출처는 다음과 같다.

A Class Divided, original broadcast: March 26th 1985. Produced and directed by William Peters. Written by William Peters and Charlie Cobb.

6장 미래에 우리는 어떤 존재가 될까?

〈인체의 세포 개수〉

Bianconi, E, Piovesan, A, Facchin, F, Beraudi, A, Casadei, R, Frabetti, F & Canaider, S (2013) "An estimation of the number of cells in the human body." *Annals of Human Biology,* 40(6), 463–471.

〈뇌의 가소성〉

Eagleman, DM (in press). *LiveWired: How the Brain Rewires Itself on the Fly.* Canongate.

Eagleman, DM (March 17th 2015). David Eagleman: "Can we create new senses for humans?" TED conference. [Video file]. http://www.ted.com/talks/david_eagleman_can_we_create_new_senses_for_humans?

Novich, SD & Eagleman, DM (2015) "Using space and time to encode vibrotactile information: toward an estimate of the skin's achievable throughput." *Experimental Brain Research,* 1–12.

〈인공 달팽이관〉

Chorost, M (2005) *Rebuilt: How Becoming Part Computer Made Me More Human.* Houghton Mifflin Harcourt.

〈감각 대체〉

Bach-y-Rita, P, Collins, C, Saunders, F, White, B & Scadden, L (1969) "Vision substitution by tactile image projection." *Nature*, 221(5184), 963 – 964.

Danilov, Y & Tyler, M (2005) "Brainport: an alternative input to the brain." *Journal of Integrative Neuroscience,* 4(04), 537 – 550.

〈커넥톰: 뇌 속의 모든 연결들을 보여주는 지도 만들기〉

Seung, S (2012) Connectome: *How the Brain's Wiring Makes Us Who We Are.* Houghton Mifflin Harcourt.

Kasthuri, N et al (2015) "Saturated reconstruction of a volume of neocortex." *Cell*: in press.

Image credit for volume of mouse brain: Daniel R Berger, H Sebastian Seung & Jeff W. Lichtman.

〈인간 뇌 프로젝트〉

The Blue Brain Project: http://bluebrain.epfl.ch. The Blue Brain team has joined with approximately eighty-seven international partners to drive the Human Brain Project (HBP).

〈다른 기반들 위에서 작동하는 컴퓨터〉

이색적인 기반 위에서 작동하는 계산 장치를 제작하려는 연구는 역사가 길다. '물 적분기Water Integrator'라는 초기 아날로그 컴퓨터는 1936년에 소련에서 제작되었다.

더 최근에 제작된 물 컴퓨터들은 미세유체공학microfluidics을 활용한다.

Katsikis, G, Cybulski, JS & Prakash, M (2015) "Synchronous universal droplet logic and control." *Nature Physics.* 참조.

〈중국어 방 논증〉

Searle, JR (1980) "Minds, brains, and programs." *Behavioral and Brain Sciences,* 3(03), 417–424.

중국어 방 사고 실험에 대한 이 해석에 모두가 동의하는 것은 아니다. 방 안의 사람은 중국어를 이해하지 못한다 하더라도, 시스템 전체(방 안에 있는 사람과 책들)는 중국어를 이해한다고 주장하는 사람들도 있다.

〈라이프니츠의 방앗간 논증〉

Leibniz, GW (1989) *The Monadology.* Springer.

라이프니츠가 원래 내놓은 논증은 아래와 같다.

> 더 나아가 지각과 지각을 기반으로 한 것은 기계적 토대 위에서 (즉, 수치들과 운동들을 통해서) 설명할 수 없음을 인정해야 한다. 생각하고 느끼고 지각하는 기계가 있다고 가정해보자. 또 그 기계를 확대하여 사람이 마치 방앗간에 들어가듯이 그 기계 속으로 들어갈 수 있게 만든다고 상상할 수 있을 것이다. 우리가 그 기계 속으로 들어가 내부를 살펴본다면, 우리는 상호작용하는 부분들만 발견할 뿐, 지각을 설명해줄 만한 것은 전혀 발견하지 못할 것이 분명하다. 따라서 지각을 찾으려 한다면, 복합체나 기계에서가 아니라 단순한 실체에서 찾아야 한다. 더 나아가 단순한 실체에서는 오로지 이것(곧 지각들과 지각들의 변화들)만 발견할 수 있다. 또한 단순한 실체의 모든 내적 활동은 오로지 이것뿐이다.

〈개미들〉

Hölldobler, B & Wilson, EO (2010) *The Leafcutter Ants: Civilization by Instinct*. WW Norton & Company.

〈의식〉

Tononi, G (2012) *Phi: A Voyage from the Brain to the Soul.* Pantheon Books.

Koch, C (2004) *The Quest for Consciousness.* New York.

Crick, F & Koch, C (2003) "A framework for consciousness." *Nature Neuroscience*, 6(2), 119 – 126.

가소성 뇌가 기존 신경 연결들을 수정하거나 새로운 연결들을 창출함으로써 상황에 적응하는 능력. 뇌의 가소성은 부상으로 발생한 결함의 보완을 위해서 중요하다.

감각 대체 뇌가 이례적인 경로로 감각 정보를 받아들이도록 함으로써 손상된 감각을 보완하는 방법. 예컨대 시각 정보를 혀에 가해지는 진동으로 변환하거나 청각 정보를 몸통에 가해지는 진동 패턴으로 변환함으로써 환자의 시각이나 청각을 상당한 정도로 회복시킬 수 있다.

감각 변환 환경에서 유래한 신호들—예컨대 광자(시각), 공기 밀도 파동(청각), 냄새 분자(후각)—은 특화된 세포들에 의해 활동전위로 변환된다. 감각 변환은 뇌가 몸 바깥에서 유래한 정보를 수용하는 과정의 첫 단계다.

경두개 자기 자극술(TMS) 자기장 펄스를 머리 근처에서 발생시켜 뉴런 조직에서 약한 전류가 일어나도록 유도함으로써 뇌 활동을 자극하거나 억제하는 비외과적인 기법. 대개 이 기법은 다양한 뇌 구역이 신경회로에서 어떤 구실을 하는지 연구할 때 활용한다.

교세포 뇌 속에서 뉴런에 영양분과 산소를 공급하고 노폐물을 제거하고 뉴런을 일반적으로 지탱함으로써 보호하는 기능을 하는 특화된 세포.

기능성 자기공명영상법(fMRI) 뇌 속의 혈류를 밀리미터 단위의 해상도로 측정함으로써 뇌 활동을 초 단위의 해상도로 탐지하는 뇌 영상화 기법.

뇌들보 양쪽 대뇌 반구 사이의 세로 틈에 있으며 양쪽 반구의 소통을 가능케 해주는, 신경섬유들로 이루어진 띠.

뇌 분할 수술 뇌들보 절제술로도 불리는 이 수술은 다른 방법으로 치유할 수 없는 뇌전증을 다스리기 위한 방편으로 뇌들보를 절단하는 것이다. 이 수술을 받으면, 양쪽 대뇌 반구 사이의 소통이 두절된다.

뇌에 관한 계산학적 가설 뇌 속의 상호작용들이 구현하는 것은 계산이며, 똑같은 계산들을 다른 기반 위에서 수행하더라도 정신이 발생할 것이라는 주장.

뇌전도(뇌파) 측정법 두피에 전극들을 연결함으로써 뇌에서 일어나는 전기 활동을 밀리초 단위의 해상도로 측정하는 기법. 전극 각각은 그 아래에 위치한 뉴런 수백만 개의 활동의 총합을 포착한다. 이 기법은 대뇌 피질 활동의 신속한 변화를 포착하는 데 쓰인다.

뉴런 뇌, 척수, 감각 세포들을 포함한 중추 및 말초 신경계에 있으며 전기 신호를 써서 다른 세포들과 소통하는 특화된 세포.

대뇌 인간 뇌에서 크고 주름 잡힌 외곽의 대뇌 피질, 해마, 기저핵, 후각 신경구 등의 구역들. 고등한 포유동물들에서는 발달한 대뇌가 더 수준 높은 인지와 행동에 기여한다.

도파민 신체 동작 통제, 중독addiction, 보상과 관련이 있는 뇌 속 신경전달물질.

배쪽 피개부 중간뇌에 있으며 주로 도파민 생산 뉴런들로 이루어진 구조물. 이 구역은 보상 시스템에서 결정적인 구실을 한다.

소뇌 대뇌보다 작으며, 대뇌 피질 아래, 머리의 뒤쪽에 위치한 해부학적 구조물. 이 뇌 구역은 신체의 유연한 동작, 균형, 자세, 그리고 어쩌면 몇 및 인지 기능을 위해 필수적이다.

수상돌기 뉴런의 해부학적 돌출부. 수상돌기는 다른 뉴런들에서 방출된 신경전달물질에 의해 발생한 전기 신호를 세포 본체로 전달한다.

시냅스 일반적으로 한 뉴런의 축삭돌기와 다른 뉴런의 수상돌기 사이에 있는 틈. 시냅스에서 뉴런들 간 소통은 신경전달물질의 방출을 통해 이루어진다. 축삭돌기-축삭돌기 시냅스와 수상돌기-수상돌기 시냅스도 있다.

신경전달물질 한 뉴런이 (일반적으로 시냅스 틈 너머에 있는) 다른 뉴런을 향해 방출하는 화학물질. 신경전달물질들은 뇌, 척수, 온몸의 감각 뉴런들을 포함한 중추 및 말초 신경계에서 발견된다.

오디세우스 계약 미래에 자신이 합리적인 선택을 할 능력이 없을 가능성이 있음을 스스로 알 때 자신을 잠재적 미래 목표에 옭아매기 위해서 스스로 자신과 맺는 파기할 수 없는 계약.

외계인 손 증후군 뇌전증 치료법의 하나인 '뇌들보 절제술corpus callosotomy'이 일으키는 장애의 하나. 뇌들보 절제술이란 뇌들보를 절단하여 뇌의 양반구를 분리하는 수술이다. 이 수술은 '뇌 분할 수술'로도 불린다. 외계인 손 증후군은 독자적이며 때로는 복잡한 손 운동을 일으킨다. 그 운동이 일어날 때, 환자는 자신이 그 운동을 의지로 통제할 수 없다고 느낀다.

축삭돌기 뉴런의 해부학적 돌출부. 축삭돌기는 세포 본체로부터 자신의 말단으로 전기 신호를 전달할 수 있다.

커넥톰 뇌 속의 모든 연결들을 보여주는 3차원 지도.

파킨슨병 중간뇌에 위치한 구조물인 '흑질substantia nigra'의 도파민 생산 세포들이 퇴화함에 따라 나타나는 진행성 장애. 운동 장애와 떨림tremor을 보인다.

피부 전도도 반응 측정술 피측정자가 새롭거나 부담스럽거나 강렬한 무언가를 (설령 의식보다 더 낮은 층위에서라도) 경험할 때 일어나는 자율신경계의 변화를 측정하는 기술. 구체적인 방법은 피측정자의 손가락 끝과 측정 장치를 연결하여 피부 땀샘들의 활동과 맞물려 변화하는 피부의 정기적 속성들을 관찰하는 것이다.

활동전위 뉴런 안팎의 전위차가 문턱에 이르게 함으로써 세포막을 통과하는 이온 교환의 연쇄 반응이 전파되도록 만드는 간결한(1밀리초 동안 지속하는) 사건. 그 연쇄 반응 전파의 결과로 축삭돌기 말단에서 신경전달물질이 방출된다. '스파이크'라고도 부름.

도판의 출처

별도의 언급이 없을 경우, 이 책에 실린 모든 그림은 PBS 텔레비전 프로그램 〈데이비드 이글먼의 더 브레인The Brain with David Eagleman〉(Blink Films, 2015)에서 가져온 것이다. 이 책은 허가를 받고 그 그림들을 사용했다. 저작권자들은 아래와 같다(숫자는 그림이 실린 면의 쪽수).

27, 48, 60, 64, 85, 108, 118, 137, 154, 168, 176, 222쪽 뇌 그림 ©Dragonfly Media Group

43, 143, 151, 152, 153, 159, 255, 263, 264, 275쪽 개미집 ©Cilén Kearns

26, 74, 94, 183, 204, 219, 220, 235, 240쪽 ©David Eagleman

29, 31 알베르트 아인슈타인, 49, 51, 104, 144, 215, 273, 281, 284, 287쪽 (이상 공유 저작물)

17쪽 코뿔소 ©GlobalP; 아기 ©LenaSkor

18쪽 ©Corel, J.L.

21쪽 ©Michael Carroll

31쪽 아인슈타인의 뇌 그림 ©Dean Falk

33쪽 ©Shel Hershorn/Contributor/Getty Images

55쪽 ©Akiyoshi Kitaoka

56쪽 ©Edward Adelson, 1995

58쪽 ©Sergey Nivens/Shutterstock

79쪽 ©Science Museum/Science & Society Picture Library

82쪽 ©Springer

92쪽 ©Arto Saari

95쪽 ©Steven Kotler

111쪽 뇌전도 측정용 모자를 쓴 사람 ©annedde/iStock; 뇌전도

©Otoomuch

116쪽 ©Fedorov Oleksiy/Shutterstock

124쪽 ©focalpoint/CanStockPhoto

125쪽 ©Chris Hondros/Contributor/Getty Images

128쪽 ©Eckhard Hess

133쪽 ©Frank Lennon/Contributor/Getty Images

148쪽 ©rolffimages/CanStockPhoto

193쪽 ©Fritz Heider and Marianne Simmel, 1944

195쪽 ©zurijeta/CanStockPhoto

201쪽 ©Simon Baron-Cohen et al.

206쪽 ©Shon Meckfessel

209쪽 공 받기 놀이 배제 ©Professor Kip Williams, Purdue University

209쪽 사회적 아픔과 신체적 아픔 ©5W Infographics

214쪽 ©Anonymous/AP Images

222쪽 노숙자 ©Eric Poutier

243쪽 ©Bret Hartman/TED

251쪽 ©cescassawin/CanStockPhoto

257쪽 뇌 조직 덩어리 ©Ashwin Vishwanathan/Sebastian Seung

260쪽 ©Ashwin Vishwanathan/Sebastian Seung

275쪽 개미들 ©Gail Shumway/Contributor/Getty Images

277쪽 개미들이 만든 다리 ©Ciju Cherian; 뉴런들 ©vitstudio/Shutterstock

280쪽 ©Giulio Tononi/Thomas Porostocky/Marcello Massimini

찾아보기

| ㅇ |

| ㅈ |

| ㅊ |

옮긴이 전대호

서울대학교 물리학과와 동 대학원 철학과에서 박사과정을 수료했다. 독일 쾰른 대학교에서 철학을 공부했다. 1993년 조선일보 신춘문예 시 부문에 당선되어 등단했으며, 현재는 과학 및 철학 분야의 전문번역가로 활동 중이다. 저서로는 『가끔 중세를 꿈꾼다』 『성찰』 『철학은 뿔이다』 등이 있으며, 번역서로는 『로지코믹스』 『위대한 설계』 『스티븐 호킹의 청소년을 위한 시간의 역사』 『기억을 찾아서』 『생명이란 무엇인가』 『수학의 언어』 『기억의 비밀』 『동물 상식을 뒤집는 책』 『수학 시트콤』 『물리학 시트콤』 『뇌의 가장 깊숙한 곳』 등이 있다.

더 브레인: 삶에서 뇌는 얼마나 중요한가?

1판 1쇄 2017년 7월 25일
1판 15쇄 2024년 10월 2일

지은이 데이비드 이글먼
옮긴이 전대호
펴낸이 김정순
편집 허영수 이근정
디자인 김진영
마케팅 이보민 양혜림 손아영

펴낸곳 (주)북하우스 퍼블리셔스
출판등록 1997년 9월 23일 제406-2003-055호
주소 04043 서울시 마포구 양화로 12길 16-9(서교동 북앤빌딩)
전자우편 henamu@hotmail.com
홈페이지 www.bookhouse.co.kr
전화번호 02-3144-3123
팩스 02-3144-3121

ISBN 978-89-5605-729-3 03400

해나무는 (주)북하우스 퍼블리셔스의 과학 브랜드입니다.